智慧企业"电力+算力"

——国家能源集团智能发电企业示范建设实践

刘国跃◎主编

中国石化出版社

·北京·

内 容 提 要

本书针对智慧发电企业示范建设部署要求，主要介绍了国家能源集团 18 个典型智慧发电企业示范建设案例，囊括火电、水电、新能源三种发电形式。案例集涵盖了电站智能化建设从技术理论到实践论证的全过程，客观地展现了国家能源集团智能电站建设所取得的阶段性成果，具有较强的实践指导意义，在推动电力行业数字化转型方面具有引领作用。

本书适用于电力行业从业者、企业管理人员、技术研发人员以及对智慧电力与算力协同感兴趣的学者和研究人员。

图书在版编目(CIP)数据

智慧企业"电力+算力"：国家能源集团智能发电企业示范建设实践 / 刘国跃主编. — 北京：中国石化出版社，2024.9. — ISBN 978-7-5114-7669-2

Ⅰ. F426.61-39

中国国家版本馆 CIP 数据核字第 2024Z5S860 号

中国石化出版社出版发行

地址:北京市东城区安定门外大街 58 号
邮编:100011   电话:(010)57512500
发行部电话:(010)57512575
http://www.sinopec-press.com
E-mail:press@sinopec.com
宝蕾元仁浩(天津)印刷有限公司印刷
全国各地新华书店经销
*
787 毫米×1092 毫米 16 开本 17.5 印张 436 千字
2024 年 10 月第 1 版　2024 年 10 月第 1 次印刷
定价:168.00 元

前 言
PREFACE

　　党的二十大报告提出，要推进新型工业化，促进数字经济和实体经济深度融合，加快建设网络强国、数字中国。推动数字技术与实体经济深度融合，赋能传统产业数字化智能化转型升级，是把握新一轮科技革命和产业变革新机遇的战略选择。能源是经济社会发展的基础支撑，能源产业与数字技术融合发展是新时代推动我国能源产业基础设施高端化、产业链现代化的重要引擎，是落实"四个革命、一个合作"能源安全新战略和建设新型能源体系的有效措施，对提升能源产业核心竞争力、推动能源高质量发展具有重要意义。

　　国家能源集团作为能源革命的排头兵，以习近平新时代中国特色社会主义思想为指导，深入贯彻党的二十届历次全会精神，立足新发展阶段，完整、准确、全面贯彻新发展理念，加快构建新发展格局，深入实施创新驱动发展战略，推动数字技术与能源产业发展深度融合，推进能源绿色低碳发展；坚决贯彻落实国家发改委、国家能源局发布的《关于加快推进能源数字化智能化发展的若干意见》《关于完善能源绿色低碳转型体制机制和政策措施的意见》等有关要求，认真落实集团公司"一个目标、三个作用、六个担当"发展战略，以"41663"总体工作方针为指导，坚持"建设示范、制定标准、以点带面、全面推进"智慧发电企业示范建设原则，从数字化智能化绿色化角度切实推进电力产业深化改革，打造数字化智能化绿色化标杆企业和示范项目，着力构建绿色低碳清洁、安全高效灵活、灾害协同预警、风险泛在感知、精细捕捉变化、生产无人值守、管理少人值班、智慧贯穿全流程全生命周期的示范电站。

经过近几年的努力，国家能源集团在大数据、人工智能、工业互联网、5G物联网、控制系统等先进信息技术与电力产业深度融合方面正在引领行业发展，涌现出一批技术先进、成效显著的标志性成果。国家能源集团各子分公司认真贯彻落实集团公司智慧发电企业示范建设部署要求，按照集团印发的《国家能源集团火电智能电站建设规范》《国家能源集团水电智能电站建设规范》《国家能源集团新能源智能电站建设规范》等相关规范，积极推动智慧企业建设规划、项目立项、建设、验收、运营，建成了一批以智能发电为核心的安全可靠、清洁低碳、高效灵活的智能电站，客观地展现了国家能源集团智能电站建设所取得的阶段性成果，在推动我国能源向清洁化利用、智能化生产和多元化供应的发展方式转变中取得了优异成绩，具有较强的实践指导意义。

第一章　概述 …………………………………………………………… 001

第二章　火电首批示范电站建设案例 …………………………………… 005

引言 …………………………………………………………………… 006

案例1　基于工业互联网和大数据的智慧电厂 ………………… 008

案例2　行业首个全覆盖、全应用示范5G+智慧火电厂 022

案例3　高效灵活的智慧综合能源示范电站 …………………… 033

案例4　全场景、高灵活5G+智慧示范电站 …………………… 047

案例5　AI赋能的高智能化绿色生态电站 …………………… 060

案例6　5G赋能的"1+1+6+N"智慧火电厂 ………………… 076

案例7　深度创新融合的三环一体智能电站 …………………… 089

案例8　基于5G+工业互联网的全连接智能示范电站 ………… 109

案例9　"智慧"元素深度融合的数字化热电厂 ……………… 125

案例10　基于5G+智能巡检的智慧示范电站 ………………… 137

目录

CONTENTS

案例 11　国内首台基于全国产智能控制系统的智能电站 ⋯⋯⋯ 151

小结 ⋯⋯⋯⋯⋯⋯⋯⋯⋯⋯⋯⋯⋯⋯⋯⋯⋯⋯⋯⋯⋯⋯⋯⋯ 161

第三章　水电首批示范电站建设案例 ⋯⋯⋯⋯⋯⋯⋯⋯⋯⋯⋯ 163

引言 ⋯⋯⋯⋯⋯⋯⋯⋯⋯⋯⋯⋯⋯⋯⋯⋯⋯⋯⋯⋯⋯⋯⋯⋯⋯ 164

案例 1　智能调控、自主运行的智慧水电站 ⋯⋯⋯⋯⋯⋯⋯⋯⋯ 166

案例 2　联合协同、数智融合的安全智能梯级水电站 ⋯⋯⋯⋯⋯ 182

小结 ⋯⋯⋯⋯⋯⋯⋯⋯⋯⋯⋯⋯⋯⋯⋯⋯⋯⋯⋯⋯⋯⋯⋯⋯⋯ 196

第四章　新能源首批示范电站建设案例 ⋯⋯⋯⋯⋯⋯⋯⋯⋯⋯ 199

引言 ⋯⋯⋯⋯⋯⋯⋯⋯⋯⋯⋯⋯⋯⋯⋯⋯⋯⋯⋯⋯⋯⋯⋯⋯⋯ 200

案例 1　基于数模融合的新能源生产模式+智慧风光电站 ⋯⋯⋯ 202

案例 2　基于群控智慧的远程智能新能源电站 ⋯⋯⋯⋯⋯⋯⋯⋯ 219

案例 3　基于数据价值驱动的智慧新能源电站 ⋯⋯⋯⋯⋯⋯⋯⋯ 231

案例 4　"端-边-云"一体的新型智慧新能源电站 ⋯⋯⋯⋯⋯⋯ 242

案例 5　数字化透明智慧风光示范电站 ⋯⋯⋯⋯⋯⋯⋯⋯⋯⋯⋯ 252

小结 ⋯⋯⋯⋯⋯⋯⋯⋯⋯⋯⋯⋯⋯⋯⋯⋯⋯⋯⋯⋯⋯⋯⋯⋯⋯ 267

第五章　总结与展望 ⋯⋯⋯⋯⋯⋯⋯⋯⋯⋯⋯⋯⋯⋯⋯⋯⋯⋯⋯ 269

目录

CONTENTS

概　　述

第一章

能源是关乎国家安全和发展的重点领域。世界百年未有之大变局和中华民族伟大复兴的战略全局，对加快推进能源革命，实现能源产业高质量发展提出了更高要求。同时，"碳达峰、碳中和"战略目标、传统产业数字化智能化转型等新形势、新动向、新战略为能源革命和高质量发展带来新的机遇和挑战。面对新形势、新要求，加快推动能源技术革命，支撑引领能源高质量发展，并将能源技术及其关联产业培育成带动我国相关产业优化升级的新增长点，是国家能源投资集团有限责任公司（以下简称国家能源集团）贯彻落实"四个革命、一个合作"能源安全新战略的重要任务。

当前，发电行业已由高速增长阶段转向高质量发展阶段，深入应用智能化先进技术，推动发电企业数字化、智能化转型升级，提升生产效率和运营效益，是发电行业实现高质量发展的必然要求。随着信息技术的快速发展，发电企业正在经历着巨大的变革和创新，也在孕育前所未有的机遇。建设智能电站，推行智能化生产与智慧化管理，将助力发电企业适应行业发展新常态，增强企业对市场变化的应对能力，是推动发电企业在新时代、新市场中持续稳定发展的强大动力。

任何新技术的运用都会经历较长时间的探索，因此智慧发电企业示范建设也需要在实践中不断丰富和完善。在推进过程中，要坚持需求导向、价值导向，试点建设要结合电厂智能化功能需求，强化电厂数字化、自动化、信息化、标准化基础。优选基础好的电厂进行试点建设，大胆尝试，不断丰富新一代信息技术的应用场景和成功案例，同时总结试点经验，完善建设方案和技术标准。要坚持安全高效、清洁低碳、灵活智慧的电站发展要求，评价指标要兼顾整体运行经济高效、绿色低碳环境友好、快速灵活稳定可控、信息与系统安全，能够适应多变的外部环境与需求。要坚持创新驱动、协同共进，技术研究要以创新突破为着眼点，注重基础理论与关键技术的多领域、多学科交叉融合，推进产学研用的协同创新。要坚持循序渐进，有序开展，智能电站的建设推广要基于技术的成熟度、可行性、可靠性与效果显著，结合科学的评估与评价机制，按阶段实施，分层次深化，全面实现智能发电建设目标。

国家能源集团在引领行业智慧发电企业示范建设的探索过程中，积极探索大型能源集团智能电站与智慧企业的建设路径。通过提升基础设施及智能装备、智能发电平台、智慧管理平台、保障体系的技术装备水平，加快传统电源数字化设计和智能化改造，采取有力的保障措施，实现发电智能化和管理智慧化升级，持续提升国家能源集团电力产业智能化水平，全力推动国家能源集团数字化转型发展。坚持问题导向、价值引领、创新驱动，以解决发电企业生产经营中的实际问题为根本出发点，通过规划指导、示范建设、制定标准、验收评级等一系列措施高效稳步推进国家能源集团发电智慧企业建设工作。

2017年，国家能源集团发布的《智慧企业建设指导意见》明确了"建设示范、制定标准、以点带面、全面推进"的集团智慧发电企业建设原则。随后发布了《智能发电建设指导意见》，确立了以自学习、自适应、自趋优、自恢复、自组织为特征的智能电站建设目标。在推动试点方面，2021 年，国家能源集团印发了《关于开展智慧发电企业示范建设的通知》，明确 11 家火电、2 家水电、5 家新能源共 18 家电厂，开展第一批智慧发电企业示范建设。2023 年，国家能源集团印发了《关于开展第二批智慧发电企业示范建设的通知》，明确国家能源集团所属 25 家电厂开展第二批智慧发电企业示范建设。

在制定标准方面，国家能源集团所属发电企业大胆试点，坚持标准引领、成果转化理念，不断总结经验和实践成果，形成了一系列的规范标准。2019 年，国电电力在行业率先发布《国电电力新能源区域公司智慧企业建设标准》《国电电力火电智慧企业建设规范》《国电电力水电智慧企业建设规范》等子分公司级智慧企业建设规范。2021 年初，原国华电力发布了《国华电力智慧企业建设导则》。2021 年底，国家能源集团组织相关试点单位，总结建设经验与实践成果，发布集团级的《火电智能电站建设规范》《水电智能电站建设规范》《新能源智能电站建设规范》。该系列规范是国内大型能源集团首次在发电产业智慧化转型方面成套发布的规范，是行业内首个全业务、成体系的智能电站建设规范，为电力行业的智能化发展提供了指导。2023 年，国家能源集团电力产业管理部组织编制，并发布了《火电智能分散控制系统（iDCS）技术规范》《水电厂智能分散控制系统（iDCS）技术导则》《国家能源集团智能电站典型项目案例集》《5G+智能电站典型技术路线和项目案例集》等技术规范和案例集，指导国家能源集团所属火电、水电、新能源等发电企业开展 5G 物联网基础设施、发电工控系统等国产化、智能化升级改造。2024 年 6 月，国家能源局批准发布了集团公司牵头主编的行业标准《火力发电厂智能控制系统技术规范》，标志着集团自主研发、首次应用并规模化推广的火电 iDCS 得到了全行业的认可。国家能源集团所属子分公司也积极探索、深入实践，发布了多个行业标准。大渡河公司于 2021 年底发布了《智慧水电厂技术导则》《梯级水电厂智慧调度技术导则》《流域梯级水电站经济调度控制技术导则》等行业标准。龙源电力于 2022 年 6 月发布了《智能风电场技术导则》《风电场监控系统信息安全防护技术》等行业标准。

通过顶层设计指导、示范试点先行、标准规范总结，总结成果与经验，逐步完善管理制度，形成常态化管理体系。2022 年，国家能源集团印发了《国家能源集团电站智能化建设验收评级办法》，进一步规范了电厂智慧企业建设标准和阶段性验收评价体系。本验收评级办法规范了电站智能化建设验收、评级和奖励，明确了电站智能化建设申报流程、评级标准、奖励形式；包括《火电智能化建设评分标准》《水电智能化建设评分标准》《新能源智能化建设评分标准》等评分细则；适用于国家能源集团及所属分公司、全资子公司、控股公司（以下统称子分公司）及其所属的生产和试运转火电、水电和新能源电站；由国家能源集团电力产业管理部负责日常管理，并将各示范电站智能化建设的评级结果纳入子分公司年度业绩考核。电站智能化建设评级考核内容包括：基础设施及智能装备（基础配置、智能装备），智能发电平台（平台建设、智能检测、智能监盘、智能控制、智能寻优），智慧管理平台（工程管理、检修、运行管理、应急管理、经营管理、燃料管理、物资管理、党建、行政管理、报表、对标考核），保障体系（组织机构、资金投入保障、网络与信息安全），成果与效益（减人增效、成果鉴定、荣誉奖励、专利、软著、论文、专著、标准、首台套、媒体宣传）等 5 部分，前 4 部分内容根据评分条目逐项进行打分，每项满分为 100 分，第 5 部分的成果与效益，根据实际情况按照评分条目逐项打分，该部分评分不设上限。评级结果根据所获总分，进行划档定级，分为初级（一星、二星），中级（三星、四星），高级（五星）和卓越级（六星）四级六星。划档定级分数为初级：110～250 分（一星：110～180 分，二星：181～250 分）；中级：251～350 分（三星：251～300 分，四星：301～350 分）；高级：351～450 分（五星）；卓越级：450 分以上（六星）。《国家能源集团电站智能化建设验收评级办法》是国内首个大型能源集团提出并开展电站智能化评级的实践。

为更好总结经验、推广成果，国家能源集团电力产业管理部牵头组织，抽调 10 余名专家组成验评专家组开展实地调研、资料审查、座谈交流、评分定级，完成了大渡河瀑布沟水电站、汉川电厂等 18 家智能电站示范建设的验收评级。国能大渡河流域生产指挥中心（瀑布沟水电站）、国能长源汉川发电有限公司、国电内蒙古东胜热电有限公司、国家能源集团宿迁发电有限公司、国华巴彦淖尔（乌拉特中旗）风电有限公司、国电电力宁夏新能源开发有限公司、国能浙江北仑第一发电有限公司、国能国华（北京）燃气热电有限公司、国能粤电台山发电有限公司、国家能源集团新疆吉林台水电开发有限公司、陕西德源府谷能源有限公司、安徽龙源风力发电有限公司、国家能源集团泰州发电有限公司等 13 家发电企业被评级为高级智能电站（五星），国家能源集团华北电力有限公司廊坊热电厂、广西龙源风力发电有限公司、国电科技环保集团有限责任公司赤峰风电公司、国能寿光发电有限责任公司、国电建投内蒙古能源有限公司（布连电厂）等 5 家发电企业被评级为中级智能电站（四星）。18 家示范企业均较好地完成了预期建设目标，智慧企业建设效果显著，起到了示范引领作用，为国家能源集团第二批示范企业建设以及在建、筹建电站的数字化智能化建设提供了参考和借鉴。

正是在行业数字化转型、智能化升级的大背景下，通过收集整理、总结归纳、审查筛选各发电企业全面推进智慧企业建设所取得的丰硕成果，将国家能源集团所属智慧企业典型建设案例汇编成册，形成《智慧企业"电力＋算力"——国家能源集团智能发电企业示范建设实践》。其中共收录典型智慧发电企业示范建设案例 18 个，囊括火电、水电、新能源三种发电形式。案例集涵盖了电站智能化建设从技术理论到实践论证的全过程，客观地展现了国家能源集团智能电站建设所取得的阶段性成果，具有较强的实践指导意义。

火电首批示范电站建设案例

第二章

引　言

　　火力发电在未来相当长的一段时间内仍然是我国最重要的发电方式，资源、环境和气候的变化给燃煤发电的可持续发展带来了严峻的挑战。当前数字技术引发的新一轮科技革命，正以前所未有的速度促进新质生产力的发展。国家能源集团拥有 400 余台火电机组，装机规模全球最大，在火电机组单机容量不断增大、参数不断提高、系统越来越复杂的情况下，国家能源集团忠实践行"四个革命、一个合作"的能源安全新战略，瞄准绿色低碳化、产业数智化发展方向，推动新一代信息技术与煤电企业生产运营深度融合，围绕煤电企业生产经营中存在的安全风险大、自动化程度不高、人员效率偏低等实际问题，坚持问题导向、价值引领和创新驱动，强化顶层设计，适时地开展火电企业智能智慧建设。2022年 12 月至 2023 年 8 月，国家能源集团电力产业管理部牵头组织，抽调 10 余名集团内部专家，组成验评专家组对京燃热电等 11 家火电单位生产现场开展了全面、客观的评分和定级工作。

　　国家能源集团所属一批煤电企业为全面提升集团核心竞争力、为行业火电机组实现清洁、高效、灵活、智能、安全稳定运行提供有效解决方案、为电力行业实现高质量发展提供强大技术支撑，先行先试，积累实践经验，推动成果转化，借助云计算、大数据、物联网、移动互联网等现代信息技术和人工智能技术，与火电产业深度融合。采用 5G 测控仪表、机器人、边缘计算芯片、先进传感器等智能装备，打造泛在感知环境、智能计算环境、智能控制环境、开放的应用开发环境等，形成智能检测、智能监盘、智能控制、智能寻优、智能交互等功能群组。将生产控制相关的厂级智能燃料、智能水务、智能脱硫、智能热网、综合能源调控等子系统纳入底层 DCS 一体化控制，实现四机一控、六机一控、热控电气一体化、主辅控一体化的火电智能化建设模式，从而降低煤耗和运行成本，减少运行和管理人员数量，提高安全管控能力、经济效益和决策水平，实现"无人电厂、精准预测、少人管理"的目标。高站位布局、高目标引领、高标准推进，集团公司煤电企业智慧化建设成果显著。汉川电厂"燃煤锅炉智能燃料燃烧技术与工程应用"获湖北省技术发明奖一等奖；东胜热电"智能发电运行控制系统研发及其应用"获中国电力科学技术进步奖一等奖。布连电厂 iDCS 国产化关键技术首台套应用、工控系统边缘计算芯片首台套应用，东胜热电火电智能 DCS、国内首个 5G+智慧火电厂应用示范、28 纳米物联网智能边缘计算芯片、长距离热网管道内部智能巡检机器人、柔性导轨式激光盘煤巡护智能机器人、泰州电厂无人值守螺旋卸船机、宿迁电厂炉膛落渣识别系统等首台套成果引人瞩目。

经实地调研、资料审查、座谈交流、评分定级，授予得分351~450分的国能长源汉川发电有限公司等8家火电企业高级智能电站（五星）称号，得分301~350分的国家能源集团华北电力有限公司廊坊热电厂等3家火电企业中级智能电站（四星）称号。

案例1 基于工业互联网和大数据的智慧电厂

（国能长源汉川发电有限公司）

所属子分公司：国家能源集团长源电力股份有限公司

所在地市：湖北省汉川市

建设起始时间：2017年3月

电站智能化评级结果：高级智能电站（五星）

摘要：国能长源汉川发电有限公司（简称汉川公司）积极落实国家能源集团数字化转型行动计划，谋划通过建设标杆型智慧企业，全面推动企业数智化转型，提升企业核心竞争力，促进高质量发展。近几年汉川公司采用5G、工业互联网、大数据、人工智能、高精度定位、区块链、先进智能控制等技术，结合电厂业务、信息化和数据现状，以问题为导向，集成及挖掘现有信息系统资源，建设智能发电平台和智慧管理平台，探索工业互联网和5G技术在燃煤电厂的融合应用，构建智能安全管理系统，研究智能发电、智能安全、智能巡检、智能检修等火电智能生产检修关键技术，实现燃料采制化少人值守和部分区域设备无人巡检，解决了电厂生产运营若干重难点问题，提升了发电智能化水平，提高了企业核心竞争力。

关键词：智慧电厂；智能控制；智能巡检；工业互联网；5G

一、概述

国能长源汉川发电有限公司为国家能源集团长源电力股份有限公司属下的湖北区域主力发电厂，现有装机容量332万kW，分三期建成，一期两台33万kW机组1991年投产，二期两台33万kW机组1998年投产，三期两台100万kW机组分别于2012年、2016年投产，四期扩建两台100万kW二次再热机组，计划2025年投产。

汉川公司在2020年编制了《2021年~2030年智慧电厂建设实施规划》，提出了业务应用与智能化创新，打造安全、低碳、灵活、高效国内一流智慧电厂的建设方针，智慧电厂建设以价值和问题为导向，注重融入先进思维、理念和技术，创新驱动，挖掘智能化技术带来的综合效益增长点，推动企业安全、生产、经营、环保等业务环节进行数字化、智能化转型，按照"效益优先、成熟先行、重点突破，分步推进"的原则开展项目建设和实施工作。

自启动燃料智能化项目建设，汉川公司就踏上了智慧企业探索及研究之路，陆续完成了全景式燃料智能化系统、智慧仓储、厂级供热管控平台、5G 网络部署及人员定位系统、ICS 发电平台建设、智慧检修应用平台、融合 5G 和工业互联技术的 IMS 系统研究及应用等数十项智慧化项目建设，历经 8 年的探索实践，实现了一批高质量的智能发电和生产管理研究成果有效落地，有力支撑了智慧企业示范建设。2023 年 6 月通过集团智慧发电企业示范建设现场验收评级，专家组推荐评级为高级智能电站（五星），汉川公司将持续开展智慧企业建设、提升和创新，推动企业高质量发展，力争成为集团数字化转型的典范，智能化建设的标杆。

国能长源汉川发电有限公司全景图如图 2-1-1 所示。

图 2-1-1　国能长源汉川发电有限公司全景图

二、智能电站技术路线

（一）体系架构

为全面落实国家能源集团"一个目标、三个作用、六个担当"发展战略，汉川公司以创建世界一流水平示范火电厂为契机，提出了业务应用与智能化创新，推动安全生产、业务运营向流程化、数字化和智能化转型，为此公司成立了智慧企业建设领导小组和智慧企业建设办公室，先后编制发布《2021 年～2030 年智慧电厂建设实施规划》《智慧企业示范单位建设方案》等多项指导性文件，全面推进智慧发电企业示范建设。

在智慧企业顶层设计中，公司大量研究 5G、人工智能、区块链、云计算、大数据、物联网、数字孪生等新一代信息技术应用案例，汲取先进技术成果和建设经验，优先选用能解决公司生产经营中实际问题，提升企业安全生产管控能力、运营生产能力、泛在感知能力的新技术；在项目相关论证阶段引入高校、科研院所和科技公司参与重大项目策划、方案评审，促进先进智慧化技术落地、科技创新和技术领先。智慧企业建设始终以需求引导创新，以科技创新引领智慧企业建设，要求重大智慧项目立项策划中必须有技术创新点

智慧企业"电力＋算力"
——国家能源集团智能发电企业示范建设实践

和成果设计，项目技术路线要求引入新科技、新理念、前沿技术；合作伙伴注重选择知名高校和科研院所。创新是智慧企业建设的重要引擎，公司建立了3个智慧化创新工作室，开展智能运行、智能发电和智能输煤技术创新研究和攻关，其中梅海龙创新工作室为"湖北省示范性职工创新工作室"，公司还与华中科技大学成立校企研究生工作站和实践基地，依托公司基于关键参量实时监测的锅炉灵活性控制技术研究与示范等多个项目开展产学研创新合作，与西安热工研究院联合研发厂级供热管控平台，和湖北联通公司共同成立省级5G创新实验室，开展5G深度融合应用研究。

(二）系统架构

公司智慧企业建设遵循国家能源集团智能电站"两平台三网络"体系进行规划和建设，两平台为智慧管理平台、智能控制平台，三网络为管理信息网、生产控制网、工业无线网，按系统层级划分为智能设备层、智能控制层、智慧管理层和网络基础设施层，如图2-1-2所示。

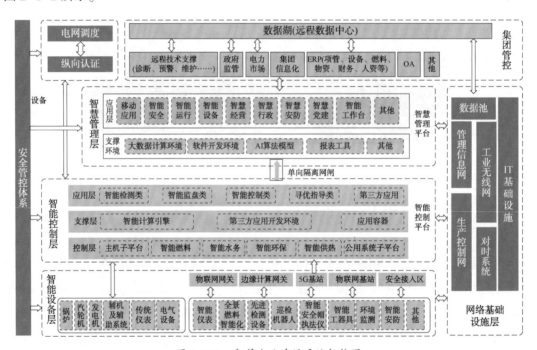

图 2-1-2　智慧企业建设系统架构图

（1）公司智能设备层包括全厂工业有线和无线网络、定位系统、门禁、视频系统、数据中心设施、自动巡检(无人机、机器人)、智能穿戴(安全帽、执法仪、AR眼镜、智能手环)、智能巡点检设备(5G巡检仪、5G点检仪、手持振动分析仪，手持超声波检测仪)、无线传感器(智能压力变送器/液位/温度/粉尘/气体/振动等仪表)、智能工器(锁)具、智能安全监察设备(布控球、高风险作业和受限空间监管装置)、无人摆渡车等。

（2）智能控制层在分散控制系统(DCS)基础上，增加高级应用服务网等智能化组件，通过大数据分析，智能建模和控制算法与先进控制技术相集成，实现智能电站生产运行的智能监控。主要由3#、4#、5#等机组级子平台和厂级智能发电平台构成，还包括厂级供热管控平台、智能燃烧优化系统、INFIT优化控制系统、电除尘智慧化运行平台等系统或子平台。

（3）智慧管理层主要功能包括智能安全管理、智能运行管理、智能设备管理、智慧经营管理、智慧物资管理和智慧行政管理等，并建设五检合一检修平台、等级检修系统、财务建模及可视化分析、智能水务、可视化应急指挥系统、智慧仓储、知识图谱、智能操作票系统，以及集消防、安防、无人机和反恐等于一体的安防管理平台、全景式燃料智能化系统、燃料实时管理与智能分析系统等。

（4）网络基础设施层依据国家网络安全等级保护制度和国家网络安全等级保护的有关要求，按照"安全分区、网络专用、横向隔离、纵向认证、综合防护"的原则，已建立完善的网络安全保障体系和系统运维保障体系，并在汉川、长源和青山热电三地搭建备份容灾系统，在实现本地数据备份基础之上，实现同城和异地的数据容灾效果。

（三）网络架构

按照国家能源集团信息化总体架构和智能电站建设体系架构，汉川公司构建了三网络架构，即生产控制网、管理信息网和工业无线网，工业无线网为5G网络，5G网络部署了两个频段即2.1MHz频段和3.5MHz频段，其中2.1MHz频段用于生产控制大区，3.5MHz频段用于信息管理大区，共1个控制面，2个UPF，用户接入、鉴权、用户开户等由大网统一管理及实现，保障厂区内5G网络带宽及时延要求，满足5G专网数据业务流在厂区内闭环。

（四）数据架构

数据架构遵循统一数据规划、统一存储、统一计算、统一服务、统一接入、统一数据治理的原则，采集内外部、智能设备、生产运行等结构化、非结构化、半结构化数据，对数据进行处理，支撑智慧企业建设和应用。

数据架构分为数据源层、数据处理层和数据应用层，数据管理是实现数据规范、安全、准确的关键和保障，具备数据模型管控、数据目录应用的能力。

采用先进技术，建立标准化、企业级的数据接入与数据汇聚存储、数据计算与分析系统，汉川公司实现了智能管控系统的各类数据的标准化接入与数据汇聚，全厂各业务系统数据的总体集成和主题重构，具备高效的数据抽取、转换、存储和查询能力，具备对异构数据库以及非格式化数据的集成能力。实现对接的系统包括国家能源集团统建ERP（缺陷、两票、设备台账）、自建系统和智慧企业相关系统，同时增加了KAFKA系统处理人员实时定位等高频率大批量数据，为构建公司智慧安全、智能运行、智能无人巡检、智慧办公、智慧经营等提供数据平台支撑。具体如图2-1-3所示。

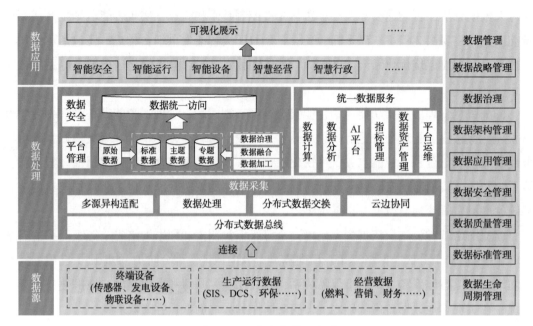

图 2-1-3　数据架构示意图

三、关键技术创新与建设

(一) 网络与信息安全

汉川公司严格按照《电力监控系统安全防护规定》，根据"安全分区、网络专用、横向隔离、纵向认证、综合防护"的防护要求，在管理大区和生产控制大区均部署了齐全完善的安全隔离设备，访问控制策略完备，网络安全边界防护完整，建立了管理信息大区和生产控制大区安全态势感知平台，具备自动防御、检测、响应和预测功能，配备了蜜罐诱捕、攻击溯源等一系列高级功能，有效防范病毒攻击，进一步增强生产控制网、管理信息网安全防护能力，确保系统安全稳定运行。具有灾备系统，本地、异地、两地三中心。数据采取权限控制、安全加密等一系列技术措施，实现了生产数据全生命周期的安全防护工作。完成了模块化数字机房建设。定期开展等级保护测评、网络安全攻防演练和技术监督等工作，保障智慧企业各级系统的安全。

(二) 基础设施层面

基础设施是构建智慧企业的重要基础，汉川公司建设和部署了如定位系统、门禁、视频系统等大量基础设施，为智能发电、智能检修和智能安全等业务提供重要支撑，并建设了集安防、消防和反恐于一体的管理平台，基于智能巡检的五检合一智能检修平台。

1. 建成安防、消防和反恐一体化管理平台，提升公司安全防范能力

基于物联网平台技术和数字三维技术，建成智能消防系统、周界入侵防护系统、智能反恐系统，集成无人机管控、视频安防监控系统、出入口控制系统、电子巡更系统、访客

管理系统、考勤系统、抓拍、车辆识别和管理系统等，将各子系统的监控点位或设备在厂区三维可视化模型中呈现，形成一个综合性一体化安防管理平台(图2-1-4)，实现视频监控、门禁道闸控制、入侵反恐和消防管控、安防应急调度等联动联控及指挥功能，构建了一套高度集成、联动有效、响应迅速的智能安防管理平台，提升了公司安全防范能力。

图 2-1-4　安防管理平台

2. 建成基于智能巡检的五检合一智能检修平台，提升了设备诊断和故障预测能力

五检合一检修平台建立了转动设备振动频谱、电流频谱、红外线成像、超声波、油液等分析诊断模型，采集机器人巡检、电子巡检、巡点检、精密点检和智能监测等检测数据及油品取样数据，结合模型，依靠专家诊断库及振动、红外、超声波、油质、电流等分析模块，全面分析诊断设备状况，形成设备健康状态评价结论，对于隐患、状态异常和劣化的设备，提前预警，准确诊断设备故障，并给出科学处理方案，支持生成关联缺陷上传ERP系统，实现了智能点巡检、电子巡检、精密点检、设备台账管理、设备智能化状态检测及健康评价，点巡检工作评价，以及设备劣化和故障的智能分析及诊断、设备全生命周期数据管理、检修辅助决策等功能，提升了设备诊断和故障预测能力。五检合一平台如图2-1-5所示。

（三）生产控制层面

以厂级智能发电平台下的智能计算、分析环境，智能控制环境，实时数据库，第三方应用开发环境为基础支撑，建设包括"智能检测""智能监盘""智能控制""智能寻优"等业务应用的智能发电体系，不断适应环境与需求变化，满足机组安全、高效、低碳、环保、灵活运行和自动启停的要求。

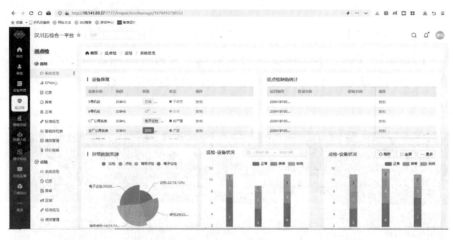

图 2-1-5　五检合一平台

1. 建成厂级智能发电平台，构筑集泛在感知、大数据分析和辅助发电决策的智能控制中心

通过改造 3#、4#、5# 机组 DCS 系统，建设了 3#、4#、5# 机组智能发电平台和厂级智能发电平台，实现 3#、4# 机组智能检测、智能监盘、智能控制和智能寻优等功能；APS 功能减少了运行人员工作强度，避免了人为操作失误，有效提高了机组启停安全性；ICS 平台通过生产过程机理分析、数据挖掘及分析、智能算法等应用，结合模型发出运行优化指导意见。通过 5G+物联网构建泛在感知数据网络，将设备巡检数据汇入五检合一平台分析诊断，相关设备状态监测诊断报警信息接入智能发电平台，提供运行操作指导意见。

2. 引用先进控制算法，通过锅炉智能燃烧优化，防控高温腐蚀结焦，降低 NO_x 排放

开展了 4# 炉智能燃烧控制系统研究，采用激光拉曼入炉煤质在线监测及入炉煤跟踪技术，在线 CO 检测和飞灰测碳技术，检测入炉煤质、CO、飞灰含碳等关键参数，结合二次风量、尾部氧量、氮氧化物等运行参数，建立锅炉运行历史和实时专用数据库及锅炉燃烧优化模型，通过智能燃烧控制系统的大数据分析功能，实时计算锅炉效率、氮氧化物生成量及经济成本。依据燃烧优化模型，智能燃烧控制系统采用神经网络、预测控制等先进控制算法，进行在线自动寻优，与 DCS 系统共同完成煤量、配风和 NO_x 的调节控制，保证锅炉燃烧过程在最优状态下进行，提高了锅炉效率、降低了氮氧化物生成和减少了高温腐蚀。

3. 研发厂级供热集中管控系统，实现节能增效

对 6 台供热机组变工况模拟仿真计算及热-电耦合特性研究，以及最大供热能力、相关调频特性试验探究，获机组的供热能力、电功率-供热量-标煤消耗特性、供热量-调峰-调频特性等耦合特性研究结果，将上述研究成果提炼为一个个独立的数学模型，构建基于机组运行台数、标煤单价、上网电价、电负荷限值、调峰补偿政策等边界条件下的厂

级电功率-热负荷多变量、多目标优化调度模型，并采用先进的优化算法或规划求解方法，在给定的工况边界及约束条件下，寻找优化的供热运行方式。基于智能发电平台技术构建全厂供热集中管控平台(图2-1-6)，研究开发机组热电解耦技术和智能化控制技术，通过厂级集中管控平台和机组DCS完成厂内6台机组供热系统互联控制和供热负荷、压力调节，根据机组实际供热能力及热电耦合规律和以上模型，以全厂供热能耗最低和盈利值最高为导向，进行厂级智能供热优化及热负荷智能寻优分配调节，保障机组安全发电与供热，实现供热经济效益最大化。

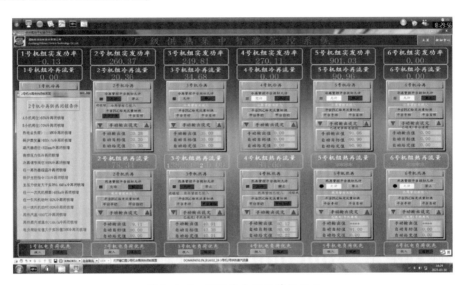

图2-1-6　厂级集中供热管控平台

(四) 智慧管理层面

通过智慧管理平台(IMS)，构建了完备的云网底座、平台底座、数据底座，集成了物联网平台、安防(反恐、消防)平台、SIS系统及汉川公司管理类其他IT资源和系统，并与国家能源集团ERP统建系统实现设备、运行和物资等相关业务数据对接，以数据中台为核心的数据底座汇聚了公司内全部重要数据，实现企业数据统一采存算管服用，通过业务中台实现了生产运营管理资源及业务的整合和协同，构建数字驱动的智慧化生产运营能力，打通了各业务系统数据链路，使生产业务诸要素及流程可控可溯，从而有效提高公司管控能力和科学决策的整体水平。

1. 持续攻关打造全景式燃料智能化系统

自2015年开始建设燃料智能化管控系统以来，汉川公司在燃料智能化上不断投入资金和资源，持续攻关，实施全景式燃料智能化管控系统改造，完成了包括计量系统、入厂入炉皮带煤流采样装置、全自动制样机、智能筛选系统、机器人智能化验系统、无人驾驶AGV运样车、燃料管理信息系统、智能视频门禁系统、煤样存储及传输装置、管控中心等改造升级，全景式燃料智能化系统已完全实现了燃料采制化管理自动封闭、无人化、可视化、全流程、全方位智能高效管理。

2. 开发了基于 ABC 作业成本法的财务可视化系统，提高财务经营分析决策能力

基于 ABC 作业成本法的财务可视化系统是针对汉川公司日常大量财务经营数据手动录入、测算繁琐、对比与分析易错的管理困境和现状，建立以作业成本分析模型、预算分析模型、利润分析模型、风险预警分析模型、盈利能力分析模型等为基础的财务可视化平台，通过对财务经营数据自动采集、统一存储、加工处理，提供数据分析、数据服务，支持财务经营数据对比与汇总，数据图表化 BI 展示。在财务可视化系统平台的基础上，根据业务实质和管理层需求，结合预算、成本、利润等模型，形成以"作业单元"为主体、多层次多维度智能管理会计体系，通过与生产系统和燃料系统联动，实时抽取生产数据，加工整理，生成所需财务指标，实现按日、机组智能测算，及时反馈日经营成果，满足公司日利润、成本测算需求，为公司制定短中长期生产经营策略提供数据支持和初步判断，提高了发电作业环节的财务成本穿透力和精细化核算能力。

3. 开发基于国家能源集团 ERP 的等级检修管理系统，提升设备检修管理标准化、规范化水平

等级检修管理系统是基于 ERP 系统开发的，等级检修管理系统涵盖了检修管理及检修作业全过程标准化管控，主要功能包括：年度计划及滚动计划、检修准备管理、等级检修计划管理、项目管理、等级检修全过程管理、安全质量管理、检修报表管理、试运管理、修后评价管理、等级检修模板库管理等。

4. 开发了智慧仓储，提升仓储管理效率

智慧仓储系统延伸统建 ERP 物资管理的前端智能化，基于 ERP 管账务、智慧仓储管实物的联动集成策略，针对轻物/重物分别设计智能实现模式，以机器人辅助作业和 RFID/微重力自动数据采集技术为核心，运用重量传感和电子射频标签技术进行自动识别，激光导航 AGV 进行自动化搬运，创新开发智能货柜等存储设备，从而实现了出入库业务自动生成，可少人、无人值守的管理目标。

智慧仓储数字孪生界面如图 2-1-7 所示。

5. 建设智能安全管理系统，提升安全管理智能化水平，筑牢安全基础

智能安全管理系统采用了 5G、三维建模、人员定位、电子围栏、视频分析、执法仪、智能安全帽、人脸识别、门禁授权、（环境监测）智能传感器、视频监控、电子巡检、智慧消防、移动智能终端等技术手段或设备，从人员安全、设备安全、环境安全、本质管理安全等方面，实现了访客和承包商管理、人员设备的风险辨识、现场作业风险管控、高风险作业监控、上岗到位管理、人员违章 AI 识别告警、智能两票管理、环境在线监测、全厂环境安全管理和本质安全管控等功能，建立了安全风险预控"线下-线上"全覆盖、安全管

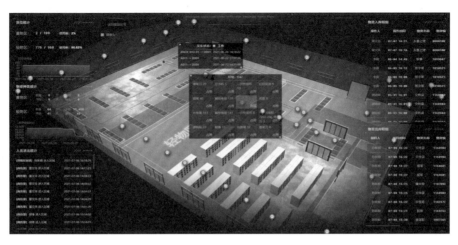

图 2-1-7　智慧仓储数字孪生界面

理"事前-事中-事后"全过程、全方位安全管控体系，全面提升公司安全生产感知、监测、预警、处置和评估能力。

（五）工业互联网层面

基于 5G 网络和物联网建立，形成了多网络、多协议、多数据的全厂泛在感知网络，并分别与 ICS 智能发电平台和 IMS 智慧管理平台连通，共同为公司生产系统各个环节监测预警、交互对接、分析评估、智慧发电等提供一揽子信息和数据支撑。厂区内建设 6 个 5G 专用宏站，安装 200 台室分，网络覆盖整个厂区，5G 无线网络在两个频段即 2.1MHz 和 3.5MHz 上进行部署，其中 2.1MHz 频段用于生产控制大区，3.5MHz 频段用于信息管理大区。在厂区内部署 UPF（用户面功能）设备，控制面共用，用户接入、鉴权、用户开户等由大网统一管理及实现，保障厂区内 5G 网络带宽及时延要求，满足 5G 专网数据业务流在厂区内闭环。UPF 相互独立部署，并通过各自独立的防火墙分别与信息管理大区和生产控制大区平台进行对接。5G 专网开启端到端网络切片功能，无线侧采用 RB 资源预留，传输侧采用 FlexE，为生产控制大区和信息管理大区分配不同的网络切片 ID，实现不同区域的数据隔离和安全传输。除建设 5G 外，在部分区域如生产楼、办公楼和控制室等处部署了 Wi-Fi 覆盖；建设统一物联网管控平台，实现全厂近 3000 个物联设备管控。

5G 网络（3.5MHz 频段）支撑公司无人摆渡车、AGV 煤样车、高风险作业监控、机器人巡检、智能点巡检、执法仪、智能安全帽、厂区安防电子巡更、UWB 高精度人员定位、AR 眼镜、布控球等智能设备应用并接入 IMS 系统，5G 工业摄像机及红外成像 AI 识别生产现场设备跑冒滴漏、火灾、主变压器异常故障。通过 5G（2.1MHz 频段）接入 ICS，部分机组六大风机和低压电机轴承温度振动传感器，高压设备温度传感器通过物联网接入 IMS 进行分析监测，实现了全面感知相关设备状况，掌握设备健康状态，设备隐患预警，为火电厂设备状态检修管理和运行管理提供了一种新模式，支撑服务生产运营的大数据平台，提

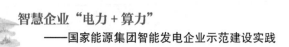

升了生产现场的透视和感知能力，提高生产关键管控业务的垂直贯穿能力和智慧预测能力。

四、建设成效

（一）促进减人增效

通过 3#、4# 机组 ICS 系统改造、斗轮机无人值守、全厂化水车间集中控制、氢站油库无人值守、智慧仓储、机器人智能化验系统等智慧化项目实施，减员 53 人，提高了管理效率。部分减员岗位由控制室运行人员承担相关工作，如氢站油库运行岗位由化水运行集控人员负责，智能化减岗人员经过培训转至公司新能源部工程运行岗位，减员情况如下：

序号	项目内容	原岗位数量/人	现岗位数量/人	减员数量/人
1	斗轮机无人值守	15	5	10
2	全厂化水车间集中控制	25	15	10
3	三期输煤栈桥智能巡检	10	5	5
4	氢站油库无人值守	10	0	10
5	智慧仓储	3	0	3
6	机器人智能化验系统	5	0	5
7	全景式燃料智能化系统	5	0	5
8	ICS 系统	10	5	5
合计		83	30	53

（二）安全经济成效显著提升

通过智慧企业建设和智慧成果的实践应用，及时处置了多项设备重大缺陷和隐患，避免了重大事故发生，保障了生产设备安全可靠运行，截至目前，汉川公司实现连续安全生产近 7300 天。厂级供热集中管控系统和燃煤电站锅炉智能燃烧系统投入，提高了供热效率和燃烧效率，年节约费用近 1200 万元，取得良好经济效益。

五、成果产出

（一）总体情况

汉川公司累计参编行业标准 6 项，获省部级奖项 17 项，授权发明专利 11 项、实用新型专利 83 项，发明专利申请受理 13 项，发表论文 17 篇，其中核心期刊 5 篇。基于 5G+MEC 的智慧电厂创新示范应用、火电厂燃煤锅炉燃烧优化与高温腐蚀结焦防控技术与应用等 2 项技术成果被鉴定为国际领先水平，完成成果转化 2 项。

（二）核心技术装备

（1）全景式燃料智能化系统；

（2）厂级供热集中管控系统；

（3）火电厂燃煤锅炉燃烧优化与高温腐蚀结焦防控技术与应用；

（4）基于国家能源集团 ERP 的等级检修管理系统；

（5）基于 ABC 作业成本法的财务可视化系统；

（6）基于智能巡检的五检合一智能检修平台；

（7）安防、消防和反恐一体化物联网管理平台；

（8）基于无人驾驶的动力煤次级封装煤样运输系统研究与应用；

（9）融合 5G 及工业互联技术的燃煤电厂智慧管理平台研究与应用；

（10）汽轮机热力性能智能评估与劣化分析系统研制和应用研究。

（三）成果鉴定

（1）"基于 5G+MEC 的智慧电厂创新示范应用"，鉴定单位：中国电力企业联合会，鉴定结论：整体技术达到国际领先水平，2023 年 5 月 6 日；

（2）"物联网平台在火电厂的研究与应用"，鉴定单位：中国电力企业联合会，鉴定结论：整体技术达到国际先进水平，2023 年 5 月 6 日；

（3）"火电厂燃煤锅炉燃烧优化与高温腐蚀结焦防控技术与应用"，鉴定单位：中国电力企业联合会，鉴定结论：整体技术达到国际领先水平，2023 年 4 月 19 日；

（4）"厂级供热集中智能管控系统开发及应用研究"，鉴定单位：中国电力企业联合会，鉴定结论：整体技术达到国际先进水平，2022 年 12 月 30 日；

（5）"基于库存感知的智能仓库建设"，鉴定单位：中国电力企业联合会，鉴定结论：整体技术达到国内领先水平，2022 年 6 月 23 日。

（四）标准贡献

（1）2024 年，国能长源汉川发电有限公司，T/CA 016—2024《基于 5G 技术的火力发电厂智能化安全技术规范》；

（2）2022 年，国能长源汉川发电有限公司，T/CEC 686—2022《燃煤锅炉一氧化碳在线监测技术规范》；

（3）2022 年，国能长源汉川发电有限公司，T/CAMS 93—2022《无人煤质化验系统》；

（4）2021 年，国电长源汉川第一发电有限公司，T/CSEE 0182—2021《燃煤锅炉水冷壁高温腐蚀区贴壁气氛测试技术导则》；

（5）2016 年，国电汉川发电有限公司，DL/T 656—2016《火力发电厂汽轮机控制及保护系统验收测试规程》；

（6）2016 年，国电汉川发电有限公司，T/CEC 156.5—2018《火力发电企业智能燃煤系统技术规范 第 5 部分：智能化管控平台》。

（五）省部级等重要奖励

（1）2024 年，中国电力企业联合会，"燃煤电站锅炉受热面高温氧化腐蚀预防治理技术研究及应用"获 2023 年度中国电力企业联合会电力创新奖二等奖；

（2）2023 年，中国煤炭工业协会，"煤基能源工业废水零排放处理关键技术"获 2023 年度中国煤炭工业协会科学技术奖二等奖；

（3）2023 年，国家能源集团，"1000MW 机组关键高温部件寿命评估与延寿技术研究"获 2023 年度国家能源集团科技进步奖二等奖；

（4）2023 年，国家能源集团，"高盐反渗透低压极限膜浓缩技术开发与工业应用"获 2023 年度国家能源集团科技进步奖二等奖；

（5）2023 年，入选湖北省首批省级 5G 全连接工厂名单；

（6）2023 年，中国节能协会，"厂级供热集智能管控系统开发研究及应用"获 2023 年度"十四五"热电产业节能减排技术创新奖一等奖；

（7）2023 年，中国通信企业协会，"基于 5G+MEC 的国能长源汉川发电有限公司重智慧电厂创新示范应用"获 2022 年度 ICT 中国优秀创新应用奖；

（8）2022 年，国家能源集团，"ABC 作业成本法应用分析展示"获 2022 年度国家能源集团财务数智化分析技能大赛三等奖；

（9）2022 年，全国能源化学地质工会，"火电厂 FSSS 可靠性保障"获 2022 年全国能源化学地质系统第二届电力企业班组岗位创新创效一等奖；

（10）2022 年，湖北省政府，"燃煤锅炉智能燃料燃烧技术与工程应用"获 2021 年度湖北省技术发明奖一等奖；

（11）2022 年，中国电机工程学会，"基于燃料全流程在线监测的锅炉智能燃烧技术及工程应用"获 2021 年度中国电力科技奖二等奖；

（12）2021 年，国家能源集团，"高硫分贫煤锅炉深度降氮及提升锅炉效率的研究"获 2021 年度国家能源集团科技进步奖三等奖；

（13）2020 年，湖北省政府，"火力发电燃料全周期精细调控关键技术及应用"获 2020 年度湖北省科学技术进步奖二等奖；

（14）2020 年，北京市政府，"基于膜法的火电厂废水零排放技术研究及应用"获 2019 年度北京市科学技术进步奖二等奖；

（15）2019 年，国家能源集团，"火电厂 1+N 模式燃料智能化系统创新与成功应用"成果获 2019 年度国家能源集团科技进步奖三等奖；

（16）2019 年，国家能源集团，"MIS 电气停送电操作票系统的建设与应用"成果获 2019 年度 QC 小组活动成果三等奖；

（17）2019 年，中国施工企业管理协会，"汉川三期第二台机组扩建工程"获 2018～2019 年度国家优质工程奖。

（六）媒体宣传

（1）2023 年，《湖北日报》，汉川电厂建成我省首张 5G 能源专网；

（2）2023 年，《湖北日报》，推进数字化转型国能汉川电厂智慧管理平台上线。

六、电站建设经验和推广前景

2020 年 8 月，国务院国资委印发《关于加快推进国有企业数字化转型工作的通知》，提出要加速国有企业数字化转型，将数字化转型作为改造提升传统动能、培育发展新动能的重要手段。2022 年 1 月，国务院印发《"十四五"数字经济发展规划》，明确要求加快企业数字化转型升级，推进数字化转型。国家能源集团推出数字化转型行动计划及集团网络安全和信息化"十四五"规划，汉川公司根据面临的生产经营环境、要解决的问题和痛点以及未来要达到的目标等，积极推进数字化转型，取得了一些成效和经验。

汉川公司遵循国家能源集团信息化总体架构和智能电站建设体系架构，建设了两平台三网络，集成融合公司内部现有管理系统和 IT 资源，在公司层面围绕生产、财务、营销、燃料、办公协同、资产管理等构建综合管控平台(IMS)，实现统一门户、统一认证、在线办公、业务集成和信息交流。基于公司数据中台整合贯通共享相关生产经营业务数据，推进与集团统建系统数据和业务流程对接，深入挖掘公司生产经营数据要素价值。建设厂级智能发电平台(ICS)，基于智能发电平台开发了厂级智能供热管控系统，厂级智能供热管控技术在华能系统逐渐推广。ICS 融合智能燃烧优化系统，研究防控高温腐蚀结焦，降低 NO_x 排放等关键技术，其成果获多项省部级奖励，因燃煤电厂高温腐蚀结焦等共性问题，该技术受到行业广泛关注。全景式燃料智能化系统技术成果在国内燃煤电厂大量引用。智慧仓储技术已推广到省内多家电厂。

面对双碳目标和新型电力系统构建，智慧企业建设之路漫长曲折，汉川公司将全面贯彻党的二十大精神，扎实开展学习贯彻习近平新时代中国特色社会主义思想主题教育，深入落实国家能源集团发展战略目标和"41663"总体工作方针，坚定走"安全、高效、绿色、智能"高质量发展之路，持续开展智慧企业探索和创新，为助力国家能源集团建设世界一流企业作出新的更大贡献。

案例2 行业首个全覆盖、全应用示范 5G+智慧火电厂

（国电内蒙古东胜热电有限公司）

所属子分公司：内蒙古公司

所在地市：内蒙古自治区鄂尔多斯市

建设起始时间：2017年7月

电站智能化评级结果：高级智能电站（五星）

摘要：国电内蒙古东胜热电有限公司（简称东胜热电）自成立以来就非常重视科技创新，在国家能源集团"一个目标、三个作用、六个担当"总体战略指引下，东胜热电主动担当，借国家能源集团首批智慧企业建设试点契机，秉持打造一流智慧火电和树立行业智慧化转型标杆的理念，以提高企业的价值创造力和全要素生产力作为智慧企业建设方向，立志以智慧企业建设为引擎推动火电企业实现历史性变革、系统性重塑、整体性重构，在经历先行先试、以点带面、体系搭建、滚动推进、创新凝练、成果转化、推广应用等一系列努力后，探索建成了独具东胜热电特色"两平台三网络"新型智慧火电企业，建成国内在运火电智慧企业建设示范单位。

关键词：智慧电厂架构；5G；智能发电；示范电站

一、概述

国电内蒙古东胜热电有限公司于2005年12月8日在内蒙古鄂尔多斯市东胜区注册成立，公司2×330MW空冷供热机组分别于2008年1月24日和6月28日投产发电。两台机组采用无燃油等离子点火系统，成为世界首家无燃油火力发电厂；采用直接空冷技术、城市中水软化补水，较水冷机组节水70%；同步投入电除尘器、全烟气脱硫，综合脱硫效率达到99%以上，极大地改善了当地环境。水岛和灰煤硫全部采用集中控制和集中管理，减少厂区用地面积。

东胜热电自成立以来就非常重视网络安全、信息化建设与科技创新工作，先后进行了燃料智能化系统建设、废水零排放、超低 NO_x 煤粉燃烧技术等技术改造，连续12年在中国电力企业联合会能效对标中获奖，在机组能耗、盈利能力、资产质量等方面保持全国同类型企业较高水平。公司先后获中央企业先进基层党组织、中央企业先进集体、国家科学技术进步奖二等奖、中国电力科学技术进步奖一等奖、中国电力科学技术进步奖三等奖、国家能源集团奖励基金特等奖、国家能源集团科技进步奖二等奖、国家能源集团安全环保一级企业、科技创新先进集体、文明单位等荣誉称号。

东胜热电于2014年至2016年于国家能源集团内率先开展信息化数字化建设升级，引领行业数字化转型浪潮。2017年7月，东胜热电被确立为国家能源集团火电第一批智慧企业建设试点单位，秉持打造一流智慧火电和树立行业智慧化转型标杆的理念，东胜热电提出以信息化、数字化、智能化技术提升火电企业的价值创造力和全要素生产力，打造核心竞争力，推进一流企业建设，并将"无人运行、精准预测、少人值守"确定为东胜热电智慧企业建设终极目标，在经历先行先试、以点带面、体系搭建、滚动推进、创新凝练、成果转化、推广应用等一系列努力后，探索建成了独具东胜热电特色"两平台三网络"新型智慧火电企业，从火电智慧企业建设的"探路者"一举"跃迁"为引领者。

以东胜热电智慧企业建设为模板的智慧火电体系架构已编入国家能源集团火电智能电站建设规范，并在多家火电厂推广应用。2023年8月，国家能源集团组织专家组到东胜热电开展"智慧发电企业示范建设"现场验收评级工作，根据综合评审意见，专家组拟推荐评级为高级智能电站（五星），专家组认为东胜热电较好地完成了国家能源集团交办的智慧发电企业示范建设的任务目标，持续不断进行首台套项目探索实践、高质量成果转化与经验输出，为推动国家能源集团电力产业数字化转型贡献了"东胜智慧"。

国电内蒙古东胜热电有限公司实景图如图2-2-1所示。

图2-2-1　国电内蒙古东胜热电有限公司实景图

二、智能电站技术路线

（一）体系架构

东胜热电高度重视智慧企业建设体制机制的建设与职工创新工作。于2017年12月成立智慧企业建设领导小组与工作小组，挂牌成立科技部门与柔性研发中心，编制发布智慧企业建设管理规范等制度与《智慧企业建设三年滚动规划》《"十四五"科技创新专项工作方案》《网络与信息安全三年规划》等多项专项工作方案。设立 9 大职工创新工作室，其中"杨光继电保护创新工作室"被内蒙古自治区总工会命名为"内蒙古自治区职工创新工作室"。以创新工作室为纽带，聚焦公司各项重点任务、难点项目进行攻关研究，以劳模及高技能人才为引领，发挥其示范作用，凝聚基层员工创新的智慧和力量，以点带面、引领公司创新工作向纵深发展。

东胜热电为及时了解掌握当前科技创新前沿技术、新概念、新思路、新装备，更好地为火电科技创新应用提供技术资源，不断加强与科研院所和科技公司合作，全面做好科技创新的顶层设计，优化实施路径，探索智慧企业建设方向，其间与 30 多个科研单位、科技公司建立良好合作关系，创建了"智能发电联合创新实验基地""物联网智能设备智慧电厂联合创新实验室"等 9 大产学研用创新应用研究实践基地。发挥各方优势，整合资源，总结实践经验，达到取长补短、协同创新、研用结合、持续提升的目的，推动示范项目、建设样板工程。

（二）系统架构

东胜热电作为国家能源集团火电智慧企业建设首批试点单位，经过两年多的智慧企业建设的实践探索，不断总结建设经验，在 2019 年首次提出了"两平台三网络"的智慧企业建设理论体系，将由传统的分散控制系统（DCS）、厂级监控信息系统（SIS）和管理信息系统（MIS）构成的三层网络结构，发展为由智能发电平台（ICS）和智慧管理平台（IMS）构成的二层网络结构，实现了安全可靠与应用功能相统一。在智能发电平台（ICS）首次实现了火电机组底层控制系统人工智能算法与控制一体化的"智慧大脑"，在智慧管理平台（IMS）实现了人工智能、大数据在公司安全、经营、纪检、行政等各个管理业务的全方位应用，为整个火电行业的智慧企业建设指明了发展道路。以东胜热电智慧企业建设经验为主体组织编制的国内首套智慧企业建设规范《国电电力火电智慧企业建设规范》，已于 2019 年 9 月发布。并作为主要参编单位，协助国家能源集团于 2021 年 12 月发布国内首套大型能源集团级智能电站建设规范。

东胜热电智慧企业建设系统架构图如图 2-2-2 所示。

（三）网络架构

东胜热电积极落实国家能源集团相关网络安全与信息化要求，完成集团公司互联网统一改造与 IPv6 改造，在保障网络安全基础的前提下，依托东胜热电火电智慧企业建设体系架构，东胜热电初步构建了智慧火电可靠、安全的网络架构，在原有生产控制网与管理信息网的基础上将 5G 网作为火电厂区工业无线网，基于 5G 专网大带宽、低延时、抗干扰的优势与特性，实现了各类智能化设备、智能化应用的承载与应用。

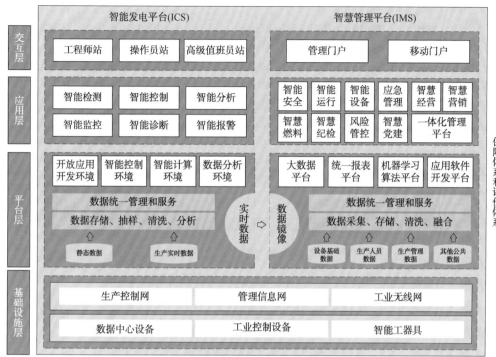

图 2-2-2　东胜热电智慧企业建设系统架构图

（四）数据架构

燃煤火电厂智慧企业建设是一项庞大而复杂的系统工程，这项工程需要将各类新兴技术如大数据、人工智能和实体经济进行深度融合，推动传统模式下的电力行业进一步转型升级，使电力生产更安全、更高效、更清洁、更低碳、更灵活。基于大数据、人工智能技术的火电厂工业化落地应用需要对发电厂实时产生的设备数据以及生产运营数据、管理类关系数据、视频、音频和文本等各种不同的数据源的数据进行高速存储、查询、处理，对此东胜热电构建了基于 Hadoop 架构的厂级数据中心以满足厂侧数据需求，实现了全厂数据的统一管理，使数据中心成为东胜热电公司数据取和用的"枢纽"（图 2-2-3）。

东胜热电 Hadoop 厂级数据中心是一个具有分布式处理能力的数据框架，通过对各类结构化、非结构化的采用并行的数据处理方式，极大地提高了东胜热电业务数据处理能力和发电厂运营管理业务工作效率，目前东胜热电数据中心已实现厂侧 11 个业务系统的数据获取与数据价值提升，目前所有实时系统的总数据量大约为：12TB（三备份），实时系统数据总流量约为：864100000 条/天，其中 ICS、NCS 等传输实时数据流量为 12000 条/s，数据流向数据中心 KUDU 架构中对应的实时表中，其中燃料、经营、办公系统等历史数据约为 6M/天。东胜热电是国内首家以厂级数据中心为核心的火力发电公司，创建了火电智慧管理新模式。

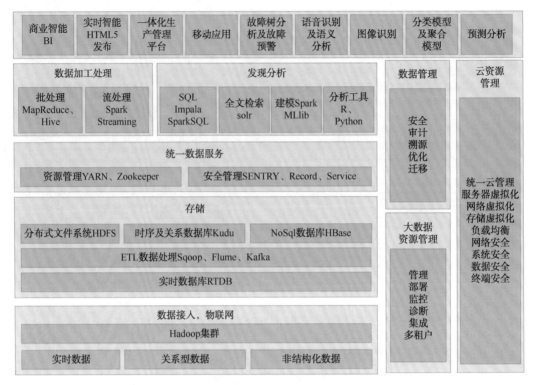

图 2-2-3 东胜热电数据架构图

三、关键技术创新与建设

（一）网络与信息安全

随着信息技术的发展与燃煤火电厂数智化转型的需求不断深化，网络与信息安全保障在燃煤火电厂的业务领域中的重要性也逐年增加。东胜热电不断完善网络与信息安全防御体系，创建网络安全"四大法宝"（图 2-2-4），分别为主机加固、流量威胁检测、态势感知、"蜜罐"攻击捕获与溯源系统，从而使公司整体网络安全防护由被动转为主动，由内防转为外防，有效防范、控制和抵御网络与信息安全风险。

（二）基础设施层面

基于东胜热电实际业务需求，在全厂范围内实现智能门禁、在试点区域完成 UWB、蓝牙、Wi-Fi 三合一网络覆盖，开发建设机炉 0m 智能巡检机器人、煤场盘煤机器人、输煤廊道巡检机器人、热网管道巡检机器人、5G+6kV 配电室巡检机器人与 5G+升压站巡检机器人；依托无死角全覆盖的 5G 工业无线网络，定制开发部署了 50 顶 5G 安全帽，累计配置 52 台 5G 摄像头开展高、中、应急作业视频监控。自主研发、拥有独立自主知识产权的 28nm 物联网智能芯片在东胜热电问世，火电行业首次实现了燃煤机组生产现场的设备跑冒滴漏智能视频识别应用，其成型图像识别算法及其应用模式也将为火电行业类似视频识别应用提供成熟的技术实施路线及实施经验，具备广泛的行业推广价值。基于芯片的视频边缘计算能力，能实现生产现场煤粉、灰分、水、油、水蒸气、烟气、雾、火花、火焰等设备不安全状态的毫秒级准确识别。东胜热电数字化转型基础设施与智能装备如图 2-2-5 所示。

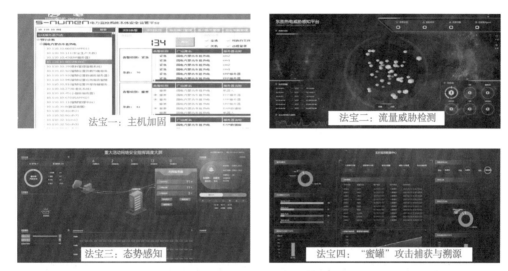

图 2-2-4　东胜热电网络安全"四大法宝"

图 2-2-5　东胜热电数字化转型基础设施与智能装备

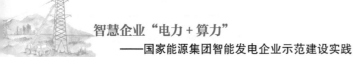

（三）生产控制层面

打造全新的智能发电平台（ICS），充分利用先进检测技术，打破了火力发电厂检测的盲区，首次攻克生产业务领域如煤质不稳定、炉膛结焦、吹灰次数频繁等痛点问题。利用基于软测量模型的炉内煤质（水分、低位发热量）检测，作用于锅炉燃烧预控逻辑，改善了燃烧控制系统性能。开发并应用次红外技术和聚类算法的入炉煤实时检测系统，实现六大煤种的实时入炉检测。利用声波测温技术对炉膛出口的温度场进行监测；通过各种新型检测技术进行工业态势感知，并将数据实时接入智能发电平台，为实现水冷壁智能吹灰、锅炉燃烧控制等功能提供基础数据支撑。智能发电平台的建设投用，标志着火电机组底层控制系统人工智能算法与控制一体化的"智慧大脑"正式成形，构建了具备自学习、自适应、自趋优、自恢复、自组织的智能发电运行控制模式，填补了国内行业空白，达到国际领先水平，东胜热电智能发电平台（ICS）项目获得了中国电力科学技术进步奖一等奖和集团公司奖励基金特等奖，同时作为高端装备入选中央企业科技创新成果推荐目录（集团公司6项）。东胜热电智能发电平台ICS如图2-2-6所示。

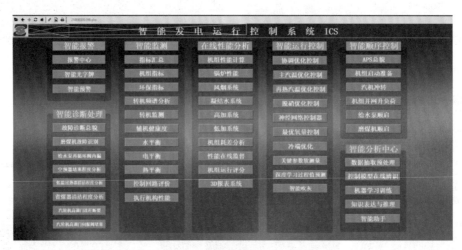

图2-2-6　东胜热电智能发电平台ICS

（四）智慧管理层面

建设智慧管理平台（IMS），以大数据中心、算法平台、应用软件开发平台建设为功能核心，推进人工智能、大数据在公司生产、经营和管理等各个方面的全方位应用，构建智能安全、智慧党建、智慧经营、智慧燃料、智慧纪检、智慧班组、智慧人才管理模块，进一步提升公司质量效益，增强核心竞争力，加快公司一流企业的建设。其中在智能安全方面，构建了人员安全、设备安全、环境安全、制度与管理安全的"四大管控体系"。部分生产区域利用人脸识别、UWB人员定位、视频监控与视频跟随人员联动、视频识别人的不安全行为等技术实现了厂区人员定位与轨迹追踪、电子围栏和闯入报警等功能，现场生产区域部署了智能门禁，实现对人员安全与设备操作的主动安全管控，有效保障生产安全。

智慧管理平台构建了燃料全流程的智能化管控体系与燃料全过程的生产成本模型，建设无人化的数字煤场，实现燃料从出矿、入厂、煤场、入炉、化验、结算的全过程智能化无人监控与全成本实时计算分析。基于 ERP 系统、EAM 系统、厂级数据中心等平台构建智慧纪检模块，将纪检工作在信息化基础上多维度创新重构，打造业务流程优化、协同机制高效、监督防范科学、系统运作集成的智慧纪检云平台，做到"人在干，云在算"。

（五）工业互联网层面

东胜热电携手华北电力大学、中国电信鄂尔多斯分公司、华为科技有限公司共同创建国内首个"5G+智慧火电厂联合创新实践基地"，部署 5 个宏基站、37 个室内分布小站，实现公司 $0.3km^2$ 厂区内所有建筑的全覆盖和所有厂房内的精准覆盖。依托 5G 专网，打造了监、采、控、检、通信创新 5 大应用场景，于国内首次实现 5G 控制类切片 uRLLC 与火电DCS 工控系统联动应用，将启动炉设备的开关量和开度等模拟量，以及温度、压力、流量、水位、振动等火电厂基本测点信息，通过 5G 网络低成本、大规模地接入数据采集系统，进行远程控制、远程监视和诊断报警。东胜热电成为国内首个全覆盖、全应用示范的智慧火电厂，"5G+工业互联网"写入《2021 年国家能源集团社会责任报告》，"东胜热电5G+智能发电"企业研发中心被评定为自治区级企业研发中心。

东胜热电建筑物屋顶 5G 宏基站如图 2-2-7 所示。

图 2-2-7 东胜热电建筑物屋顶 5G 宏基站

四、建设成效

东胜热电率先提出并建设了"两平台三网络"新型智慧火电体系，对国内火电智慧企业建设具有良好的借鉴性和推广价值。在生产控制层面，建设应用国内首套自主知识产权的智能发电运行控制系统（ICS），首次实现了火电机组底层控制系统人工智能算法与控制一体化的"智慧大脑"；在智慧管理层面，建设智慧管理平台（IMS），构建智能安全、智慧纪检、智慧人才等 7 大管理模块；在基础设施方面，打造边缘计算芯片、5G 智能安全帽等 8

大无人装备,建设成为国内首个 5G 全覆盖、全应用示范的智慧火电厂。东胜热电较好地完成了国家能源集团交办的智能示范电站建设任务,于 2023 年 8 月 4 日通过国家能源集团智能示范电站验评,验评结果为高级智能电站(五星)。

五、成果产出

(一) 总体情况

在智慧企业建设的 6 年中,东胜热电以各项首台(套)创新技术为杠杆,公司上下同向发力、同频共振,一次又一次完成了业务与先进信息技术的深入融合应用,多项成果为国内首创,关键技术取得较大突破。截至目前,东胜热电累计申请发明专利 25 项,授权实用新型专利 37 项、软件著作权 22 项、商标 8 项,出版学术专著《人工智能火电厂和智慧企业》,发表期刊论文 98 篇,获省部级及以上奖励 25 项,获市厅级奖励 400 余项,内蒙古东胜热电智慧电厂创新团队获"鄂尔多斯市产业创新创业人才团队"称号,东胜热电被认定为国家级高新技术企业。

东胜热电人工智能高级运营管控中心如图 2-2-8 所示。

图 2-2-8 东胜热电人工智能高级运营管控中心

(二) 核心技术装备

(1) 火电自主可控智能发电运行控制系统 ICS;

(2) 一种基于故障逻辑树和专家知识图谱的智能分析诊断和电力设备故障智能预警应用;

(3) 28nm 边缘计算 FPGA 跑冒滴漏视频识别芯片;

(4) 3D 激光柔性导轨式盘煤巡护机器人;

(5) 长距离中小直径热力管道内部智能巡检与检测机器人;

(6) 5G+6kV 配电室巡检机器人、5G+升压站巡检机器人;

（7）"5G+UWB+Wi-Fi+蓝牙+视频识别"五位一体厂区融合定位基站；

（8）5G uRLLC 控制切片在火电 DCS 的首次应用。

（三）成果鉴定

（1）"智能发电运行控制系统研发及其应用"，鉴定单位：中国电机工程学会，鉴定结论：整体技术达到国际领先水平，2019 年 10 月 29 日；

（2）"基于 5G 技术的工业无线网在智能化火电厂建设中的实践应用"，鉴定单位：内蒙古通信学会，鉴定结论：整体技术达到国际领先水平，2021 年 10 月 29 日。

（四）省部级等重要奖励

（1）2019 年，中国电力企业联合会，"一种基于故障逻辑树和专家知识图谱的智能分析诊断和电力设备故障智能预警应用"获 2019 年度电力职工技术创新奖一等奖；

（2）2020 年，中国电机工程学会，"智能发电运行控制系统研发及其应用"获 2020 年度中国电力科学技术进步奖一等奖；

（3）2020 年，中国电力企业联合会，"基于机器人和 AI 技术的智能巡检和精准测量在智慧电厂中的应用"获 2020 年度电力职工技术创新奖一等奖；

（4）2022 年，中国电力企业联合会，"基于 5G 技术的工业无线网在智能化火电中实践应用"获 2022 年电力 5G 应用创新典型案例；

（5）2022 年，中国电机工程学会，"5G 新基建和边缘计算芯片在智能火电厂建设中的实践应用"获 2022 年度中国电力科学技术进步奖三等奖；

（6）2022 年，工业和信息化部，"国电电力东胜热电基于 5G 技术的工业无线网在智能化火电厂建设中的实践应用"获 2022 年第五届"绽放杯"5G 应用征集大赛全国总决赛二等奖；

（7）2023 年，工业和信息化部，"基于 5G 技术的工业无线网在智能化火电应用"入选 2022 年工业互联网试点示范名单工厂类试点示范；

（8）2023 年，国家能源局，"内蒙古东胜热电：全覆盖、全应用示范 5G+智慧火电厂"入选《2022 年度能源领域 5G 应用典型案例汇编》。

（五）媒体宣传

（1）2019 年，"学习强国"学习平台，火电有了"智慧大脑"！我国首套智能发电运行控制系统研发及应用项目通过技术鉴定；

（2）2020 年，国资小新微博号，高科技下的火电厂煤场现场长啥样？带你去看看；

（3）2020 年，国资小新微博号，原来煤炭可以这么"烧"；

（4）2020 年，国资委网站，【中央企业布局新基建⑤】国家能源集团倾力打造"智慧电厂"；

（5）2020 年，国资委网站、"学习强国"学习平台，【中央企业布局新基建】国内首个火电 5G 宏基站在国家能源集团投运；

（6）2021年，"学习强国"学习平台，国家能源集团东胜热电完成5G+园区智能应用对接测试；

（7）2021年，国资小新微博号，"地光巡"机器人上线，热网管道来了新"管理员"；

（8）2023年，"学习强国"学习平台，国家能源集团两项5G+智能电站案例入选工信部示范名单。

热网管道智能巡检机器人"地光巡"如图2-2-9所示。

热网管道智能巡检机器人现场工作图如图2-2-10所示。

图2-2-9　热网管道智能巡检机器人"地光巡"

图2-2-10　热网管道智能巡检机器人现场工作图

六、电站建设经验和推广前景

目前传统燃煤火电厂工业流程及管理模式基本固化，在近30年内尚未有大的变革，但近年来也面临着燃料价格上升、环保压力增加运行成本、新能源全额上网挤占电量等严峻挑战，在基础制造生产工艺没有突破性进展的情况下，应尝试聚焦于科技创新与新兴技术应用，全方面、深层次、高水准不断进行挖潜，高质量完成现代信息技术与传统工艺流程融合应用，为探索燃煤火电企业提质增效开拓出一条新的路径。

东胜热电智慧企业建设经过6年多不断实践探索已经取得阶段性成果，"智慧东胜热电"也入选了国家能源集团首批优势品牌，为书写东胜热电高质量发展新篇章增添了浓墨重彩的一笔，也为推进国家能源集团及行业电力产业智能化转型提供示范模版。电力智能化建设也将逐步成为创建世界一流大型能源集团的可靠保障。

东胜热电将继续以党的二十大精神为统领，努力践行"社会主义是干出来的"伟大号召，深入贯彻落实国家能源集团"41663"总体工作方针，坚定不移做强做优做大，为全面建成以火电、新能源、热力"三驾马车"为核心的一体化新型综合智慧能源企业而努力奋斗。

案例3   高效灵活的智慧综合能源示范电站

（国家能源集团宿迁发电有限公司）

所属子分公司：国家能源集团江苏电力有限公司

所在地市：江苏省宿迁市

建设起始时间：2016 年 12 月

电站智能化评级结果：高级智能电站(五星)

摘要：国家能源集团宿迁发电有限公司(简称宿迁电厂)作为国家能源集团首批智慧煤电建设试点单位，着力打造绿色低碳清洁、安全高效灵活、风险泛在感知、生产无人值守、管理少人值班、智慧化贯穿全流程全生命周期的示范电站，铸造"横向集成、纵向打通、组织柔性"的数字化、智能化、少(无)人化"黑灯模式"工厂，集成创新并应用了煤炭清洁高效、宽负荷调峰、城市综合能源服务等先进技术和方案，提升了绿色低碳循环发展水平，提高了电网新能源消纳能力，开启了国有企业数字化转型的新篇章，形成了能源综合服务新业态，探索了城市生态保护新路径，引领了智慧清洁能源与城市生态协同发展新方向，全力推动集团公司数字化转型发展，为全面建成具有全球竞争力的世界一流综合能源集团作出新的更大贡献。

关键词：数字化转型；综合能源；智能发电；智慧管理

一、概述

国家能源集团宿迁发电有限公司一期建设 2×135MW 火力发电机组，2019 年 12 月已按"上大压小"政策要求实施关停。二期建设 2×660MW 超超临界二次再热燃煤机组，分别于 2018 年 12 月 31 日、2019 年 6 月 4 日建成投产，是江苏省首台采用超超临界二次再热技术的 60 万等级机组，被国家科技部列为"高效灵活二次再热发电机组研制及工程示范"科技项目，同时承担国家能源集团"智能火电关键技术研究与示范应用"课题研究。

宿迁电厂自 2015 年提出"数字化智慧型电站"总体规划，2017 年作为国家能源集团首批智慧煤电建设试点单位，开创了智慧煤电建设先河。经多年经验与技术积累，融合业务场景，提升数据价值，形成了具有特色的智慧企业体系，构建智能发电系统(ICS)和智慧管控系统(IMS)两大系统，实现传统煤电向绿色、集约、高效、协同的智慧转型。当前宿迁电厂正处在着力打造国家能源集团智能智慧和综合能源"双示范、双引领"的攻坚阶段，充分发挥地处宿迁的发展优势，重点聚焦周边区域各类产业快速集聚发展，围绕外部热力市场需求，加快建设以区域热力中心为核心的智慧综合能源服务基地，为周边区域企业提供"清洁高效、安全环保、合作共赢、循环发展"的综合能源服务，建设成一流绿色智慧综合能源标杆企业。

进入"十四五"新征程，宿迁电厂将企业自身摆在"探路者"和"改革者"的位置上，坚持领发展之责、担探路之任，在"抢"中促发展，在"拼"中寻先机，探索以技术创新、管理创新为支撑的发展新模式。

江苏宿迁电厂实景图如图 2-3-1 所示。

图 2-3-1　江苏宿迁电厂实景图

二、智能电站技术路线

（一）体系架构

为贯彻落实宿迁电厂"智能智慧＋"型企业建设战略方针，以价值创造为宗旨，以数据赋能、创新驱动为手段实现生产经营方式变革，助力新时代智能智慧发电企业建设，成立了以总工程师为首的智能智慧中心组织机构。该中心编制"智能智慧＋"专项行动方案，制定推进计划和奖惩措施；并建立项目实施期间工作管理机制，负责项目日常管理工作。

宿迁电厂设立 4 大职工创新工作室，其中"周瑞青年人才创新工作室"被评定为集团公司级。以创新工作室为纽带，聚焦公司各项重点任务、难点项目进行攻关研究，以劳模及高技能人才为基础，发挥其示范作用，凝聚广大群众创新的智慧和力量，以点带面、引领公司创新工作向纵深发展。目前成立了与国能信控互联技术有限公司和国能智深控制技术有限公司共同创研工作室；与东南大学、宿迁学院等成立了校企协同研发基地；与中国电信、中国移动签订了战略合作协议。通过这些举措推动企业持久迭代的数字化转型之路。

　　"十四五"以来，宿迁电厂响应上级公司号召，加快向综合能源服务商转变、向绿色低碳能源供应端转变，紧密对接地方政府"十四五"发展规划，加大投入、超前研究，助力地方能源转型升级，已与国内多家知名院所合作开展宿迁"十四五"规划能源配套开发工作。先后与东南大学、西安热工研究院、宿迁学院等高校、科研院所合作研究"十四五"规划能源配套和新能源开发，与宿城区、宿豫区、泗洪县、泗阳县、市经开区等签订战略合作协议，推动新能源整县制开发，基本实现宿迁市各县区全覆盖。联合研发中心如图2-3-2所示。

图 2-3-2　联合研发中心

（二）系统架构

　　2017年宿迁电厂首次将新一代信息技术融入煤电生产全过程管理（水、电、汽、煤、灰等），构建数字化、信息化、智能化的管理平台，以"智能发电、智慧管理"建设为抓手，全面开发应用国产工控系统，通过全面的信息感知、互联、预判、响应和学习，让全业务、全过程更透明，操作更简洁，系统安全更有保障，实现传统煤电向绿色、集约、高效、协同的智慧化转型。

　　1. 再造员工社会契约，赋能一线

　　让公司员工深入组织和生态体系，不断作出贡献并开展创新，塑造社群意识。通过智能控制优化、智能设备巡检、智能诊断预警、智能输煤岛、智能环保岛等功能深入研究与应用，解放一线频繁重复工作，提供数据分析能力，持续优化智能发电运行控制平台。智能发电系统如图2-3-3所示。

　　2. 建设结果导向组织，打破孤岛

　　将整个组织所需的专业技能、知识、技术、数据、流程和行为聚集在一起，以结果为导向，优化资源配置。以国家能源集团ERP为核心，深入研究数字孪生、智能安全、智能巡检、智能诊断、智能燃料、智能仓储、智慧经营等智慧化应用，满足企业管理和决策数字化转型需求。智慧管控系统如图2-3-4所示。

智慧企业"电力＋算力"
——国家能源集团智能发电企业示范建设实践

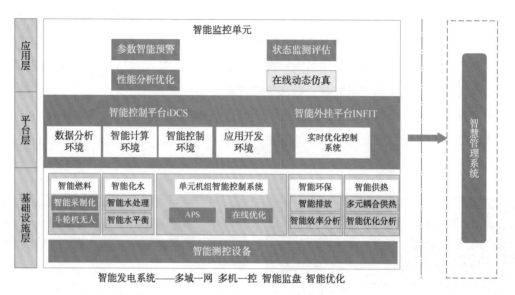

图 2-3-3　智能发电系统

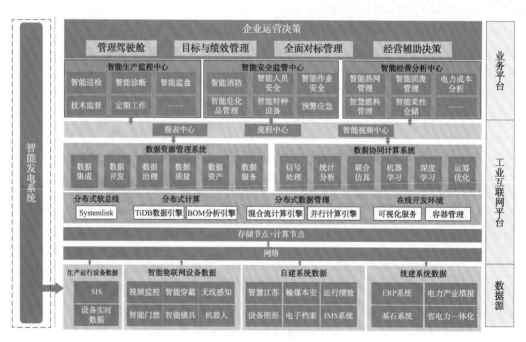

图 2-3-4　智慧管控系统

（三）网络架构

聚焦企业链供应链结构复杂、信息不对称、协作效率低等问题，基于工业互联网平台汇聚企业链各环节主体，整合和优化业务流、信息流、物资流和资金流，推动跨企业、跨地区、跨行业的关键数据共享、业务协同和资源优化配置，提高产业链供应链运作效率，以数据价值网络推动产业价值链升级。

控制大区设计高可靠高安全的网络信息系统，全厂所有主机、辅网 DCS 系统采用同一网络连接，实现机、炉、电、辅等全厂各系统的一体化运行控制。系统可按生产工艺流程划分相对独立的控制子域，子域间采用标准化系统接口及组态控制环境，从操作系统内核层面对应用程序完整性和程序行为进行透明可信计算和判别；通过安全模组对各站建立逻辑标识、安全操作规则集，站间通信包做安全处理；通过工控安全监测，溯源系统对各站、各域进行集中监控和管理。

管理大区在传统以太网基础上，应用 5G、eLTE-1.8G 工业无线和 GPON 无源光网络（寓意：在建设高速公路的基础上，搭建安全稳定飞机航道和高速易管理的高铁），提高业务融合管理效率，支持网络融合业务扩展，打造"一张网多技术"供多源数据应用。与定位基站、设备检修、集群通话等融合，并拓展无线视频回传、移动巡检、智能锁具等。

（四）数据架构

1. 数据集成与资源管理平台

面对纷繁复杂而又分散割裂的海量数据，数据中台能充分利用内外部数据，打破数据孤岛现状，从而解决数字化转型过程中，新产品、新服务、新模式、新数据、新组织所导致的更多的烟囱系统、数据孤岛与业务孤岛问题，打造持续增值的数据资产，在此基础上，能够降低使用数据服务的门槛，繁荣数据服务的生态，实现数据"越用越多"的价值闭环，牢牢抓住客户，确保竞争优势。

数据集成与资源管理平台架构如图 2-3-5 所示。

图 2-3-5 数据集成与资源管理平台架构

2. 混合建模与联合计算平台

混合建模与联合计算平台(图2-3-6)将工业机理、行业经验，不断规范化、数据化，可协同可分享可沉淀，将工业机理行业经验与大数据、人工智能算法深度融合，沉淀成行业算法模型。大数据算法建模平台具备灵活的框架优势：支持 MaxCompute、Hadoop 等多计算引擎；支持 HDFS，ODPS，OSS，MySQL，Oracle 及本地数据源；支持开源 Spark 工具；支持 Java、Python、Nodejs 等多种语言编译环境；提供 VSCode、Notebook 等在线开发工具。

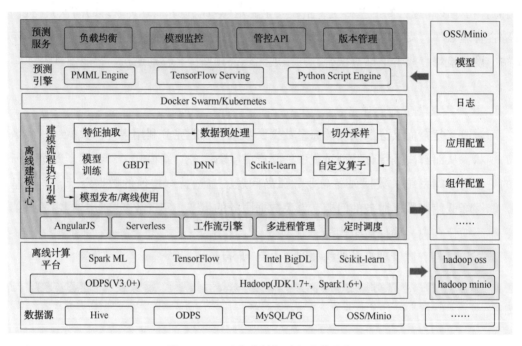

图 2-3-6 混合建模与联合计算平台

三、关键技术创新与建设

(一) 网络与信息安全

宿迁电厂定期进行网络安全等级保护测评、网络安全分区，不同网络分区间设置物理或逻辑隔离，生产控制网的安全防护措施完善、安全区域边界清晰，生产控制网及管理信息网中配置安全设备完善。

(1) 工控网络安全。智能网络安全管控系统具备网络管控、设备加固、安全审计等功能，有效提高 ICS 控制系统的稳定性，杜绝因病毒、非法入侵、第三方系统故障等对系统的影响，降低因控制系统问题导致的停机、降负荷等事故的发生，保障控制系统网络安全稳定。

(2) 管理网络安全。研究与使用安全可靠的设备设施、工具软件、信息系统和服务平台，提升本质安全。建设好漏洞库、病毒库、威胁信息库等网络安全基础资源库，加强安全资源储备。在管理侧完成办公内外网改造，使用零信任 SDP 技术解决域间安全和安全空间的应用问题。目前正全面开展信创适配工作。

（3）国密物联网安全网关。采用国家制定的商密 SM4 算法进行高强度的保护，降低 DDoS 攻击可能性，解决密钥管理过分依赖节点设备物理安全等问题，确保生产数据的认证性和保密性，解决数据仿冒、生产数据泄露等严重的安全性问题，应用于厂外光伏、输煤等偏远散地区。

（4）推进 IPv6 规模部署和应用。按国家能源集团 IPv6 总体部署要求，积极探索 IPv6 单栈部署、增强 IPv6 网络性能及互联互通能力、加快 IPv6 安全关键技术研发和应用、提升 IPv6 网络安全防护和监测预警能力、加强 IPv6 网络安全管理和监督检查、开展移动应用程序（APP）IPv6 应用推广专项行动等，完善"IPv6+"创新生态和标准体系。

（5）综合能源算力基础设施布局。将统筹布局绿色智能的算力基础设施，引导通用数据中心、超算中心、智能计算中心、边缘数据中心等合理布局，推动算力产业向高效、绿色方向发展，加强传统基础设施数字化、智能化改造，持续为企业数字化转型赋能。

（二）基础设施层面

（1）创新设计和应用了适应宽负荷调峰的二次再热机组热力系统优化设计方案。打破机组机炉界线进行流程重构及优化以实现机炉的深度耦合，提出更高效灵活二次再热机组机炉集成方法和系统。

（2）国际首创带烟气再循环调温的 660MW 等级二次再热塔式锅炉技术。兼顾抽汽工况变化与机组安全性及高效经济型匹配，优化受热面，采用宽调节比汽温调节方案，统筹考虑宽负荷下锅炉燃烧、水动力相互耦合规律，集成多项调温技术，解决二次再热锅炉低负荷欠温问题，实现锅炉的高效和灵活运行能力提升。

（3）国际首创带补汽阀的更高主蒸汽压力的汽轮机结构。汽机通流设计兼顾宽负荷抽汽工况和热耗考核工况下灵活性和高效性，首创主汽、调门、补汽三阀一体的联合阀门技术；首创采用补汽阀、给水、凝结水综合调频、大容量旁路技术，提升机组调频、调峰性能，快速响应电网调度需求，实现机组深度调峰工况下的安全稳定运行。

（4）首创"汽电双驱"引风机灵活供热技术。使小汽轮机在宽负荷工况下始终在高效区（>82%）运行，解决了汽动引风机在低负荷运行中效率低下以及汽轮机汽源系统复杂的难题，减少了供热量变化对锅炉再热器受热面布置的影响，大大提升了机组供热的灵活性，降低了厂用电率。

（5）首个国家能源集团高级智能燃煤示范电站。建设了生产控制网、管理信息网、无线专网；无线专网采用 1.8G eTLE，全厂覆盖；部署智能监控视频，可识别未戴安全帽、吸烟、违规玩手机等；具备北斗、GPS 双授时功能；配备了输煤巡检机器人和光伏清扫机器人。

（三）生产控制层面

通过 DCS 系统开放的高级应用控制器、高级应用服务器和大型实时历史数据库，使运算复杂的高级应用功能与 DCS 控制系统紧密结合，为实现智能火电厂的主要功能提供高实时性和高可靠性的技术基础和平台，为实现生产过程监测及控制层智能化、设备管理及诊断智能化奠定基础。

（1）完成智能寻优及能效大闭环。在能效分析的基础上，通过多目标寻优算法，自动确定当前工况下机组达到最优工况的控制目标值，并自动改变控制回路的设定值，将机组运行工况自动调整到最佳，形成能效"大闭环"控制，提升机组运行效率，实现机组能效自趋优运行。

（2）完善汽电双驱引风机控制。基于汽电双驱引风机优化调度模型，结合二次再热机组供热要求，根据精准的能量、热量及电量平衡技术实现了汽电双驱引风机系统多能源输出控制方案，以电厂总收益作为优化目标，实现系统最优运行，降低厂用电率 2%。

（3）实现自动化辅助操作及过程最优控制。实现包括 APS、典型操作自动执行和典型故障自动处理，60% 以上日常操作由机器执行，降低误操作概率，实现减员增效；应用丰富的先进控制算法，主要参数控制品质较常规控制方法可以提升 50% 以上，保证了稳定、可靠、最优的控制效果。

（4）实现智能报警及预警。采用机器学习算法提取历史数据中的机组运行特征和模式，实现对工艺参数及设备异常工况的分类识别、趋势预测的自动诊断和提前预报，有效控制了故障范围。

（5）深度融合 DCS 控制算法，实现斗轮机全自动作业，提高堆取煤效率，降低输煤单耗，减少各转动设备的磨损，延长设备使用寿命；通过斗轮机取料恒流控制，有效控制配煤精度，提高机组运行经济性和安全性。

（四）智慧管理层面

针对燃煤电厂信息化、数字化、智能化发展需求，开展基于 5G 通信的工业互联网平台优化提升，实现生产控制、智能巡检、运行维护、安全应急等典型业务的技术验证及深度应用，有效推进 5G+生态共享能源综合体项目。

（1）实现安全生产一体化管理。构建企业可视化安全生产管理系统，打造安全管理"驾驶舱"，实现视频监控、门禁、周界报警、三维、消防报警、人员定位等多个子系统的整合联动；将设备缺陷、停复役、保护投退、异动等管理紧密关联，实现生产管理信息化、标准化、程序化。

（2）该 IMS 智慧管控平台部署了汽轮机在线智能监测与诊断、大型转机在线智能监测与诊断等功能模块，以透视的方式实时进行监视机械设备的运转状态，系统自动给出分析诊断结果，在主控室操作员站屏幕上，及时提醒运行与维护人员。

（3）开展基于 5G 通信的工业互联网平台优化提升，实现生产控制、智能巡检、运行维护、安全应急等典型业务的技术验证及深度应用；将 5G 技术引入生产经营流程，5G+光伏、5G+热网、5G+移动作业等应用场景，有效推进 5G+生态共享能源综合体项目，实现数字化转型、智能化升级、智慧化发展。

（4）基于电子"两票"的人员定位系统通过人员定位技术实现区域准入控制，联动视频监控对工作票、巡检全过程进行实时监管、跟踪，降低人员作业风险。通过定位基站与定位标签的 UWB 定位信道实现对人员的实时定位，形成人员活动的轨迹历史记录。

（5）固弃物智能销售系统对地磅房进行无人值守改造，实现对固弃物装车的全过程、全流程智能管理；对船装灰系统进行升级改造，改变以往船体量方的计量方式，更科学更准确。通过固弃物销售的智能化改造，有效降低外部不确定因素，规避人工操作带来的销售风险。

（6）运用智能的三维建模技术和开放的数据集成技术，制定电厂数据资产收集、整理、移交、存储、利用规范，集成分散在各应用系统中的设计、设备、生产、质量、安全、环保等业务数据，实现三维智能模型与生产、运营、经营业务融合。

（7）共同与国家能源集团内部专业化单位开发生产数据资源，变数据为资产，利用数字化手段为企业发展赋能。将生产数据、算法模型有机结合，研发符合燃煤电站员工使用习惯和安全生产需求的智能化应用场景。

（五）工业互联网层面

基于工业互联网平台打造面向电厂的智能制造底座系统，打通全厂数据、模型和电厂行业工业知识。

（1）解决电厂安全生产的数据资源难管理问题，打破传统数仓横向分层治理模式，支持面向业务场景按需搭建纵向数据管道模式。以通用数据标准规范为核心构建企业数据资产模型，集数据接入、数据开发、规则引擎、质量标准于一体的"自动化数据产线"；作为生产要素的数据以流水线形式实现自动装载、加工、检验生成高价值数据资产，高效地实现了工业"人机料法环测"的多态数据的治理和服务。

（2）解决生产过程中智能应用构建难的问题，结合大规模云边端混合集群的高吞吐、低延迟、有状态并行计算，通过多语言 SDK 和跨平台虚拟化技术，实现多网络、多协议的异构组件接入，在私有云及边缘端协同部署。支持全生命周期的建模与仿真，在此基础上联合其他各类 APP，完成数字化产品设计、生产、运维、经营管理等活动。

四、建设成效

宿迁电厂智能发电系统运行稳定、可靠，各项性能指标优秀，大量应用先进控制策略及智能算法，实现了机组安全、高效、环保、灵活、智能的目标。建设完成的 2×660MW

超超临界二次再热机组示范工程，机组能耗、发电效率和环保指标创造了 660MW 等级机组一系列世界之最：额定工况下机组发电煤耗 255.31gce/（kW·h），发电效率 48.11%，污染物近零排放。

宿迁电厂通过智慧管控系统应用，将工作流程规范化、数据标准化、管理智能化，对内降低经营风险，提质增效；对外提高服务效率，提升服务质量。该系统针对燃煤电厂信息化、数字化、智能化发展需求，提出并构建了智慧管控系统架构体系，采用工业互联网技术研发了智慧管控平台，实现了燃煤电厂智慧管控的工程应用。

2022 年发电量 78.06 亿 kW·h，同比增加 3.17 亿 kW·h，创公司历史新高；利用小时 5914h，区域五大三同对标排名第 2/10，苏北排名第一；售热量 189.53 万 t；供电煤耗 266.62g/（kW·h）；发电厂用电率 1.66%，国家能源集团同类型机组排名第一。宿迁电厂较好地完成了国家能源集团交办的智能示范电站建设任务，于 2023 年 1 月 5 日通过国家能源集团智能示范电站现场验评，验评结果为高级智能电站（五星）。

五、成果产出

（一）总体情况

宿迁电厂建成的我国首台高效灵活二次再热机组，其核心设备和控制系统均实现自主可控，具有自主知识产权。宿迁电厂二期项目获了 2019 年度优秀工程设计一等奖、电力工程科学技术进步奖一等奖、2021 年度中国电力优质工程奖、2020—2021 年度中国安装协会科学技术进步一等奖、2021 年度第十九届中国土木工程詹天佑奖。国资委信息、《科技日报》、《中国电力报》均进行过专题报道，由国家科技部推荐参加了我国"十三五"重大科技成就展和第 23 届中国国际工业博览会。"二次再热发电机组创新理论与方法""高效、宽调节比二次再热锅炉技术开发示范应用""高效、灵活二次再热汽轮机研究""高效灵活二次再热机组集成设计及应用""燃煤电厂智慧管控系统（IMS）研发与应用""智能发电技术在二次再热机组的研究及应用"等成果均达到国际领先水平，"超超临界二次再热机组汽电双驱引风机系统高效灵活供热"成果达到国内领先水平。宿迁电厂国家科技项目以煤炭清洁高效利用重点专项总分第一名成绩通过科技部验收，绩效评价结果为"优秀"，并成为首个获"中国土木工程詹天佑奖"的火电工程。

（二）核心技术装备

（1）干排渣机漏风率在线监测和落渣图像识别技术研究与应用；

（2）一种适合于大型电站汽水管道支吊架的在线检测系统；

（3）一种基于可视化运行自巡监控设备；

（4）一种商用人员定位器保护装置；

（5）煤流监测装置；

图 2-3-7　智能展厅

（6）一种火电机组发电数据异常值处理方法及装置；

（7）一种基于 DCS 控制的粉体静态称重装船系统。

（三）成果鉴定

（1）"超超临界二次再热机组汽电双驱引风机高效灵活供热项目"，鉴定单位：中国动力工程学会，鉴定结论：整体技术达到国内领先水平，2020 年 5 月 15 日；

（2）"高效环保型螺旋卸煤机国产化研发制造"，鉴定单位：中国电机工程学会，鉴定结论：整体技术达到国内领先水平，2020 年 12 月 22 日；

（3）"燃煤电厂智慧管控系统（IMS）研发与应用"，鉴定单位：中国电机工程学会，鉴定结论：整体技术达到国际领先水平，2020 年 12 月 10 日；

（4）"二次再热发电机组创新理论与方法"，鉴定单位：中国电力企业联合会，鉴定结论：整体技术达到国际领先水平，2021 年 4 月 10 日；

（5）"智能发电技术在二次再热机组的研究及应用"，鉴定单位：中国电机工程学会，鉴定结论：整体技术达到国际先进水平，2021 年 12 月 29 日；

（6）"火电厂输煤系统安全智能管控平台研制与应用"，鉴定单位：中国安全生产协会，鉴定结论：整体技术达到国际先进水平，2021 年 11 月 13 日；

（7）"干排渣机漏风率在线监测和落渣图像识别技术研究与应用"，鉴定单位：中国节能协会热电产业委员会，鉴定结论："十四五"热电产业数字化首台（套）技术装备，2023 年 4 月 4 日；

（8）"大型二次再热供热机组安全高效灵活智能运行关键技术研究及应用"，鉴定单位：中国节能协会，鉴定结论：整体技术达到国际领先水平，2023 年 7 月 6 日。

（四）标准贡献

（1）2021 年，国家能源集团宿迁发电有限公司等，Q/GN 0016—2021《火电智能电站建设规范》；

（2）2023 年，国家能源集团宿迁发电有限公司等，Q/GN 0129—2023《火电智能分散控制系统（iDCS）技术规范》。

（五）省部级等重要奖励

（1）2020年，中国电力建设企业协会，"热力管道智能在线监督系统技术研发与应用"获2020年度中国电力建设企业协会科技进步奖三等奖；

（2）2020年，中国电力建设企业协会，"高效灵活炉烟循环系统技术研发与应用"获2020年度中国电力建设企业协会科技进步奖三等奖；

（3）2021年，中国电机工程学会，"燃煤电厂智慧管控系统（IMS）研发与应用"获2021年度电力科学技术进步奖二等奖；

（4）2022年，中国安全生产协会，"火电厂输煤系统安全智能管控平台研制与应用"获2022年中国安全生产协会第三届安全科技进步奖二等奖；

（5）2022年，中国电机工程学会，"高效灵活二次再热发电机组研制与工程示范"获2022年电力科学技术进步奖三等奖；

（6）2022年，中国土木工程学会，"国家能源集团宿迁2×660MW机组"获第十九届土木工程詹天佑奖；

（7）2023年，中国电力设备管理协会，国家能源集团宿迁发电有限公司获超超临界二次再热机组智能发电智慧管理示范智慧电厂；

（8）2023年，中国节能协会热电产业委员会，"融入城市发展的资源共享绿色生态电站建设与示范"获"十四五"热电产业节能减排技术创新奖一等奖。

（六）媒体宣传

（1）2020年，国家能源集团、"学习强国"学习平台，宿迁发电厂：做好燃煤电厂智慧管控系统"领航员"；

（2）2021年，国资小新，"十三五"科技创新成就展上，央企"杀手锏"集体亮相；

（3）2021年，国家能源集团、"学习强国"学习平台，国家能源集团一电站获全国电力科普教育基地；

（4）2021年，国家"十三五"科技创新成就展（图2-3-8），"高效灵活二次再热发电机组"；

图2-3-8　国家"十三五"科技创新成就展

（5）2021年，《中国电力报》，"火电厂输煤系统安全智能管控平台研制与应用"项目通过鉴定；

（6）2022年，央视《正点财经》（图2-3-9），聚焦"超超临界发电"；

图2-3-9　央视《正点财经》报道

（7）2022年，国新办新闻发布会（图2-3-10），国家能源宿迁公司煤炭高效清洁利用技术获科技部点名表扬；

图2-3-10　国新办新闻发布会直播报道

（8）2022年，中国煤炭网，江苏宿迁电厂热电联供自动控制技术行业领先。

六、电站建设经验和推广前景

宿迁电厂依托二期2×660MW超超临界二次再热机组，其核心设备和控制系统均实现自主可控，提升了我国具有自主知识产权的超超临界二次再热机组理论研究和装备制造技术水平，标志着我国高效灵活二次再热技术已领跑世界，研究成果将为其他燃煤机组高效、灵活运行带来技术保障，对加快能源行业产业升级具有推动作用。

宿迁电厂重构了智慧煤电架构，满足企业管理和决策数字化转型需求。在生产控制大区，结合三期机组建设，形成多域一网、多机一控、智能控制、自主寻优的智能发电系统，建设智能化水岛、智能燃料岛、智能供热岛等，逐步达到全厂少人值守、高度自治的目标，实现机组安全经济环保运行；在信息管理大区，整合厂侧自建应用系统，融合"智

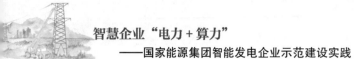

慧江苏"、国家能源集团 ERP 等统建系统，打造基于 5G 的工业互联网平台体系，深入研究数字孪生、智能安全、智能巡检、智能诊断、智能燃料、智能仓储、智慧经营等智慧化应用。

进入"十四五"新征程，宿迁电厂将企业自身摆在"探路者"和"改革者"的位置上，坚持领发展之责、担探路之任，在"抢"中促发展，在"拼"中寻先机，探索以技术创新、管理创新为支撑的发展新模式，加快国有企业数字化转型升级，打造绿色低碳智慧综合能源发展的"宿电样板"。

案例4　全场景、高灵活5G+智慧示范电站

（国能浙江北仑第一发电有限公司）

所属子分公司： 浙江公司

所在地市： 浙江省宁波市

建设起始时间： 2019年10月

电站智能化评级结果： 高级智能电站（五星）

摘要： 国能浙江北仑第一发电有限公司（简称北仑电厂）历来重视科技创新工作，从建厂开始的"新厂新办法"到今天的建设集团智慧火电示范企业，在国家能源集团智慧企业建设会议精神、《集团公司智慧企业建设指导意见》和《智慧企业建设总体规划》指导下，将新一代信息技术融入北仑电厂全过程管理，构建"两平台三网络"的智慧企业建设体系，提升北仑电厂的分析、决策和预判能力，提高设备可靠性，促进机组经济运行，优化生产过程，减少人工干预，促进安全生产，减员增效，打造具有北仑特色的绿色、集约、高效、协同的智能化发电企业，探索智慧电站的新模式。

关键词： 绿色智能；5G专网；全场景应用；智能电站

一、概述

北仑电厂位于浙江省宁波市北仑区，地处杭州湾口外金塘水道之南岸，电厂始建于1989年，由三个独立法人组成，分别为国能浙江北仑第一发电有限公司、国能浙江北仑第三发电有限公司和浙江浙能发电有限公司，是我国第一个通过世界银行贷款建设的大型火力发电企业。电厂现装有两台单机容量为630MW亚临界（国能北仑一发）、三台单机容量为660MW亚临界（浙能北仑）、两台单机容量为1050MW超超临界（国能北仑三发）燃煤火力机组和3.53MW地面光伏，装机总容量为5343.53MW。目前正在建设两台单机容量1000MW的超超临界二次再热清洁高效燃煤火力机组，项目建成投产后，北仑电厂将以734万kW的火电装机规模再次跻身全国乃至世界现役最大火电厂。

传统火力发电厂普遍存在以下生产管理痛点问题：

（1）作业现场管理难题。全厂7台机组，高风险作业、检修作业较多，无法做到检修现场实时监督，检修现场存在人员违章、工作现场脏乱差等问题，受限于固定摄像头存在

死角，无法灵活布置，且视频数据流量过大，同传效率低下，无法形成大规模、不安全状态的智能识别判断。

（2）现场设备自动化水平较差。较多的设备需手动操作，无法实现远程操作，由于电缆敷设较早，有线改造难度大且不经济。故可通过设备自动化无线升级改造，提升系统运行的安全可靠性。

（3）工作环境恶劣。电厂工作环境复杂、工作强度大，噪声粉尘无时无刻不在侵扰着一线员工的身体健康，应提升设备自动化水平，减少工作人员现场作业时间，避免受到粉尘、气体等健康威胁。

北仑电厂按照智慧电厂企业建设的相关任务目标，将新一代信息技术融入电厂全过程管理，构建"两平台三网络"的智慧企业建设体系，以提升北仑电厂的分析、决策和预判能力，提高设备可靠性，促进机组经济运行，优化生产过程，减少人工干预，促进安全生产，减员增效为目的，打造具有北仑特色的绿色、集约、高效、协同的智能化发电企业，探索智慧电站的新模式。

国能浙江北仑第一发电有限公司实景图如图2-4-1所示。

图 2-4-1 国能浙江北仑第一发电有限公司实景图

北仑电厂智慧企业建设工作起步较早，2017年就开始进行无人值守斗轮机的自主化改造，到2021年8台斗轮机全部改造完成；2019年智慧企业建设完成顶层设计、整体规划，建设工作全面启动；2020年完成智慧仓储、智能水库两个试点项目；2021年被集团确定为智慧火电示范企业；2023年6月通过了国家能源集团高级五星智慧电站评审。

目前北仑电厂建成了"两平台三网络"的基本框架，两平台就是智能发电平台和智慧管理平台，三网络指的是生产控制网、管理信息网和工业无线网。无线网采用的是移动5G专网，设计建设10个5G基站和4个室分站，在核心生产区域锅炉房、汽机房建设1400多个室分锚点，实现全厂范围内5G专网信号全覆盖。

5G专网具有大带宽、广连接、低时延、高安全性等诸多优势。同时，5G专网具备部署区域化、网络需求个性化、行业应用场景化等特点。5G专网可与厂内现有IT网络实现兼容互通，网络能力、网络技术也将不断演进升级。因此在智慧火电体系为主要架构的基础上，引入并深度运用5G网络，提高生产现场安全应急、设备控制和运维水平。通过5G硬切片方案在燃煤电厂智能发电领域与智慧管理领域发挥安全、生产、经营的管理作用，以提升火电厂内人身安全、生产控制和高质量管理经营水平。

二、智能电站技术路线

（一）体系架构

北仑电厂高度重视智慧企业建设体制的建设工作，2018年2月成立智慧企业建设领导小组，由董事长亲自担任组长，并设智慧企业建设办公室，由分管领导主持开展办公室日常工作，下设若干工作小组，各工作小组分头负责，协同工作，编制发布智慧企业建设管理规范等制度，《智慧企业建设三年滚动规划》《网络与信息安全三年规划》《北仑公司全面推进智慧企业建设组织机构及工作任务分解》等多项专项工作方案。设立2个职工创新工作室，"李国明工匠创新工作室"和"张立劳模和工匠人才创新办公室"，并挂牌国家能源集团首批"特色教学基地"和"企业实训基地"，具备智慧化建设的产学研用一体化的联合创新实验室或实践基地相关组织机构。创新工作室坚持"提升能力、以用为本、示范引领、整体推进"的工作方针，以服务"四个革命、一个合作"能源安全新战略和国家能源集团"一个目标、三个作用、六个担当"总体战略为目标，发挥国家能源集团人才培养基地"首席师、内训师"专兼职"双师"队伍重要作用，全面实施人才强企战略，以解决重点难点问题和培养高技术人才为核心，营造创新创效、崇尚技能、干事创业的良好氛围，为企业发展和转型升级提供人才保证和技能支撑。以创新工作室为纽带，聚焦公司各项重点任务、难点项目进行攻关研究，以劳模及高技能人才为基础，发挥其示范作用，凝聚广大职工群众创新的智慧和力量，以点带面、引领公司创新工作向纵深发展。

（二）系统架构

北仑电厂作为国家能源集团智慧火电示范企业建设单位，按照"两平台三网络"的智慧企业建设架构（图2-4-2），建设由智能发电平台（ICS）和智慧管理平台（IMS）构成的二层网络结构。建设了以自动化、数字化、信息化为基础，充分发挥计算机超强的信息处理能力，形成具备自学习、自组织、自趋优、自恢复等功能的智能发电运行控制（ICS）的"智能发电"系统。开发了基于工业互联网架构的生产经营多维数据管理体系的智慧管理平台（IMS），提升了物联接入、数据处理、智能应用、可视化展现等能力，提高了管理流程的时效性与便利性。

（三）网络架构

北仑电厂在数字化和智慧化建设的同时，十分重视网络与信息安全工作，严格执行集团公司有关网络安全与信息化要求，按照北仑电厂智慧企业建设总体架构，构建了智慧电

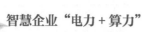

站可靠、安全的网络架构。在原有生产控制网与管理信息网分区管理的基础上，将移动5G 专网作为整个厂区工业无线网，基于 5G 专网大带宽、广连接、低时延、高安全性等诸多优势，承载各类智能设备、智能应用，实现全场景、高灵活 5G+智慧示范电站。

网络分区图如图 2-4-3 所示。

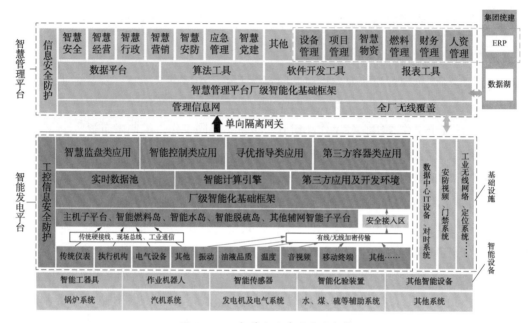

图 2-4-2　智慧企业建设系统架构

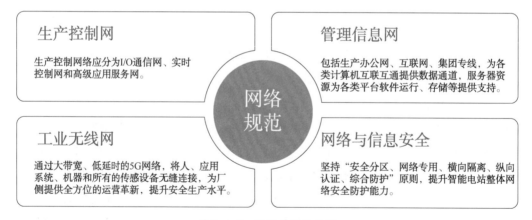

图 2-4-3　网络分区示意图

（四）数据架构

燃煤火电厂智慧企业建设是宏大而复杂的系统工程，这项工程需要各类新兴技术如大数据、人工智能和实体经济进行深度融合，使得传统模式下的电力行业进一步转型升级，促进电力生产更安全、更高效、更清洁、更低碳、更灵活。大数据、人工智能技术的应用与开发需要对发电厂实时产生的设备数据以及生产运营数据、管理类关系数据、视频、音频和文本等各种不同的数据源的数据进行高速存储、查询、处理。北仑电厂采用先进技术,建立标准化、企业级的数据接入与数据汇聚存储、数据计算与分析、数据治理体系,实现北仑公司智慧企业的各类数据的标准化接入与数据汇聚,为构建公司智慧安全、智慧检修、大屏可视化、管理驾驶舱提供数据平台支撑。数据服务能够实现数据的分发、路由、异构数据转换、服务统一管理等。将数据汇聚治理平台中的数据能力以服务的方式对外统一提供,方便业务系统的复用。

数据计算总体采用分布式计算组件,集群多节点部署,支持计算任务多节点分发、调度和管理,计算规模可灵活扩展。具备按照负载策略进行计算作业分发执行的能力,多节点主从机制,通过可视化技术实现对计算程序的资源配置、作业管理、任务分发、过程监控、日志分析等操作。可以与指标体系管理相结合,结合内嵌计算程序,能够根据实时测点数据进行动态指标计算等多种、多重计算方式。分布式计算平台具有"自分析、自诊断、自管理、自趋优、自恢复"能力,并且依赖于分布式计算引擎,支持自定义算法集扩展,支持算法集的工具集群部署,实现算法工具与数据支撑环境的数据同步,并具备数据权限控制能力,保证高实时性预估服务的时效性。

三、关键技术创新与建设

(一)网络与信息安全

随着信息技术的发展与燃煤火电厂智慧化建设的不断深入,网络与信息安全的重要性日渐突显。北仑电厂在数字化和智慧化建设的同时,十分重视网络与信息安全工作,坚持"安全分区、网络专用、横向隔离、纵向认证、综合防护"原则,不断完善网络与信息安全防御体系,有效防范、控制和抵御网络与信息安全风险。不同信息大区的横向边界采用正向隔离装置,并配置正确,调度数据网纵向边界部署电力专用纵向加密认证装置;纵向加密装置加密算法完成 SM2 算法升级工作,安全 Ⅱ 区采用纵向加密认证装置替代防火墙。防火墙仅开通应用所需的数据通道,IDS 入侵监测策略合理;采取技术防范和管理措施防止生产控制大区的非法外联,禁止在生产控制大区私自进行内联、外联的行为。

不同网络分区间设置物理或逻辑隔离,按照最小权限的原则对网络进行分区分域管理,实施严格的访问控制策略。生产控制大区与管理信息大区边界采用单向隔离网闸进行物理隔离。生产控制网络按照国家网络安全等级保护要求,接入网络的终端应进行合法性检查,对网络数据进行详细记录并可溯源分析,网内主机终端需进行安全防护,充分考虑智能发电平台的业务多样性,细化安全单元,严控边界防护,整体提升生产控制网络主动防御能力。达到主机安全、入侵防范、安全审计、远程访问、数据备份恢复、网络设备安全。管理信息网具备安全物理环境和安全通信网络:(1)采用 UPS、视频监控、精密空调、温湿度监测、气体灭火、漏水检测、动环监控系统,保证管理信息网的安全物理环境。

（2）采用边界部署深信服防火墙，实现内外网隔离，制定业务系统安全访问策略，保证通信网络安全。实现主机安全、服务器安全、虚拟化主机系统安全、应用安全、数据备份恢复。生产控制网及管理信息网中配置安全设备：单向隔离网闸、堡垒机、网络安全态势感知平台、日志审计、主机加固、防火墙、IPS、IDS、上网行为管理、网络准入、恶意代码审计、数据库审计。

5G 专网具备终端接入安全、通信网络安全等，终端通过专用物联网卡实现一对一专用接入，并通过专用 DNN 切片、无线频谱 RB 资源预留与传输硬切片进行终端级业务隔离，最终分别接入信息管理大区或生产控制大区所属入驻式 UPF，从而实现从终端至对应大区的业务端到端安全隔离，为信息管理大区与生产控制大区提供安全的数据管道转发服务。并提供一套二次认证系统，采用用户名、密码、手机号码、IMEI、IMSI 等组合绑定的方式，对接入园区切片的终端进行二次认证，用户可自主实现机卡绑定。主认证通过后，用户通过二次认证系统进行二次身份认证，即终端需要完成与二次认证系统之间的二次认证，否则无法接入企业内网。

网络信息安全措施如图 2-4-4 所示。

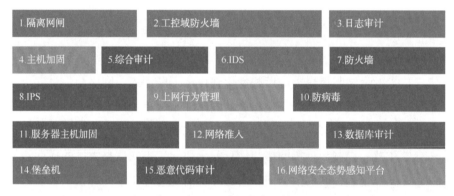

1.隔离网闸	2.工控域防火墙	3.日志审计
4.主机加固	5.综合审计	6.IDS	7.防火墙
8.IPS	9.上网行为管理	10.防病毒
11.服务器主机加固	12.网络准入	13.数据库审计
14.堡垒机	15.恶意代码审计	16.网络安全态势感知平台

图 2-4-4　网络信息安全措施

（二）基础设施层面

北仑电厂移动 5G 专网设计建设 10 个 5G 基站和 4 个室分站，在核心生产区域锅炉房、汽机房建设 1000 多个室分锚点，实现全厂范围内 5G 专网信号全覆盖；基于 5G 专网开发了 5G 智能巡检系统，为巡检人员配备 RS812 型 5G 手持终端，巡检人员按规定巡检路线，使用 5G 手持终端，通过扫码或感应布置在就地设备上的无源高频 RFID 标签，快速实现移动数据采集、交互；2017 年就开始进行无人值守斗轮机的自主化改造，到 2021 年 8 台斗轮机全部改造完成，实现了一人远程负责多台斗轮机，取料效率提高 20%，每年为公司创造直接经济效益 300 万元。

整合全厂监控网络摄像机视频资源，新建厂内视频专网，搭设视频汇聚平台，将厂内模拟摄像机改数字网络摄像机，并将一千两百余个网络摄像机接入统一平台，其中，球机

774 台，枪机 223 台，测速枪机 4 台，热成像 207 台，5G 移动 2 台，覆盖全厂重点区域，为人员定位、三维可视化、综合安防、中高风险作业监控等业务应用提供统一的视频接口，利用计算机视觉、深度学习，利用图像 AI 识别技术对人员异常行为、设备异常状态等进行自动告警并抓图，目前已具备人员未佩戴安全帽、人员奔跑、摔倒的识别等功能；在全厂范围内进行智能门禁改造，在三期区域完成 UWB 人员定位系统建设，集成智能门禁、人脸识别、UWB 定位等多元素人员定位管控；构建了全厂数字孪生平台，通过三维建模电厂厂房及设备等利用数字仿真技术在计算机中虚拟展示出来，同时三维可视化系统与 SIS、人员定位管理、视频监控、门禁等物联网系统对接，利用三维系统直观、高效、空间展现等优势为电厂人员安全监管，空间信息检索提供有力支撑，推进北仑电厂整体数字化转型；在三期输灰配电室及输煤皮带各部署一套巡检机器人，在滩涂光伏站布置了一套光伏板清扫机器人，在封闭煤场 5 个煤棚共安装 44 套激光扫描仪，实现 1min 即可完成所有煤场的盘煤；安装了基于 5G 专网通信的智能接地线管理系统、智能工器具柜；为作业人员配备了基于 5G 专网通信的智能穿戴设备、智能安全帽、执法记录仪等智能终端。数字化转型基础设施与智能装备如图 2-4-5 所示。

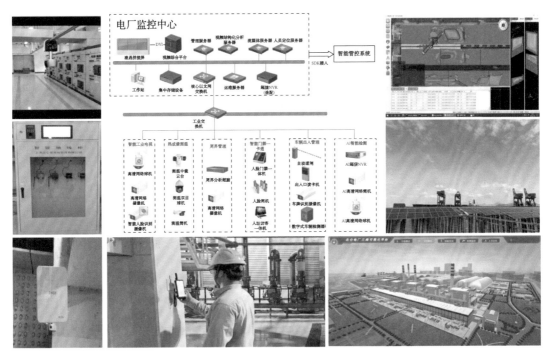

图 2-4-5　数字化转型基础设施与智能装备

（三）生产控制层面

在智慧企业建设规范的整体架构下，与国能智深合作开发了智能发电平台 ICS，以数字化为前提，以网络、信息技术为基础，构建包含数据分析环境、智能计算环境、智能控制环境、开放的应用开发环境的基础平台软件。整个基础平台软件依托系统硬件和网络为各业务功能提供数据分析挖掘等技术服务,具备开放的应用开发环境,可以通过标准化服务机制接入第三方提供的技术服务和支持定制化功能。扩展智能检测技术、智能仪表、智能优化算法,形成智能控制系统,实现发电过程的智能监测、智能报警、智能控制与运行。

在现场设备及生产运行环境中安装振动、温度、湿度、超声、噪声等各类智能传感装置,并采用安全加密传输技术和厂内无线网络,将测得的过程和设备状态监测数据送入实时数据池进行深入分析和实时监测。泛在感知数据系统有效增加了机组运行过程中各类监测数据,为设备远程诊断、故障预警、智能监盘提供大量的基础数据;配合总线设备管理系统上传的设备状态监测数据,构建面向全厂设备的立体式监测系统,共同构成运行监测和智能监盘的多维数据基础,全面提升智能发电平台对生产现场的透视和感知能力。实现发电过程的智能监测、智能报警、智能控制,达到高效环保、灵活调节、主动安全管控和减员增效的目标。

智能发电平台架构如图2-4-6所示。

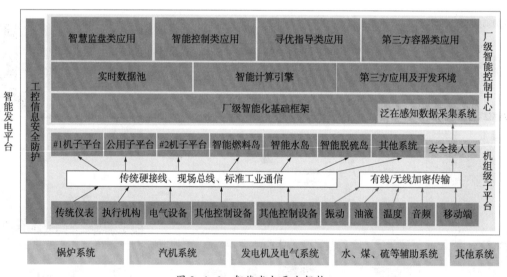

图2-4-6　智能发电平台架构

（四）智慧管理层面

北仑电厂智慧管理平台建设严格遵循国家能源集团信息化建设"六个统一"原则,基于"十四五"网信规划及ERP、基石等统建系统建设成果,根据电厂的实际条件和实际需求,结合相关技术成熟度确定实施,应用功能有明确的优化目标。北仑电厂智慧管理平台以国能信控IMS智慧企业管控系统及智能工作系统为基础平台,从平台层数据支撑环境、算法工具和软件开发工具开始实施。

智慧管理平台架构如图2-4-7所示。

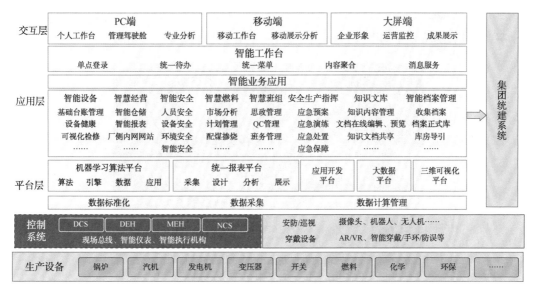

图 2-4-7　智慧管理平台架构

从数据中心的建设逐步过渡到将智能基建、智能安全、智能运行、智能设备、智能应急、智慧经营、智慧燃料、智慧物资、风险管控、智慧党建、智慧行政管理等功能，在开发工具上进行多层次、多方位融合，在数据中心和业务应用完善的同时，逐步进行报表工具的实施，实现数据、业务的可视化展示和分析。

平台按照火电生产管理流程，开发了 18 个一级模块和 547 项具体功能，实现电厂生产、管理、安全、营销需求响应全覆盖。并采用泛微技术开发了移动端应用北电宝，将智慧管理平台的基本功能嵌入手机 APP，实现手机端的文档审批、流程申报等功能，满足基础办公需求，提高办公效率和便利性。

（五）工业互联网层面

北仑电厂 5G 通信系统采用 SA 专网架构，与中国移动宁波分公司、华为科技有限公司合作，是全国最大规模电力生产与 5G 通信的深度融合试点工程。北仑电厂 5G 专网项目建设内容包括：在厂区内建设 10 个 5G 基站和 4 个室分站，在核心生产区域锅炉房、汽机房建设 1400 多个室分锚点，实现 1.7 km^2 全厂区域的 5G 专网信号全覆盖。本项目按照打造 5G 智慧电厂的转型发展思路，进行整体网络方案设计，基于 5G 网络超大带宽、超大连接和超低时延的特点，以及无线蜂窝网络的连续覆盖，紧密结合北仑电厂生产业务实际情况和需求打造 5G 专网。通过 5G APN/DNN 隔离技术，实现北仑电厂业务在 5G 网络的专用隔离；通过 MEC 技术，实现 UPF 下沉并提供 MEP 转发功能，使业务数据本地处理转发，进一步降低数据转发时延，同时实现业务数据不出园的愿景，在此基础上开发多种火电生产场景和管理的 5G 应用。利用 5G 专网超大带宽、超大连接和超低时延的特点以及整个厂区连续覆盖的优势，开发了 5G 智能巡检系统、安全生产指挥调度系统、5G+移动

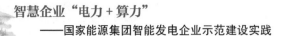

监控/门禁/人员定位、5G融合通信系统等，逐步实现全场景、高灵活5G+智慧示范电站。

5G专网宏基站分布如图2-4-8所示，5G应用场景如图2-4-9所示。

图2-4-8　5G专网宏基站分布图

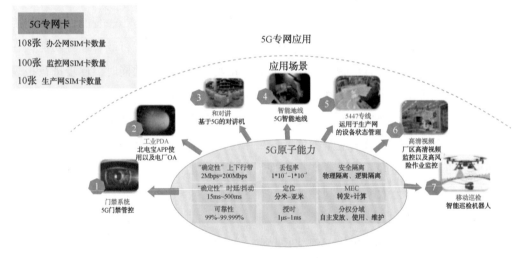

图2-4-9　5G应用场景

四、建设成效

北仑电厂以国家能源集团"一三六"战略为引领，在国家能源集团《网络安全和信息化十四五规划报告》指引下，深入贯彻浙江公司"一体两翼三支撑"协同发展战略和"12345"总体工作思路，推进北仑电厂"两个转型"。2021年成立智慧企业建设专班统筹智慧企业建设总体事宜，起草编制了北仑电厂的智慧企业建设方案及智慧企业建设"十四五"规划；同年5月被选为国家能源集团11家火电智慧企业建设示范单位之一；按照《火电智能电站建设规范》建设要求，结合北仑电厂智慧企业建设工作实际，建成了"两平台三网络"的基本框架，2023年6月经国家能源集团专家组认真评审，通过了集团高级五星智能电站验评，较好地完成了国家能源集团交办的智能示范电站建设任务。

在智慧管理层面，建设了智慧管理平台（IMS），包括智能基建、智能安全、智能运行、智能设备、智能应急、智慧经营、智慧燃料、智慧物资、风险管控、智慧党建、智慧行政管理等模块；智慧管理平台开发的智慧安全模块上线后，基于系统中承包商管理的线上流程，使得承包商入场流程较系统上线前效率提高49%，整个入场流程涉及的时间由之前的平均4.5天减少到现在的2.3天。同时，基于平台闭环流程的现场监督效率大幅度提高，整改问题及时率由原来的65%提高到现在的82%。在整体提高整改效率的同时也解放了安健环的人力资源，增效效果明显。在基础设施方面，实现了1.7km² 厂区范围内5G专网信号全覆盖，建成了全国最大规模电力生产与5G通信的深度融合试点工程，向全场景、高灵活5G+智慧示范电站目标全面快速推进。

智能安全管控中心如图2-4-10所示。

图2-4-10　智能安全管控中心

五、成果产出

（一）总体情况

北仑电厂智慧企业建设的四年多来，始终以科技创新为抓手，以经济实效为目标，服务安全生产，服务高效管理，实现减人增效的目的。公司上下齐心协力，共同努力，截至目前，北仑公司累计参编行业标准4项，获省部级奖励21项，授权发明专利和实用新型专利11项，软件著作权申请受理10项，发表论文53篇。2017年开始进行无人值守斗轮机的自主化改造，到2021年8台斗轮机全部改造完成，实现了一人远程操作多台斗轮机，取料效率提高20%，每年为公司创造直接经济效益300余万元。

（二）核心技术装备

（1）斗轮堆取料远程全自动操控系统开发与应用；

（2）北仑电厂5G+智能巡检开发与应用；

（3）输灰配电室智能巡检机器人；

（4）输煤皮带智能巡检机器人；

（5）滩涂光伏站智能清扫机器人；

（6）"5G+UWB+智能门禁+视频识别"多元素融合定位技术；

（7）北仑电厂三维可视化数字孪生平台；

（8）燃料智能采制化系统；

（9）多点固定式激光盘煤装置。

（三）成果鉴定

（1）"600MW亚临界机组增容提效技术研究及应用"，鉴定单位：中国电机工程学会，鉴定结论：整体技术达到国际领先水平，2019年12月19日；

（2）"1000MW超超临界汽轮机DEH系统国产化关键技术研究及应用"，鉴定单位：浙江省电力学会，鉴定结论：整体技术达到国际领先水平，2022年7月1日；

（3）"斗轮堆取料机远程全自动操控系统应用与开发"，鉴定单位：国电电力发展股份有限公司，鉴定结论：整体技术达到国内领先水平，2018年10月11日。

（四）标准贡献

2024年，国能浙江北仑第一发电有限公司，GB/T 43651—2024《智慧城市基础设施 火电站基础设施质量评价方法和运营维护要求》。

（五）省部级等重要奖励

2023年，国家能源集团，"1000MW超超临界汽轮机DEH系统国产化研究及应用"获2023年度国家能源集团科技进步奖三等奖。

（六）媒体宣传

（1）2021年，"学习强国"学习平台，国家能源集团浙江北仑电厂实现斗轮机堆取料无人值守全覆盖；

（2）2021年，"学习强国"学习平台，国家能源集团浙江北仑电厂投运国内首套5G保护装置（图2-4-11）。

六、电站建设经验和推广前景

智慧电厂建设是新时代建设世界一流火电企业的重要路径和手段。近年来，电力企业面临的经营环境极为复杂严峻，从外部看，经济发展进入新常态，煤价波动风险增大，电量需求增长趋缓，新能源产业日益壮大挤占燃煤负荷，利用小时持续回落，国家环保政策日益严苛，电力供大于求的局面短期难以改变。同时，电力体制改革不断推进，市场竞争日趋激烈，成本控制压力倒逼发电企业需提升管理水平与管控效率。从内部看，贯彻落实中央供给侧结构性改革的战略部署，使发电企业面临着发展方式的巨大转变，致力于内涵

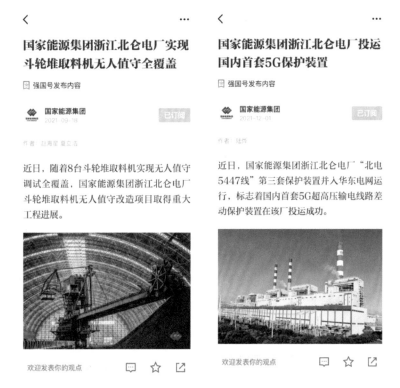

国家能源集团浙江北仑电厂实现斗轮堆取料机无人值守全覆盖

强国号发布内容

国家能源集团
2021-09-18

已订阅

作者　赵希星 麦立活

近日，随着8台斗轮堆取料机实现无人值守调试全覆盖，国家能源集团浙江北仑电厂斗轮堆取料机无人值守改造项目取得重大工程进展。

欢迎发表你的观点

国家能源集团浙江北仑电厂投运国内首套5G保护装置

强国号发布内容

国家能源集团
2021-12-01

已订阅

作者　廷辉

近日，国家能源集团浙江北仑电厂"北电5447线"第三套保护装置并入华东电网运行，标志着国内首套5G超高压输电线路差动保护装置在该厂投运成功。

欢迎发表你的观点

图 2-4-11　"学习强国"新闻报道

式发展、持续提质增效已经成为行业共识，对公司的风险管控、资源集约化管理、内部协同等提出了更高的要求，对公司信息化、智能化需求不断加大。随着大数据、物联网、云计算、移动互联、智能控制等新技术的快速发展，智慧发电企业建设的技术条件已日渐成熟。北仑电厂秉持创新发展理念，积极贯彻落实集团"智慧发电企业"建设要求，结合企业定位，提出了建设智慧发电企业的战略构想，积极提升企业核心竞争力和可持续发展水平。同时在智能化兴起的背景下，长期聚焦于科技创新与新兴技术，全方位、深层次、高水准不断进行挖潜，将现代信息技术与传统工艺流程融合应用，为探索燃煤火电企业提质增效开拓一条崭新的道路，为国家能源集团创建世界一流大型能源集团贡献北仑智慧。

作为国家能源集团火力发电智慧企业建设示范单位，北仑电厂从练好内功、打好基础做起，重点打造与大型火力发电企业生产管理深度融合的 5G 专网，契合了国家能源集团"十四五"规划战略关于电力行业智慧化方向，以信息技术的发展融合为驱动力，加快数字化开发、网络化协同、智能化应用，建设智慧企业，重构核心竞争力，实现数据驱动管理、人机交互协同，全要素生产率持续提升。北仑电厂将继续深入贯彻落实国家能源集团"41663"总体工作方针，在建设成为一体化新型综合智慧能源企业道路上高歌猛进。

案例 5 AI 赋能的高智能化绿色生态电站

[国能国华(北京)燃气热电有限公司]

所属子分公司：国电电力
所在地市：北京市朝阳区
建设起始时间：2015 年 8 月
电站智能化评级结果：高级智能电站(五星)

摘要：国能国华(北京)燃气热电有限公司(简称京燃热电)自成立以来便作为国家能源集团的"智能电站"示范窗口，遵循"数字化建设、信息化管理"的建设理念，旨在打造"低碳环保、技术领先、世界一流"的数字化电站和"一键启停、无人值守、全员值班"的信息化电站，以"一部一室三中心"为创新核心，突破传统管理模式，实现信息技术引领生产力发展，促进生产管理变革。此外，京燃热电充分运用 AI 技术，实现设备高自动化，达到少人值守。通过将 AI 等信息化技术与电厂生产环节相结合，研发了统一架构的全数据全流程的智能电站云平台，自主研发了智能监盘系统、自动巡检机器人、现场安全预警模型系统、智能操作票、工况寻优与在线仿真、设备故障诊断和无源监测系统等智慧智能化系统，在"AI 赋能、高自动化、少人值守"的智能化方面取得了显著成就。总体而言，京燃热电在智能电站建设中不断创新，通过数字化、信息化手段实现了高度自动化运行，创新技术应用涵盖了人工智能、安全预警、设备检修等多个领域，为电力行业的发展树立了标杆示范，为实现电站的高效运行和管理提供了有力支持。

关键词：智能电站；AI 技术；高智能化；少人值守；标杆示范

一、概述

国能国华(北京)燃气热电有限公司于 2012 年 5 月在北京市朝阳区金盏乡金榆路成立，是国家能源集团——国电电力的子公司。该公司运营一套"二拖一"燃气-蒸汽联合循环机组，总装机容量为 950MW，供热面积约 1300 万 m^2。该机组于 2013 年 9 月 29 日开始建设，于 2015 年 8 月 7 日正式投入运营。

京燃热电是集团对外展示的"智能电站"示范项目，从顶层设计到工程建设均遵循"数字化建设、信息化管理"理念，以建设"低碳环保、技术领先、世界一流的数字化电站"和

"一键启停、无人值守、全员值班的信息化电站"为目标，进行体制机制创新，建成国内智能化程度最高、用人最少的绿色生态电站。凭借在数字化电站、信息化管理方面的探索实践，垂范了智能电站的运营管理新模式，驱动了生产技术的进步与体制机制的变革，获行业内外的认可与好评。获中国电力科学技术奖一等奖、中国电力创新奖一等奖、国家优质投资项目奖、亚洲年度最佳燃机电厂金奖、第二届"首都环境保护先进集体""北京市智能制造标杆企业"、首都文明单位、安全文化示范企业等多项荣誉。

京燃热电始终遵循《国家能源集团数字化转型行动计划》的引领，并执行国家能源集团的《火电智能电站建设规范》。公司紧紧围绕发电生产过程进行管控，通过数据驱动、组织变革和智慧运营等手段，以高度自动化和信息化为基础，应用数据分析、云计算和人工智能等技术，实现了发电管理过程的智能化升级和综合应用。这使京燃热电成了一家具有"自分析、自诊断、自管理、自趋优、自恢复、自学习、自适应、自组织、自提升"特征的智能电站。

国能国华(北京)燃气热电有限公司实景图如图 2-5-1 所示。

图 2-5-1 国能国华(北京)燃气热电有限公司实景图

二、智能电站技术路线

(一)体系架构

京燃热电一直在努力建设智能化电站，将信息化技术融入公司的发展。公司秉持着"统筹推进、数据驱动、价值创造、集成创新、开放合作"的原则，以数据为核心，着重提升核心竞争力，充分挖掘数据资产价值，积极推进数字化转型。为实现这一目标，公司成立了智能智慧组织机构，由党委书记担任组长，公司领导班子担任副组长，各部门经理担任组员。公司以人工智能技术为基础，构建了 CPS 智慧管理平台，确保信息化系统互通互联、功能互补，依托高自动化设备技术，实现了少人值守和智慧决策。

京燃热电采用 AI 预测算法的智能监盘、AR 智能穿戴设备、巡检机器人等技术，实现了 AI 赋能。依托国家能源集团统一的 ICE 移动平台，京燃热电建成了内外网安全支持智能化经营决策的经营管控移动工作台以及内网环境的作业管控移动工作平台。京燃热电建成了覆盖安全生产和经营管理全过程的业务系统，实现了"管理制度化，制度表单化，表单信息化"，简化了工作流程，提高了工作效率。通过全过程的泛在感知、监督和监控，京燃热电消除了信息孤岛，优化了资源配置，降低了运维成本，实现了全流程和全生命周期的精细化管理。结合先进控制理论，利用信息化、自动化、数字化、智能化和大数据技术进行智能控制闭环，实现了无人巡检和少人值守的率先垂范。

（二）系统架构

为了践行京燃热电的少人化和智能化发展理念，京燃热电的智能电站建设以生产数据为核心，根据数据类型的不同，业务功能分为实时数据业务和管理数据业务。在智能电站建设的体系结构下，共划分了三个层级：智能设备层、智能控制层和智慧管理层。

智能电站建设系统架构图如图 2-5-2 所示。

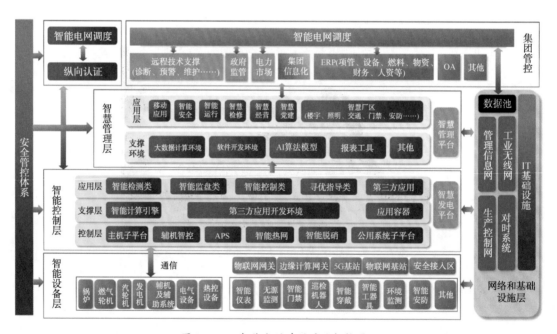

图 2-5-2　智能电站建设系统架构图

智能设备层是智能化建设的基础，它包括网络建设、硬件部署、数据同步、信息化工程等方面。涵盖了各种类型的数据，如分散控制系统（DCS）数据、工控数据、非结构化数据和工程数据等，这些数据通过通信技术接入系统中，实现高度自动化，为智能化建设提供了有效的数据支持。

智能控制层建立在分散控制系统（DCS）的基础上，通过引入高级应用服务网、实时数据池、智能计算引擎、智能控制器和工控信息安全防护等智能化组件，增强了人工智能技术的三要素："数据""算法"和"算力"的设计和实现。AI 赋能则将发电领域的专业知识注入人工智能模型中，并与先进控制技术相集成，最终实现了智能电站生产运行的智能监控。

智慧管理层以全厂的生产过程和经营管理信息为基础，利用多源数据融合、深度数据挖掘、管理过程与工业数据分析协同等技术，构建了一体化管理平台，实现火电生产过程的全生命周期管理。同时该模块还支持京燃热电与国家能源集团、调度、政府等相关部门之间的业务交互。

整个系统的架构严格遵循国家网络安全等级保护制度和国家网络安全等级保护的相关要求，坚守"安全分区、网络专用、横向隔离、纵向认证、综合防护"的原则。在应用建设方面，京燃热电与国电电力和国家能源集团统建应用进行对接，避免京燃热电内部重复建设。整个系统的建设是京燃热电提高电站的运行和数据管理效率，实现智能化目标的坚实基础。

（三）网络架构

智能电站网络在整个火电厂中承载了各类数据，包括数据、音频和视频等的数据交换任务，同时具备了网络平滑扩展升级和满足智能化、高自动化和 AI 技术需求的能力。为确保网络安全，智能电站网络遵循火电厂的安全分区原则，结合工业化和信息化的融合需求，分为三个主要部分：生产控制网、管理信息网和工业无线网。

生产控制网：这一部分用于连接分布在生产现场不同地点的设备，支持生产现场的控制、监测和管理信息交互。生产控制网包括 I/O 通信网、实时控制网和高级应用服务网，它是数字化和智能化生产的基础承载网络。京燃热电在生产控制网的建设上有两个显著特点：首先，京燃热电丰富和完善了现场的总线技术，现场总线应用比例高达 64%，在国内处于领先地位；其次，京燃热电开发了现场总线应用系统，对非周期性数据进行挖掘和利用，实现了智能测控设备的状态自检和自举，进而实现了高度自动化运行，显著提升了工作效率和机组可靠性水平。

管理信息网：这一部分包括综合安保系统、生产办公网等多个系统。京燃热电在厂内与国家能源集团之间建立了两条电力专线，这两条链路采用了动态聚合技术，具备带宽动态叠加的能力，具有较强的容错性。在单条链路故障时，仍能够保障数据的正常传输，为智能化建设提供了坚实的基础。

工业无线网：这一部分主要用于建设大带宽、低延时的工业无线网络，覆盖整个电厂。实现智能设备的安全、高速和可靠接入，提高泛在感知能力，实现人、机器、传感设备和系统的无缝连接，满足少人值守的目标需求。为了实现高度自动化，京燃热电已实现了全厂 Wi-Fi 覆盖，并逐步探索 5G+应用的可能性。

这一综合的网络架构和技术的应用，有助于确保京燃热电的智能电站的数据安全、高效运行和满足未来的智能化需求。

（四）数据架构

燃气火电厂智慧企业建设是一个庞大而复杂的系统工程，必须充分借助大数据、人工智能等新兴技术将众多数据资源通过深度融合，实现 AI 赋能、高自动化和少人值守目标。推动传统电力行业的升级和转型，促进电力生产更加安全、高效、清洁、低碳和灵活。

京燃热电将生产数据视为核心，根据数据类型分为实时数据业务和管理数据业务。为了实现数据共享和功能协同，京燃热电在智能电站建设体系结构下，着力打造了燃气智能发电平台和智慧管理平台，来提高机组的自动控制水平和自动优化能力。大力推动数据融合与应用，实现生产实时数据的全面互通和按需调用。京燃热电积极推动业务应用的统一开发和集中管理，构建了智能生态体系。借助 AI 技术，建立了大数据平台，实现了全厂生产资料的管理；建立了生产实时数据的全面互通；根据需要，实现了各种类型数据的按需调度和自动同步；建立了知识图谱，实现了数据融合和推理，以实现无人值守和精英化的目标。

智能发电平台的数据架构包括数据源层、链接层、数据处理层和数据应用层。在智能发电平台的建设过程中，首先对控制系统 DCS 进行了部分调整和改进，包括设备的智能定期切换、智能热网、全范围自动控制优化和报警优化等研究工作。其次，进行了智能化平台的构建，最后逐步投入使用智能应用功能模块。

通过基于云模式的 CPS 智慧管理平台，京燃热电支持和促进了企业的集约化管理、一体化协同、信息共享和数据分析。该平台的构建基于"云大物移智"作为基本的信息技术要素，实现了"数据致察、连接致通、平台致创"的 IT 价值。一体化业务平台项目覆盖了电站的全业务流程，涉及了二十余个业务信息系统，生产运营管理人员和外委队伍全部应用，实现了高度自动化的管理，大幅提高了生产效率。这一综合的系统和技术应用有助于确保京燃热电实现智能电站的目标，推动电力行业朝着更加先进、高效和可持续的方向迈进。

三、关键技术创新与建设

（一）网络与信息安全

随着信息技术与电厂智能智慧化发展的深化，网络与信息安全的重要性在逐年增加。京燃热电不断加强信息化安全建设，采取一系列举措以确保网络的稳定性和数据的安全性。

首先通过物理隔离的方式，将生产控制大区与管理信息大区分开，生产控制大区一区与二区之间，以及生产控制大区二区与管理信息大区之间，都采用了网闸隔离的措施。此外，电气二次设备与电网之间采用了纵向加密设备，以进一步提高数据的安全性。

京燃热电对不同网络分区采用了网闸隔离或防火墙隔离的方法，并且根据最小权限原则对网络进行分区分域管理，以确保访问控制策略的严格执行。在生产控制大区，京燃热电已经部署了多项网络安全防护设备，包括工控态势感知、主机加固、防火墙、入侵检测系统（IDS）、安全审计、数据备份恢复、网络设备安全等。

管理信息大区也采取了类似的网络安全措施，包括态势感知平台、下一代防火墙、上网行为管理、防病毒、安全审计、堡垒机、漏洞扫描、虚拟化主机系统安全、应用安全、数据备份恢复等功能。此外，京燃热电还部署了自动备份系统，以确保数据的安全性和备份管理。

京燃热电还着重建设了标准数据中心机房，该机房拥有双电源（UPS电源和市电）、防静电地板、精密空调、加湿器、七氟丙烷灭火系统、动环监测系统、门禁系统、视频监控等先进设施。这些措施有助于确保数据中心的稳定性和可靠性。京燃热电的智慧机房基于AI技术，采用可视化的三维全息地图平台和精细化模型，实现了机房动环监测、气体灭火、门禁、视频监控、设备管理、数据监测、异常报警等一体化的机房可视化管理系统。此外，机房的布线采用上进线，符合封堵规范，标识齐全，同时还采取了多项防雷、防鼠和防虫等措施，以提高机房的稳定性。

在硬件设备的选择方面，京燃热电采用了国产化的策略，服务器使用了联想、华为和浪潮品牌，交换机则采用了新华三、锐捷和华为品牌。部分操作系统也采用了国产操作系统，如凝思操作系统。此外，京燃热电办公软件方面全部采用了金山WPS和金山PDF，CAD软件则使用了国产中望CAD。这一系列的措施提高了设备可信度，也支持了国内科技产业的发展。

（二）AI赋能

智能电站建设项目图谱如图2-5-3所示。

1. 助力多样化管理

京燃热电充分利用AI技术改变了电站管理模式，提升了业务运营效率和安全性，实现了高效管理。首先，京燃热电开发了一统全数据全流程的智能电站云平台，为业务应用提供了一体化的运行、集成和展示环境，从而增强了稳定性和可靠性，促进了业务运营效率的提高。

其次，京燃热电研发了智能电站三维消防安保平台，该平台实现了系统之间的全面联动，具备培训、检修、三维巡检、风险防控、视频与火灾报警联动、应急指挥、应急演练等多种功能，以满足电站的安全需求。这一平台整合了AI技术，能够高效分析和处理各类数据，提升了电站安防业务的快速响应能力。

AI技术还在人员管理领域发挥了重要作用。京燃热电采用人员权限管理与位置定位，

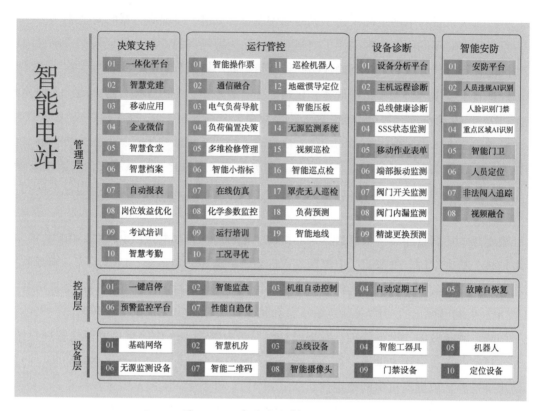

图 2-5-3　智能电站建设项目图谱

使用刷卡与人脸识别相结合的方式，以管理进出权限。智能门禁系统实时监控人员通行情况和进出记录，方便了安全生产管理。人员考勤管理利用 GPS 定位技术进行，有效提高了管理效率。生产区域人员的精准定位，则利用一种地磁惯导蓝牙辅助定位技术，有助于安全管理和规范化管理。

　　AI 赋能多样化管理如图 2-5-4 所示。

图 2-5-4　AI 赋能多样化管理

2. 智能化技术装备

智能监盘系统：通过大数据和实时数据库技术，监控电站设备的运行状态，并在需要时发出预警，以防止潜在问题的发生。此系统可视化设备运行情况，允许运行人员更有效地监控和管理电厂设备。它还实现了参数自动分析，这意味着系统能够自动分析设备参数，从而提供更好的运行建议。这一技术的应用可以改变运行人员的传统工作方式，提高工作效率，减少运营中断。

AI 技术与智能装备：在电厂的现场人员和 AI 智能装备之间建立了密切的联系。这些智能装备包括 AR 眼镜，智能安全帽，智能执法记录仪和自动巡检机器人。AR 眼镜允许远程专家提供指导，智能安全帽用于实时通信，智能执法记录仪采集现场作业情况，而自动巡检机器人则通过多种传感器来进行设备巡检。这些设备为数据采集提供了更便捷的方式，同时降低了人工巡检的风险，提高了数据的准确性。

AI 赋能智能化装备如图 2-5-5 所示。

图 2-5-5　AI 赋能智能化装备

工况寻优与在线仿真寻优验证系统：这个系统基于历史数据相似度匹配，可以分析机组性能并提供实时优化建议。这包括冷端优化等方面。通过实时寻优和建议，系统可以确保机组的最佳运行状态，提高电站的能效。

现场安全预警模型系统：这个系统使用 AI 技术来检测生产过程中的异常情况，包括图像、视频和音频的异常。一旦异常情况被检测到，相关数据将被送入平台进行进一步分析。这对于实现无人巡检非常重要，以确保电厂的安全。

状态检修：AI 和大数据的综合分析帮助电厂优化设备使用周期。通过综合分析大气湿度、空气质量、机组负荷和运行压差等参数，电厂可以更好地规划设备的维护和更换周期。这降低了运营成本，提高了电站的经济性。

员工培训：AI 技术用于改进员工培训，利用虚拟仿真技术和实时数据，员工可以获得更全面的培训体验，实时呈现电厂的运行情况，帮助员工更好地理解和应对各种情况。

燃机余热锅炉流场优化装置：这一装置使用 AI 技术来改进电厂的余热锅炉流场，通过优化烟道分区，确保氨气均匀喷洒，避免了氨气混合不充分的问题，不仅提高了设备的效率和性能，还降低了氨逃逸的风险。

这些 AI 技术的应用(图 2-5-6)在电厂管理中产生了深远的影响，提高了电厂的效率、安全性和经济性，同时为电力行业的未来发展铺平了道路。

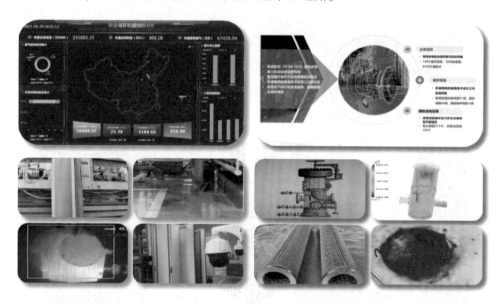

图 2-5-6　AI 赋能智能化技术应用

(三) 高自动化

京燃热电的高度自动化实践是电站智能化的一个关键步骤，它通过自动化控制和深度集成来提高电厂的运行效率、安全性和可靠性。

全系统自动化：(1)攻克了系统排空检测、汽水膨胀对水位影响等八项技术难题，扩大了 APS 控制范围。首例实现全系统、全过程、无断点一键启停(196 个顺控功能组，1658 个操作步序，4316 个操作项)，二拖一方式启动时间较同类机组每次可缩短 1h。(2)基于 DCS 开发，首例实现辅机自动切换和定期试验功能，实现设备备用时间自动计时，根据设备备用时间自动执行备用辅机的定期切换功能组，实现自动定期工作。在切换同时，DCS 系统同步显示现场设备状态，现场语音播报，提醒现场作业人员。

授时系统：为保证时间精确性，生产控制大区和管理信息大区都部署了授时系统，具备北斗和 GPS 双授时功能。这确保了电厂各部门在时间同步方面的准确性。

设备状态量化评估：京燃热电利用最小相似原理对设备整体状态进行量化评估，预测参数阈值，并提供部件级的诊断结果。这允许电厂更好地了解设备的状态，预测潜在问题，并采取措施来维护和维修设备。这一方法的应用大幅提高了设备的可靠性水平。

SSS 离合器在线监测和故障诊断：京燃热电研发了国内首套 SSS 离合器在线监测和故障诊断系统，填补了国内在这一领域的空白，为电站自动化运行提供了更多可能性，增加了电厂的可维护性和可靠性。

这些在自动化、智能化和数据分析领域的技术创新，使京燃热电能够更高效地管理和运营电厂，提高能源生产的质量和可靠性，同时降低运营成本。这是电力行业迈向智能化和可持续性的重要一步。

高自动化技术应用如图 2-5-7 所示。

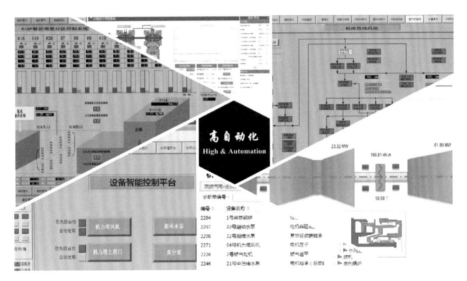

图 2-5-7　高自动化技术应用

（四）少人值守

1. CPS 智慧管理平台

京燃热电的智慧火电厂实践的核心理念是少人值守，旨在通过智能化管理和综合数据集成，实现电站运营的自动化和高效管理。

CPS 智慧管理平台：该平台集成电厂内的各个系统，打破了系统间的壁垒，实现了端到端流程的贯通、全面业务信息的共享和以设备为核心的业务全联动。这是实现少人值守的关键，因为它允许电站管理人员远程监控和管理各方面的运营情况。平台具备人员安全管控、设备安全管控、环境安全管控、管理安全管控等功能。

设备智能分析系统：该系统允许智能检修功能，通过监测设备档案、运行状态、健康水平、环境参数和生命周期等相关指标，进行性能等级评估、设备故障诊断分析、寿命管理和设备健康管理。这有助于动态维护设备，提高设备的可靠性。

现场作业表单移动应用管控系统：这个系统通过 PC 端和移动端，实现作业指导书、

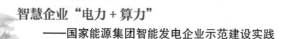

检修文件包、检修工序卡的编写、审核、修改、下达、执行、验收、完工、关闭、归档等功能。它的目标是实现设备检修全过程的无纸化管理，提高工作效率。

经营财务模块：该模块包括经营指标管理、智能预算执行管控、智能成本管理、利润管控、经营决策分析和智慧营销管理等功能。有助于电站高效管理经营和财务事务。

智慧党建：智慧党建包括多个内容，如党的建设、党务管理、纪检监察、企业文化、文明创建、新闻宣传、工会工作和团青工作。它有助于建设和管理企业内部的党组织，促进公司文化建设和团队发展。

智慧行政管理：包括智慧办公、法务管理、人力资源管理以及班组管理。这些应用通过 OA、ERP 和智慧系统实现高效管理和协作。

预防与应急准备：涵盖了应急预案管理、应急培训、应急演练、应急保障，以及应急处置与援救、事后恢复与重建等功能。它有助于电站在应对紧急情况时进行迅速反应，提高安全性。

CPS 智慧管理平台如图 2-5-8 所示。

图 2-5-8　CPS 智慧管理平台

2. 多技术协同

京燃热电采取了一系列举措来实现全电站数据共享和提高设备自动化，推动电站业务的高效运作，减少人为干预的需求。

移动作业的数据、应用集成：电站为所有业务提供移动作业的数据和应用集成，从而实现电站业务处理的移动化。员工能够在不同位置或情境下访问所需的信息和应用程序，提高了工作效率。

现场总线一体化控制装置：电站采用了一体化的现场总线控制装置，提高了应用可靠性和扩展性。总线设备比例达到64%，其中包括 PROFIBUS DP 和 FF 两种协议的现场总线设备。这些设备用于自动控制和监测电站的各个方面，从而减少了人为操作和提高了系统的整体效率。

人员违章视频分析系统：电站开发了基于 Spring Cloud 微服务架构的人员违章视频分析系统，用于监测员工和承包商在生产现场的不规范行为，如不戴安全帽、吸烟、玩手机等。该系统覆盖了电站范围内的所有视频摄像机，有助于维护安全合规的生产环境。

作业票管理系统：电站使用国家能源集团统建 ERP 系统来管理工作票，同时使用自建系统来创建操作票。这些系统将移动平台、实时系统、电气五防系统和蓝牙开关综合校验结合起来，实现了三级操作防护和远程监控，提高了作业安全性和合规性。

无源监测系统：研发了用于测量全厂区域的温湿度、转动设备的无线测振、测位移、测电力、阀门的漏水情况等的无源监测系统。这些监测功能为电站的无人巡检提供了技术支持，实现了无人监管、自动预警，提高了安全性和设备可靠性。

少人值守的多项智能化技术如图 2-5-9 所示。

图 2-5-9　少人值守的多项智能化技术

四、建设成效

京燃热电遵循"数字化建设、信息化管理"理念，以建设"低碳环保、技术领先、世界一流的数字化电站"和"一键启停、无人值守、全员值班的信息化电站"为目标，进行体制机制创新，建成国内智能化程度最高、用人最少的绿色生态电站。持续推进智能智慧深化应用，打造燃气智能发电平台和智慧管理平台，不断改进机组自动控制和自趋优能力，同时大力推动数据融合与应用，实现了生产实时数据的全贯通。

在运营管理方面，京燃热电进行机制体制创新，采用"一部一室三中心"运营管理模式，通过 AI 技术和高自动化技术的应用，提高了生产效率。京燃热电依托一体化管理平台、智能监控系统、巡检机器人等应用，实现了信息化管理、泛在感知、故障自恢复等功能，从而成功减少了人员数量近 70%，有效降低了项目综合人工成本，每年节约约 4000 万元。

京燃热电于 2022 年 12 月 27 日通过国家能源集团智能示范电站验评，评定结果为高级智能电站（五星）。这表明京燃热电的努力和投入在智能电站建设方面得到了充分的肯定，为电站未来的发展提供了坚实的基础。

五、成果产出

（一）总体情况

京燃热电秉承"数字化电站、信息化管理"的理念，践行"智慧电站"内涵，持续开展多维度融合的燃气智慧电站研究与应用，通过 AI 赋能，已实现管理深度信息化、生产高度自动化和较高水平的智能化，达到"提高人员素质、提高机组自动化水平、提高机组性能、提高生产经营管理水平"的目标。向来访外宾充分展示了中国制造的品质、央企智能转型的实践创先，为中国企业赢得了声誉。

截至目前，京燃热电申报知识产权百余项，获知识产权 34 项，其中授权发明专利 8 项、实用新型专利 23 项、软件著作权 3 项。获国内外多项荣誉，包括中国电力科学技术奖一等奖、中国电力创新奖一等奖、国家优质投资项目奖、亚洲年度最佳燃机电厂金奖、"首都环境保护先进集体"、北京市智能制造标杆企业、首都文明单位、安全文化示范企业、电力科普教育基地、北京市科学技术学会创新簇等。

（二）核心技术装备

（1）长距离智能巡检机器人、主变冷却器清扫机器人、进气道吹扫机器人；

（2）一种采用地磁惯导蓝牙辅助定位技术的安全管理与运行规范化管理技术；

（3）基于 AIot 及 AR 技术的电站智能防误操作票系统；

（4）多维度融合的燃气智能电站研究与应用技术；

（5）联合循环机组一键启停（APS）研究与应用技术；

（6）基于涡旋输送协同精准分区的燃气机组智能脱硝技术；

（7）基于 CPS 的智能电站关键技术研究与应用。

（三）成果鉴定

（1）"基于 CPS 的智能电站关键技术研究与应用"，鉴定单位：中国电机工程学会，鉴定结论：整体技术达到国际领先水平，2023 年 5 月 25 日。

（2）"基于涡旋输送协同精准分区的燃气机组智能脱硝技术研究与应用"，鉴定单位：中国电机工程学会，鉴定结论：整体技术达到国际先进水平，其中烟气截面平均成分测试技术和小空间氨氮混合技术处于国际领先水平，2023 年 5 月 25 日。

（3）"多维度融合的燃气智能电站研究与应用"，鉴定单位：中国电机工程学会，鉴定结论：整体技术达到国际领先水平，2017 年 6 月 10 日。

（四）标准贡献

（1）2022 年，国能国华（北京）燃气热电有限公司，ISO 29461-2：2022《ISO 29461-2：2022 Air filter intake systems for rotary machinery - Test methods - Part 2：Filter element endurance test in fog and mist》；

（2）2020 年，神华国华北京（燃气）热电有限公司，T/CEEMA 022—2020《M701F 型燃气轮机运行导则》；

（3）2020 年，神华国华北京（燃气）热电有限公司，T/CEEMA 021—2020《M701F 型燃气轮机技术导则》；

（4）2020 年，神华国华北京（燃气）热电有限公司，T/CEEMA 025—2020《M701F 型燃气轮机维护保养标准》；

（5）2020 年，神华国华北京（燃气）热电有限公司，T/CEEMA 024—2020《M701F 型燃气轮机检修导则》；

（五）省部级等重要奖励

（1）2023 年，国家工业和信息化部，"基于工业互联网电力智能检修平台解决方案"入选"工业互联网 APP 优秀解决方案"。

（2）2023 年，中国电力技术市场协会，"M701F4 燃气轮机进气罩壳滤网冲洗机器人系统研究与应用"获 2023 年火电运维检修"五小"创新成果一等奖；

（3）2023 年，中国电力技术市场协会，"主变冷却器自动清洗装置研究与应用"获 2023 年火电运维检修"五小"创新成果一等奖；

（4）2023 年，中国电力企业联合会，"基于先验学习的联合循环机组动态冷端优化技术研究及应用"获 2023 年电力职工技术创新奖二等奖；

（5）2023 年，中国职工技术协会，"基于物联网的电站作业防误全过程智能监管系统的研究与应用"获 2023 年中国职工技术创新成果奖优秀奖；

（6）2022 年，中国电力企业联合会，"燃气电站机器人自动巡检系统开发与应用"获 2022 年电力职工技术创新奖三等奖；

（7）2020 年，中国电力企业联合会，"基于大数据分析的火电厂全参数智能监控研究"获 2020 年电力职工技术创新奖三等奖；

（8）2020 年，中国电力技术市场协会，"基于大数据分析的火电厂全参数智能监控研究与应用"获 2020 年电力行业创新应用成果金牌成果；

（9）2017 年，中国电机工程学会，"多维度融合的燃气智能电站研究与应用"获 2017 年中国电力科学技术进步奖一等奖；

（10）2017 年，中国电力企业联合会，"多维度融合的燃气智能电站研究与应用"获 2017 年度电力科技创新奖一等奖；

（11）2017 年，中国电力企业联合会，"三菱 M701F4 燃气-蒸汽联合循环机组 TCA 控制优化与应用"获 2017 年全国电力职工技术成果奖二等奖；

（12）2016 年，中国电力企业联合会，"联合循环机组一键启停（APS）研究与应用"获 2016 年电力行业信息化优秀成果奖一等奖。

（六）媒体宣传

（1）2019 年，中央电视台 CCTV1，《机智过人》节目；

（2）2021 年，人民日报部分提及，国家能源集团把党建融入生产运营管理全过程；

（3）2021 年，国资小新微信公众号，央企机器人大赏；

（4）2021 年，国资小新微博号，啾～"闪电哨兵"变身；

（5）2021 年，国资小新微博号，温暖北京，这家公司全力做好首都能源保供工作；

（6）2022 年，国资委网站，京燃热电："智"赢未来；

（7）2023 年，国资小新微信公众号，京津冀暴雨，国资国企防汛救灾进行时（图 2-5-10）。

六、电站建设经验和推广前景

京燃热电深刻认识到智慧火电的建设对整个行业的转型至关重要。京燃热电将 AI 技术视为赋能火电行业的关键，通过高度自动化和少人值守实现了工艺流程的优化与管理的智能化。建立智能监控系统，实时收集和分析各个环节的数据，运用深度学习算法进行趋势分析和故障预测，实现数据找人，颠覆了传统电厂的运行监盘模式。

通过 DCS 现有测点、增加先进的智能传感器和无线监控系统，实现生产过程全流程的泛在感知，应用大数据、AI 等先进技术，实现全过程的智能自动控制、自动寻优、故障自恢复，率先实现运行少人值守、全员值班的运行生产模式，引领未来火电企业运行模式，实现行业革命性改变。

图 2-5-10 京燃热电员工全力做好首都能源保供工作

　　未来，京燃热电将继续探索智能智慧电站的建设，深度挖掘电厂运行数据价值，深化 AI 技术，在燃机智能管控平台、智能发电平台、智能检修平台、智能安防平台等建设中不断实践，不断探索更多先进技术的融合，提高火电厂的智能化水平。京燃热电将以党的二十大精神为统领，贯彻国家能源集团的总体工作方针，为我国能源行业的可持续发展贡献更多力量。

案例6 5G 赋能的"1+1+6+N"智慧火电厂

（国能粤电台山发电有限公司）

所属子分公司：广东公司

所在地市：广东省台山市

建设起始时间：2021 年 1 月

电站智能化评级结果：高级智能电站（五星）

摘要：国能粤电台山发电有限公司认真贯彻习近平总书记就网络强国、数字中国、数字经济和实体经济融合发展做出的重要指示精神，以国家能源集团"一个目标、三个作用、六个担当"发展战略为指引，秉承"数字驱动转型发展"理念，以国家能源集团《智能火电技术规范》为依据，统筹规划，顶层设计，整体推进，分步实施，大力推进智慧电厂示范企业建设，充分利用大数据、物联网、人工智能、北斗等新技术，加快企业信息化、智慧化转型升级，在智慧企业建设工程中，摸索构建两平台三网络，重点建设 5G 专用网络、数据中心和智慧管理一体化集成平台，推动开展 5G+智慧应用示范，形成具有台山电厂特色的"1+1+6+N"（智能发电平台，智慧管理平台，智慧行政、智慧党建、智慧经营、智慧安全、智慧燃料、智慧运维六大中心，N 项智慧应用）智慧火电厂。

关键词：数字驱动；5G 赋能；智慧管理；智能电站

一、概述

国能粤电台山发电有限公司（简称国能台山电厂）成立于 2001 年 3 月 28 日，现为国家能源集团首批提级管理基层企业，管理权隶属于国家能源集团广东电力有限公司。公司位于广东省江门台山市铜鼓湾，是装机容量世界第十、全国第四、广东第一的大型燃煤电厂，在运装机容量 513.97 万 kW。截至 2023 年 8 月 31 日，累计发电 3928.45 亿 kW·h，实现利润 289.7 亿元，缴纳各类税费 187.47 亿元。先后获全国"五一劳动奖状""全国电力行业优秀企业"中国建筑工程"鲁班奖"等荣誉称号。多台机组在全国电力行业竞赛中获"金牌机组""A 级机组""中国电力企业联合会可靠性优胜机组"。进入新发展阶段，国能台山电厂坚持以习近平新时代中国特色社会主义思想为指导，全面系统深入贯彻党的二十大精神和习近平总书记重要指示批示精神，完整、准确、全面贯彻新发展理念，坚持稳中求进工作总基调，深入贯彻"四个革命、一个合作"能源安全新战略和"30·60"双碳目标要求，大力践行"社会主义是干出来的"伟大号召，在国家能源集团党组和广东公司党委的坚强领导下，以党的建设为引领、安全生产为根本、绿色发展为突破、提质增效为重点、科技创新为动力、人才培养为支撑、管理提升为抓手、作风建设为保障、文化建设为基石，实干担当、稳中求进，加快建设世界一流电力示范企业，奋力谱写国能台山电厂高质量发展新篇章。

近年来习近平总书记就网络强国、数字中国、数字经济和实体经济融合发展作出重要指示批示，国能台山电厂以国家能源集团"一个目标、三个作用、六个担当"发展战略为指引，秉承"数字驱动转型发展"理念，大力推进智慧电厂建设。针对电厂数据孤岛、电厂数据标准未统一、各业务系统数据分散存储、信息系统关联不强、不同账号登录不同系统、业务未融合、控制系统智能程度不高等难点痛点问题，积极开展智慧发电企业建设探索，2021年5月国能台山电厂开展国家能源集团智慧发电企业示范申请并获批，国能台山电厂以国家能源集团《智能火电技术规范》为依据，以企业需求为原则，多方调研，完成《智慧发电企业示范建设方案》审批，并依据"统筹规划，顶层设计，整体推进，分步实施"方案，开展智慧电站建设，充分利用大数据、云计算、物联网、人工智能等新技术，加快公司信息化、智慧化转型升级，逐步摸索构建两平台三网络，形成具有国能台山电厂特色的"1+1+6+N"智慧火电厂。

国能粤电台山发电有限公司机组全貌图如图 2-6-1 所示，国能粤电台山发电有限公司全景图如图 2-6-2 所示。

图 2-6-1　国能粤电台山发电有限公司机组全貌图

图 2-6-2　国能粤电台山发电有限公司全景图

二、智能电站技术路线

（一）体系架构

国能台山电厂高度重视智慧企业建设体制机制建设。于 2021 年 8 月成立智慧发电企业建设工作组织机构，成立了以公司领导班子为主的领导小组和以各业务部门领导为成员的工作小组，下设推进组，推动智慧发电企业建设工作，生产技术部成立智能智慧中心，生产技术部负责编制发布《智慧发电企业示范建设方案》《年度网络安全和信息化工作要点》等多项专项工作方案。

国能台山电厂智慧电厂建设目标：充分利用大数据、云计算、物联网、人工智能等新技术，加快公司信息化、智慧化转型升级，建立统一的数据基础平台，在有效的整合、加工、利用数据资源的基础上依托先进智能设备、高效的应用平台，为企业决策、管理、生产、运营提供高效支撑，提升生产效率，促进内部生产关系的转型升级，为企业提供可持续发展的动力源泉。以全要素生产率提高为动因，在生产力、生产关系和数字化共同作用下现实价值创造；利用信息技术促进经营管理的科学化、网络化和智能化，实现模式创新；以合作共赢的方式构建火电企业能源行业数字生态圈，实现生态重构。智慧示范企业以统筹规划、顶层设计、整体推进、分步实施、业务主导、技术驱动为指导原则，通过严格考核评估、完善管理机制、强化科技支撑、推进人才培养、保障资金投入、坚持文化引领等多项建设保障机制，结合劳模创新工作室、巾帼创新工作室、联合创新工作室、智能智慧建设党员先锋队等开展智慧化应用建设、协同创新工作，取得良好效果。

（二）系统架构

国能台山电厂作为国家能源集团火电智慧企业建设示范单位，根据集团"两平台三网络"的智慧火电企业建设技术规范，重点打造智能发电平台（ICS）和智慧管理平台（IMS）。智能发电平台 ICS 系统部署在安全一区，采用智能计算、智能检测以及智能控制技术，实现生产过程从自动化向智能化转变。在底层控制系统，将性能计算、优化指导、诊断预警等功能与运行控制过程无缝融合，有效提升运行和控制环节的智能化水平。智慧管理平台 IMS 系统依据集团火电智能电站建设规范，对生产数据、部门作业、管理指标、设备编码全类型数据进行一体化设计与管理，以多源数据融合、算法工具、软件开发工具、报表工具为基础支撑，建设覆盖电厂安全环保、生产管理、绿色发展、经营管理、财务管理、组织人事、纪检审计、党建管理、综合管理业务体系的一体化平台，实现智能电站全业务、全类型数据的一体化整合，利用人工智能、大数据分析等技术手段，搭建电厂侧边缘计算节点，基于智能化保障体系，基础设施和智能装备，打造"一平台、六中心、统一业务、共享服务"的创新管理模式，打通应用与数据孤岛，提供数据服务与经营决策分析。平台实现与国家能源集团统一身份认证对接、应用中心部署，建立 6 个中心、9 条业务线、138 个应用完成挂载，实现"统一数据、业务协同、智能分析"能力。

　　智慧企业建设系统架构图如图 2-6-3 所示。

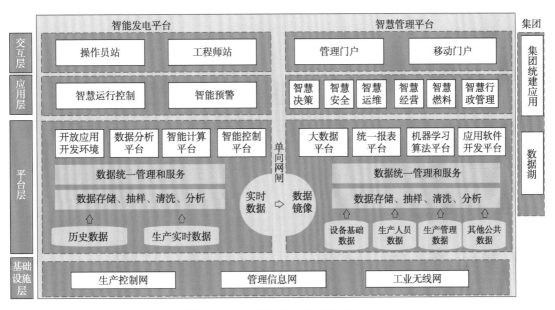

图 2-6-3　智慧企业建设系统架构图

（三）网络架构

　　国能台山电厂网络结构规划为三个大区，分别为生产控制大区(一区)、生产监视大区(二区)、信息管理大区(三区)，安保防护网、5G 工业专网、无线 AP 覆盖，各区之间有正向隔离网闸作为边界，生产控制大区与广东中调之间有纵向加密装置。

　　生产控制大区(一区)为生产设备控制系统 DCS 和调度数据网络，包含 1~7 号机 DCS、1~7 号机 NCS、1~7 号机 BOP、1~7 号机电能量、厂级监控 FECS、输煤程控、安稳、远动、AVC、PMU 等，网络设备有正向隔离网闸、接口服务器、纵向加密装置、路由器、交换机、态势感知装置、入侵检测装置等。

生产监视大区(二区)，为生产数据监视采集网络，包含生产实时数据系统 PI、电量采集、电子发令、煤耗系统等，网络设备有正向隔离网闸、纵向加密、堡垒机、日志审计、入侵检测、深度防御装置、态势感知装置等。

信息管理大区(三区)，为办公网络，内外网隔离，包括办公内网、办公外网、广域网、5G 网络等，网络设备有正向隔离网闸、双核心交换机、三层汇聚交换机、二层接入交换机、路由器、防火墙、入侵防御 IPS、信息系统服务器、网络准入装置、态势感知装置、深度防御装置、日志采集器、无线控制器 AC、无线 AP 等。无线 AP 覆盖，覆盖区域办公区域：生产楼 A 座、B 座、C 座、D 座、E 座、仓库、燃料楼、培训楼；生产区域：1~2 号机集控楼、3~4 号机集控楼、6~7 号机集控楼。

5G 工业专网，将 5G 网作为火电厂区工业无线网，基于 5G 专网大带宽、低延时、抗干扰的优势与特性，实现了各类智能化设备、智能化应用的承载与应用，通过防火墙与管理信息网络联通。

网络架构图如图 2-6-4 所示。

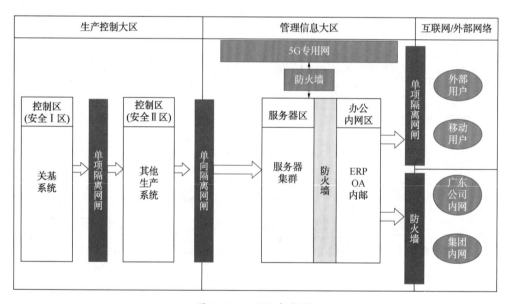

图 2-6-4　网络架构图

（四）数据架构

为增加国家能源集团与台山电厂的业务、数据协调能力，增进企业的目标一致性、业务连续性，提供业务与数据的利用能力，通过打通厂侧边缘与国家能源集团数据中心的信息管道，台山电厂制定全厂指标管理体系，规范数据指标的责任人、责任部门，保证基础指标的正确性、可溯性。基于一体化智慧管理平台，建立统一的数据底座，对党建、经营、管理、安全、生产进行全方位、多方面的数据梳理，对厂内信息化建设进行统一整合、梳理，形成适应性业务管理框架。利用数据中台数据接入与管理能力，对接各系统的数据，如 PI 系统、小指标系统、设备预警系统、违章系统、点巡检系统、集团 ERP 系统、ICE 系统等，完成多类型的数据采集；建立对 Mysql、Oracle、PG、ES、HBASE、CK、接口、各接口协议等的数据接入通道，同时经过数据中台集中数据处理能力与存储能力，在 Hdoop 大数据体系下，完成数据的整理与使用，形成全厂数据与业务枢纽中心。

在统一顶层架构体系下，基础大数据构建的边缘侧数据中心，可以实现多样的数据存储，如：音视频、结构化数据、文档数据、日志数据、时间序列数据等，完成数据的多路采集、统一集成、统一管理、统一服务，完成指标数据的基础搭建工作，同时只订购数据订阅服务，自动推送订阅数据、报表等，完成数据整合到利用的全过程。

数据底座建立数据即服务的综合分析体系架构，基础组件包括：集成数据管道、统一数据管理、共享数据服务。目前数据中心接入系统 11 个，数据提供给 13 个系统，数据存储累计 12TB（备份），对外提供接口 52 个，初步形成了边缘侧数据中心的管理能力。

数据架构图如图 2-6-5 所示。

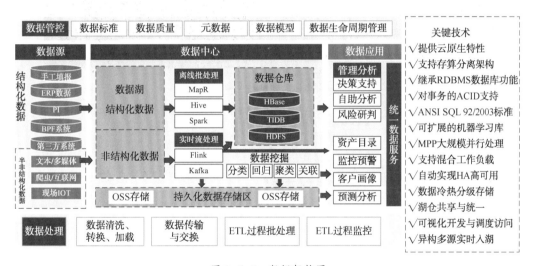

图 2-6-5　数据架构图

三、关键技术创新与建设

（一）网络与信息安全

国能台山电厂以"安全分区、网络专用、横向隔离、纵向认证"策略为原则，建设一区、二区、三区生产控制大区和管理信息大区、5G 工业互联网。国能台山电厂实行内外网物理隔离。互联网通过专线归并至国家能源集团出口，内部通过专线与广东公司相连。互联网边界主要为国家能源集团侧防护和防火墙防护，内网边界通过防火墙、IPS 等安全设备进行防护；环保专线通过隔离网闸与环保局平台相连。主要建设经验：加强网络安全防护技防建设，构建强大的监测发现处置安全防护能力体系。完成工控态势感知、管理大区态势感知和涉网系统态势感知系统的部署；安全区Ⅰ、安全区Ⅱ间与管理大区已部署单向隔离装置，并实现设备安全策略符合"最小化"配置，在安全Ⅱ区加装深度防御系统，"IP哨兵"用于监测网络入侵行为。开展常态化网络安全工作检查与加固。对各信息化与网络系统进行漏洞隐患排查等，开启多方面的网络安全自查与加固工作。加强数据全生命周期安全防护。根据数据分级分类情况，从数据产生、传输、存储、转移和利用环节制定不同访问控制策略、认证措施及加密措施和存储备份规则，实现数据全流程、全生命周期安全防护。开展等级保护测评和商用密码安全性评估及整改，最终实现网络安全。

网络安全设备如图2-6-6所示。

图2-6-6　网络安全设备

(二) 基层设施层面

国能台山电厂生产控制网、管理信息网、工业无线网布局规划和建设合理，核心采用万兆交换机，内部采用光纤网络，功能完备，安全可靠，支持相关应用拓展。实现集团办公无线网络、全厂5G专网覆盖，5G网络单用户最大下载速率2700Mbps，平均下行速率500Mbps，单用户最大上行速率310Mbps，平均上行速率160Mbps，网络双向时延小于15ms。台山电厂5G应用已实现5G定位、执法仪、安全帽、巡点检、机器人、无人驾驶、摄像头等应用。应急通信通道具备三种通道，除至省级、地级调度光纤专网通信外，同时采用租移动、电信运营商通道作为备用通道。配备应急通信电话、专用电力、卫星电话应急通信视频会议室。国能台山电厂分为生产运行监控和安全监督管理，实现集中视频监控，视频监控实现对生产区域、办公区域、厂区周界全面覆盖；视频摄像头参数能满足集团规范中相应参数要求；实时监控界面响应时间满足国家能源集团规范评价体系中相应要求，无卡顿；反恐及安防存储周期分别大于90天，生产监控周期大于30天，安防管理平台集成了视频安防监控系统、入侵报警系统、出入口控制系统，各系统之间具备联动控制功能。配备采用北斗与GPS双重定位技术。建设具备反无人机防御系统、5G定位技术、外来人员佩戴5G定位卡、卸船机卫星定位技术。利用数字孪生技术建设了锅炉防磨防爆系统，实现了可视化巡检、培训、检修、风险防控、视频联动等功能。生产区域建设智能照明系统，具有软启动、控制等功能，具备亮度调节，通过控制区域亮灯的数量实现节能。

智慧电厂基础设施及智能装备如图2-6-7所示，5G专网管理平台如图2-6-8所示。

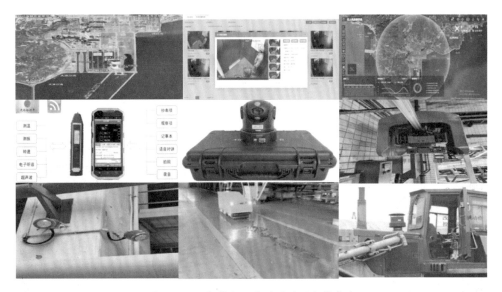

图2-6-7　智慧电厂基础设施及智能装备

图2-6-8　5G专网管理平台

（三）生产控制层面

建立生产实时数据统一处理平台，采用数据分析、智能计算以及智能控制技术，实现生产过程从自动化向智能化转变。通过机组在线能效计算和耗差分析，直观展示从机组到设备的性能指标和能损分布状况，实现节能降耗和最佳控制。采用对转机设备振动数据在线采集及实时监测的方法，实现故障的早期监测与诊断。通过煤质在线监测系统，获取入炉煤的各项工业指标、元素指标实时参数，为机组在煤种多变、环境多变、工况多变条件下实现安全、稳定、节能、环保综合指标下的优化运行提供充分、有效的基础信息，帮助运行人员及时调整燃烧工况，显著提升锅炉效率。通过对执行机构性能及控制回路品质监测，实现从就地控制器到控制回路全要素、全流程实时监测。智能吹灰控制系统有效地减少了吹灰器投运频率，降低了因不合理吹灰带来的蒸汽消耗量，提高了受热面的换热效果，达到节能降耗目的。智能发电平台将性能计算、优化指导、诊断预警等功能与运行控制过程无缝融合，实现对运行参数的趋势预测、故障预警，全面提升机组运行能见度，有效提升运行和控制环节的智能化水平。

　　智能发电平台 ICS 如图 2-6-9 所示。

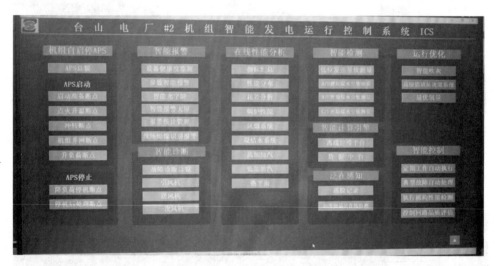

图 2-6-9　智能发电平台 ICS

（四）智慧管理层面

　　依据国家能源集团火电智能电站建设规范，对生产数据、部门作业、管理指标、设备编码全类型数据进行一体化设计与管理，实现智能电站全业务、全类型数据的一体化整合，利用云计算、人工智能、大数据分析等技术手段，搭建电厂侧边缘计算节点。基于智能化保障体系、基础设施和智能装备，打造"一平台、六中心、统一业务、共享服务"的创新管理模式，打通应用与数据孤岛，提供数据服务与经营决策分析。平台实现与国家能源集团统一身份认证对接、应用中心部署，建立了 6 个中心、9 条业务线、138 个应用完成挂载。

　　智慧管理一体化平台如图 2-6-10 所示。

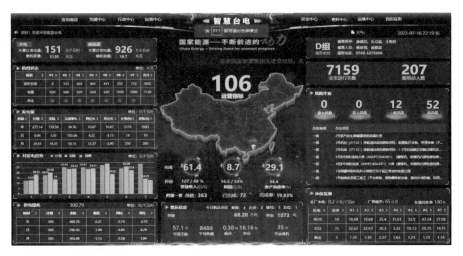

图 2-6-10　智慧管理一体化平台

（1）智慧党建中心。智慧党建平台以国家能源集团党建平台为主，结合公司主页宣传、党建中心大屏及现场业务形成智慧党建管理平台，结合组织建设需要开发区岗队注册、企业荣誉、民主管理等功能。

（2）智慧行政中心。通过一体化管理工具，对组织机构、评价管理、人事管理、合同管理、在岗轮岗、文件管理、合规管理、行政管理、保密管理、会议管理、后勤管理、接待管理、档案管理进行精细化管理。

（3）智慧经营中心。建立完善的经营指标体系数据基础，通过指标管控模型训练平台管理主要经营指标与生产运行小指标。灵活的前台页面配置实现特定指标的多方式、多周期数据及图表展示。智慧经营管理系统建立燃料计划、售电计划、利润滚动预测分析模块，自动为管理层提供日利润、度电成本、边际利润的分析。以燃料计划、月度船运统计为基础，结合电力交易数据，加快售电收入、成本、利润的计划、执行、分析闭环运作。及时进行利润预测、收益状况、对标数据的分析，提高电厂获利能力。研发碳中和下的现货辅助交易决策系统。

（4）智慧安全中心。建立以安全为纽带的智慧安全体系，围绕"人、机、环、管"等多方面进行管理，实现事件管理、区域风险数据库、风险看板、承包商管理、智能监控等功能。

（5）智慧燃料中心。以打造智慧燃料全过程管理平台为目标，现阶段开展圆形煤罐、卸船机、推趴机远程控制系统、智能配煤掺烧等项目，初步实现圆形煤罐、卸船机全自动控制、配煤掺烧等功能。建设有圆形煤罐自动控制系统、抓斗式卸船机全自动控制系统、基于 AI 技术输煤系统安全性智能识别及多极耦合智能配煤燃烧系统平台。

（6）智慧运维中心。集成智能安装检修管理、智能巡点检、设备自动故障诊断及分析、锅炉防磨防爆、运行小指标、耗差分析等系统，实现生产运维管理智慧应用。

平台六中心大屏展示如图2-6-11所示。

图 2-6-11 平台六中心大屏展示

(五) 工业互联网层面

国能台山电厂厂区已建成6个5G室外宏基站，11套5G室分和11段光缆，并在国能台山电厂通信机房部署一套UPF+MEC设备，实现厂区内全范围5G信号覆盖和5G核心网UPF下沉，实现了火电厂区办公楼、生产楼、灰控楼、制浆楼、煤罐、煤船码头等办公生产区域的5G信号的高质量全覆盖。5G网络单用户最大下载速率2700Mbps，平均下行速率500Mbps，单用户最大上行速率310Mbps，平均上行速率160Mbps，网络双向时延小于15ms，支持10^7个终端/km^2的连接密度，数据处理能力超过10Gbps。利用5G网络大带宽、低延时的特性，国能台山电厂已将现有的设备运行维护管理平台、安装检修数字化管控平台、多场景安全管理系统、受限空间安全管理系统、两票防三误系统等智能化物联设备接入网络，在两票防三误系统首次采用国内主导NB-IOT协议构建智能工器具管理、防误动的工业互联网；利用5G网络的便捷性部署一批智能摄像头、5G个人可穿戴等，完成全厂的监控及应急视频的全面覆盖，同时利用5G网络实现所有智能设备的互联互通，构建工业物联网的格局。

建筑物5G宏站如图2-6-12所示，5G基站室分布图如图2-6-13所示。

四、建设成效

(1) 经济效益方面。建设利用5G网络全覆盖的底层网络支撑能力，实现对重要设备检修终端巡点检监控、智能化巡检、智能化告警、可视化管理，可减少60%以上的人工巡检次数；通过智能巡点检、故障诊断提前发现设备异常趋势，减少检修设备故障约2次/年，

图 2-6-12　建筑物 5G 宏站

图 2-6-13　5G 基站室分布图

节约设备检修及维护更换费用约 10 万元/年；通过 5G 网络实现推扒机全自动作业，提高清舱效率，单台推扒机单舱清舱耗时可节约 1h，节省船舶滞船费约 0.8 万元，台山电厂每年接卸煤船在 130 艘左右，年累计节省约 104 万元；利用能耗分析系统通过平台实时发现偏差及时调整可降低全厂煤耗 0.05g/kW·h，按照年供电量 264 亿 kW·h 计算，年可节约标煤 1320t，年节约成本约 198 万元。

（2）社会效益方面。通过智慧企业示范建设，积极响应国家"数字经济""国产自主"战略，及时推动国产信创 5G、北斗在火电企业应用，实现企业数字化转型发展，为企业创建一流示范电力企业，打造智能智慧品牌作出了贡献。

五、成果产出

（一）总体情况

在智慧企业建设中，国能台山电厂积极落实国家能源集团"通过科技创新培育可持续发展能力"要求，积极加大科技投入，形成"立项-研发-转化-推广"的良性循环，持续推进智慧建设项目开展及应用，密切跟踪前沿技术发展动态，结合 5G、国产芯片、边缘计算等自主可控前沿技术，实施科技创新项目，争当国家能源集团"三黑"试点、火电数字化转型排头兵。截至目前，国能台山电厂累计申请发明专利 28 项、实用新型专利 87 项，授权发明专利 23 项、软件著作权 12 项，发表论文 55 篇，获省部级及以上成果奖励 4 项，获市厅级成果奖励 13 项。2023 年 8 月，国能台山电厂被评为高级智能电站（五星）。

（二）核心技术装备

（1）基于 AI 技术输煤系统安全性智能识别研究与示范系统的智能巡检与检测机器人；

（2）一种皮带输送机托辊松动检测的方法及装置；

（3）一种智能巡点检设备定位装置及定位方法；

（4）一种推扒机车身倾翻角度检测方法；

（5）一种基于火电厂锅炉受热面管壁温度在线监测装置；

（6）一种锅炉防磨防爆检修数据管理装置。

（三）省部级等重要奖励

（1）2015年，中国电机工程学会，"国产1000MW超超临界燃煤发电机组FCB功能研究及应用"获2015年中国电力科学技术进步奖二等奖；

（2）2016年，广东省政府，"大型汽轮发电机组不稳定振动快速抑制技术及工程实践"获2016年广东省科学技术进步奖三等奖；

（3）2019年，中国电机工程学会，"大型燃煤电子烟气污染物脱除多技术融合集成研究与应用"获2019年中国电力科学技术进步奖三等奖。

（四）媒体宣传

（1）2023年，国家能源局南方监管局"国能粤电台山发电有限公司多场景受限空间作业全要素安全智能在线管控平台研发与实践项目"受到国家能源局南方监管局在电力安全信息通报第10期的典型经验介绍；

（2）2023年，中能传媒，《国能台山电厂完成5G组网，加快推进智慧电厂建设》；

（3）2023年，"学习强国"学习平台，《国能台山电厂"智慧电厂"建设再添新成果》。

六、电站建设经验和推广前景

国能台山电厂通过智慧发电企业建设，构建了台山电厂数据标准化管理规范体系，搭建湖仓一体数据平台；构建了火电厂一体化管控平台应用架构，实现智慧党建中心、智慧行政中心、智慧经营中心、智慧安全中心、智慧燃料中心、智慧运维中心六大中心业务展示，开发集成138应用模块，覆盖智能巡点检、设备智能故障诊断、AI视频分析、安全管控、智慧检修、受限空间监控等多个基于5G专网的智慧应用业务场景；实现火电厂智能控制、设备自动诊断、智能感知等功能，实现信息化向智能化转变，初步完成了"数据统一、业务协同"的智慧电站建设基本目标。

国能台山电厂将继续全面落实集团"41663"总体工作方针，持之以恒开展智慧企业建设，促进企业数字化转型发展，开发海上风电、抽水蓄能、光伏、电化学储能等能源项目，依托国能（氢能）低碳研究中心开展氢能研究及应用，致力于打造千万千瓦级"风光水火储及耦合制氢应用"多能互补综合能源示范基地，为集团建设具有全球竞争力的世界一流示范企业贡献台电力量。

案例 7　深度创新融合的三环一体智能电站

（陕西德源府谷能源有限公司）

所属子分公司：国家能源集团国源电力有限公司

所在地市：陕西省榆林市

建设起始时间：2019 年 7 月

电站智能化评级结果：高级智能电站(五星)

摘要：迈入 21 世纪以来，我国电力行业进入快速发展阶段，并且已经由高速增长阶段逐步迈向高质量发展阶段，立足新发展阶段，贯彻新发展理念，构建新发展格局，全面建设社会主义现代化国家，电力企业责任重大、使命光荣。习近平总书记指出，要把握数字化、网络化、智能化融合发展的契机，以信息化、智能化为杠杆培育新动能。陕西德源府谷能源有限公司(简称府谷电厂)遵循国家能源集团和国神集团信息化战略，按照"三个中心、五个标准"要求，秉持打造安全府谷、高效府谷、绿色府谷、智能府谷的发电企业为总体目标，在创新的道路上，将持续变革传统火电站的生产管理模式，实现传统煤电向绿色、集约、高效、协同的智慧企业转型。为大型火电"智慧电厂"建设提供府谷模式及实践经验，同时不断完善提升智能智慧体系建设，充分发挥智慧电站应用实效。

关键词：绿色智能；创新融合；三环一体；智能示范

一、概述

陕西德源府谷能源有限公司隶属国家能源集团国神公司，厂址位于陕西省北部榆林市府谷县，地处晋、陕、蒙三省(区)接壤地带，是国家"西电东送"北部通道的主力电源项目，府谷电厂所发电量通过 500kV 输电线路送往河北南网。一期工程 2×600MW 机组于 2008 年建成投产，二期工程 2×660MW 机组于 2020 年建成投产，同时二期工程各项性能指标均达到或优于设计值，开创了全国电力行业两台机组同步整启、同步进行 168h 试运并一次通过的先例，刷新了我国电站建设的新高度，见证了现代工程的中国智慧。落实国神公司"四来四去"要求，电厂一期、二期 4 台机组所需燃煤来自三道沟煤矿，煤电协同互补优势凸显，府谷电厂将持续深入挖掘煤电一体化潜力。2022 年全年完成发电量 145.58 亿 kW·h，实现售电利润 10.15 亿元，2022 年完成煤炭销量 470.55 万 t，为公司创造售煤利润 22.48 亿元。府谷电厂自成立以来就非常重视科技创新工作，先后进行了机组宽负荷灵活运行控制技术、节能技术、发电机进水故障在线诊断技术等技术改造，连续多年在中国电力企业联合会机组能效对标中获奖，在机组能耗、盈利能力、资产质量等方面保持全国同类型企业较高水平。获国神公司科技进步奖一等奖，获集团公司级先进基层党组织、科技创新先进集体、文明单位等荣誉称号。

府谷电厂以建设安全、高效、绿色、智能的发电企业为目标，加速自动化、智能化和数字化进程，规划先行，吹响国企数字化转型号角。根据国家能源集团总体规划要求，府谷电厂结合自身实际情况及建设工作部署，提出三环一体融合创新的"一平台三中心"管理理念，先后完成一平台三中心、智能巡检操作机器人、人员定位系统、ICS 智能发电平台建设、智慧视频、移动检修应用等多项智慧化项目建设成果，为智慧发电企业示范建设提供了有力支撑。

陕西德源府谷能源有限公司实景图如图 2-7-1 所示。

图 2-7-1 陕西德源府谷能源有限公司实景图

二、智能电站技术路线

(一) 体系架构

府谷电厂紧紧围绕国家能源集团"一个目标、三个作用、六个担当"战略目标，实现企业数字化、智能化转型，全面推进智能企业建设，打造安全、高效、绿色、智能的发电企业，充分运用云、大、物、移、智等技术方法，打造"三个中心、五个标准"示范电站。府谷电厂为更好达到智能化电厂建设目标，以《国家能源集团火电智能电站建设规范》为指导，围绕基础设施及智能装备、智能发电平台、智慧管理平台、保障体系等方面开展工作，领导班子高度重视科技创新工作，成立领导挂帅的强有力组织机构、"卓越团队创建活动组委会"，积极推进智能电站建设各项工作。为学习科技创新前沿技术，更好地为智慧企业建设提供优秀思路、资源，多次外出调研考察、交流学习，结合先进理念与先进技术，深耕智慧电站品牌，将新一代信息技术、人工智能技术、检测和控制等技术与电力技术、现代企业管理技术深度融合，深入探析智慧电厂的概念、架构、特征等，同时协同项目承建方制定详细计划，发挥各自优势，严格履行职责，保障项目建设各项工作圆满完成，为传统火电智能化、数字化转型提供经验积累与借鉴。

（二）系统架构

府谷电厂结合自身实际情况及建设工作部署，提出三环一体融合创新的"一平台三中心"管理理念，从基础设施及智能装备、智能发电平台、智慧管理平台、保障体系等方面开展智能化电厂研究与建设工作。

1. 智慧生产管理方面

（1）智能发电运行控制系统（ICS）。系统整体设计关注于生产过程中数据–信息–知识的转化及其与人、生产过程的智能交互。在分散控制系统（DCS）基础上，加强人工智能技术三要素"数据""算法"和"算力"在生产控制过程中的设计实现，探索将工业领域的专有知识注入人工智能模型中，并将其与先进控制技术相集成，形成一套新型的工业控制体系。通过智能技术与控制技术的深度融合，ICS实现生产过程中数据–信息–知识的实时转换和交互循环，将人从重复、简单劳动中解放出来的同时，有效提升生产过程安全性和经济性，推动发电生产过程运行控制模式、效果发生深刻变化，形成对行业转型发展的有效支撑。府谷电厂项目研发的智能发电运行控制系统ICS实现"智能报警""智能分析"智能检测""智能控制""智能诊断""智能监控"六大智能化模块应用功能，根据电厂的生产工艺特点以及府谷电厂的实际情况，实现火电机组更加安全、经济、灵活、高效的运行。

（2）智能巡检操作机器人研究，从工业发展历程看，生产手段必然要经历机械化、自动化、智能化、信息化的变革。传统的人工巡检方式存在劳动强度大、工作效率低、检测质量分散、手段单一、数据存档及应用繁琐等很多不足。传统的视频监控系统，由于受到种种条件限制，存在很大的监控盲区，很难真正满足视频监控全方位覆盖的要求。同时由于系统复杂、摄像头数量多、安装布线工作量大，因此故障率较高，维护困难。随着国民经济的快速发展、生产技术的不断进步、劳动力成本的不断上升，以及智能变电站和无人值守模式的推广，使用机械、自动化技术代替人力成为巡检管理的必然趋势。府谷电厂智能巡检操作机器人搭载高清可见光相机，红外热成像仪、拾音设备、操作机械臂等智能化检测装置以及智能分析算法软件，利用智能机器人配合多种智能检测装置，对10kV设备进行智能识别与倒闸操作。同时使用多样化巡检模式配合自动充电系统，实现7×24h的高频率、无人化巡检。充分发挥机器人精度高、反应灵活、全天候的优点，结合智能化检测装置以及智能分析软件，完成全天候数据快速采集、实时信息传输、智能分析预警到快速决策反馈的管控闭环，从而代替人工巡检倒闸操作实现电力设备状态的自动检测和智能分析，增强电力设备管理能力，确保电厂设备安全稳定运行，提升智能化管理水平。

（3）绝缘老化在线监测系统，对电气老化及对引发电气火灾的主要因素（过负荷电流、剩余电流、导线温度、隐患谐波等）进行无盲区全过程跟踪分析与边缘计算处理，实现安全隐患超前预警；系统对电气设备隐患早期监测进行高精度识别，具有隐患位置、隐患类型、隐患程度和隐患发展趋势预警的功能。

（4）智慧运行，针对电厂生产运行日常的管理工作进行标准流程化管理，提高运行管理效率，降低人员作业风险，实现运行安全。通过对运行日常工作的业务流程梳理，将技术监督、定期工作、两票流程、班组管理等工作核心环节的记录和监管进行深化应用，以两票执行为基础，以智能化、信息化实现两票操作流程的规范化、扁平化管理。另外通过集成电厂一体化管控系统，将每项日常工作的责任落实到个人，保证工作执行的刚性，并辅助对落实不到位的工作进行事后的追责。通过这种流程化的管理模式，可以有效规避日常工作执行不到位、记录不完整、操作标准不统一等问题，从而提升日常工作管理的有效性和准确性。

2. 智慧安全管理方面

（1）针对电厂安全管理职能分散，管理手段单一，安防管理不严密，人员监控没有全覆盖等情况，从减少人的不安全行为，减少物的不安全状况，提高安全管理水平三个方面出发，开展研究工作。结合三维、人员定位、电子围栏、视频分析、门禁、消防、移动智能终端等先进的技术手段，与电厂安全管理业务融合，实现电厂主动安全管控，提高电厂整体预警联防能力。

（2）将电厂从设计阶段开始的设计数据、基建阶段的建设数据以及运行阶段的维护和实时数据完全、科学地整合，建立电厂全周期信息库；运用最新的计算机技术、三维虚拟现实技术和决策分析模型实现电厂数字化的运营和管理；逐步实现全生命周期的状态预测和管理，并依托该平台实现工艺仿真和培训。

3. 智慧经营管理方面

通过与财务、人力、电力生产监测等进行集成，实现信息共享和业务协同，打通预算与计划、成本与绩效之间的关联。利用大数据、移动应用等技术，以价值链为导向达到生产、经营管理过程的信息共享和业务协同，实现对计划、预算、生产、财务信息实时监测与汇总分析。主要包括：全成本精细化管理研究、智能综合计划管理研究、智能决策管理研究、智能报表研究等。

4. 智能一体化管控平台方面

智能发电关键技术集成及应用项目是以管控智能化建设为核心、技术和管理创新为动力，目标是将府谷电厂打造成为市场响应迅速、生产运营高效、风险自动识别、决策管控智能的创新型智能煤电企业。智能一体化管控平台采用大数据、人工智能等新兴技术，全面开拓和整合实时数据处理及管理决策等业务，构建覆盖发电厂全寿命周期的技术方案。

府谷电厂以统一的管控一体化平台作为支撑，融合智能设备层、智能控制层、智能生产监管层以及智能管理层，形成一种具备自趋优全程控制、自恢复故障(事故)处理、自适应多目标优化、自组织精细管理等特征的智能发电运行控制与管理模式，并借助可视化、移动应用等技术，为发电企业带来更高设备可靠度、更优出力与运行、更低能耗和排放、更强外部条件适应性、更少人力需求和更好企业效益。

系统架构图如图 2-7-2 所示。

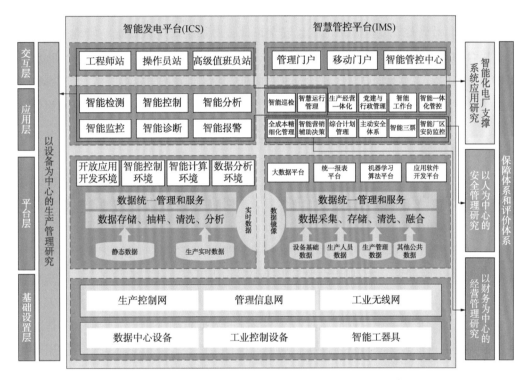

图 2-7-2　系统架构图

（三）网络架构

府谷电厂建立智能电站建设组织体系，定期进行网络安全等级保护测评，严格安全分区，安全防护措施完善、安全区域边界清晰，生产控制网及管理信息网中安全设备配置完善。厂区 WLAN 无线网络覆盖已满足主要二期生产区域 WLAN 无线覆盖，WLAN 的准入认证及网络安全符合国家、行业及国家能源集团相关规定。

建立工业控制网络系统信息安全防护策略，严格按照国家及国家能源集团网络安全要求进行网络规划设计，通过设置网闸、防火墙实现物理隔离或逻辑隔离，实现网络分区。实现办公网与控制网一体化的网络架构，打破传统办公与控制独立组网。核心网络设备通过 CSS 集群技术保障网络高可靠性和网络大数据量转发，通过虚拟化技术实现简化网络管理。采用服务器虚拟化和分布式存储技术，建设承载业务系统的计算资源池，搭建云桌面管理平台，实现统一管理、集中控制。防护策略总体分为五大类，每一个层级针对不同的信息安全要求分别配置相对应的防护策略，可以覆盖目前工程及相关标准对工业控制系统提出的所有信息安全需求。

五类信息安全防护策略具体如下：（1）区域划分隔离，根据等级保护要求的区域划分原则将控制系统按照不同的功能、控制区、非控制区进行区域划分；（2）网络节点保护对各安全区域的边界节点进行隔离防护，并对各安全域内的关键通信节点配置防护策略；（3）主机安全防护对上位机主机加装基于白名单终端防护软件及主机加固保证主机设备安全；（4）安全审计管控在安全管理区配置安全审计，对系统安全策略统一管理并集中收集分析各层级的安全审计内容；（5）生产监控系统的网络安全防护建设，遵循"安全分区、网络专用、横向隔离、纵向认证、综合防护"原则，通过部署正向隔离装置、工业防火墙、入侵检测、日志审计、堡垒机、主机卫士等安全防护设备，提升生产监控系统网络整体防护能力。

（四）数据架构

府谷电厂基于智能管控系统一体化平台，实现数据采集套件、实时历史数据库及存储、关系型数据库及存储、大数据平台及存储子功能的部署与集成，为府谷电厂提供数据平台支撑。具体包含如下：

（1）数据采集。数据中台提供强大的数据采集能力，通过平台可视化配置，可以很快完成对多源异构数据的采集。利用内置采集适配器，让用户通过配置数据源参数及定时采集任务，进行自动化采集。实现直连数据源的端到端数据采集。支持各种主流的关系型数据库、大数据库、报表系统、ETL工具、文件系统的数据自动采集。另支持采集适配器的扩展。采集任务可配置，支持自定义执行周期、执行条件等。采集完成可查看数据采集日志，保证数据的准确性。

（2）数据建模。平台提供数据建模功能，可以方便用户对数仓的数据进行建模管理。根据具体业务场景设计数仓模型，通过在线脚本编辑器即可完成数仓模型的开发。平台提供了对于分层的定义、维护和管理的所有功能。主要包括：分层维护、模型主题管理、主题关系维护和扩展属性维护等。数据集分层管理支持标准的数据仓库分层：ODS层、整合层、集市层、汇总层等。同时可以根据实际的建设规模和要求进行灵活调整，针对不同的分层指定存储连接池信息。

（3）数据开发。平台提供功能强大的数据开发功能，离线开发为数据中台提供灵活的数据处理能力，通过集成开发环境完成代码的编写以完成数据开发工作，代码编写完成后可以发布生产。具备离线数据同步时对数据进行特定的清洗与处理能力，支持数据源端数据的预览、条件过滤、空值处理等操作，支持对目的端数据的预览。平台对代码、资源实现多版本的管理，支持追踪代码变化过程，在线上代码异常时，紧急回滚到之前某个稳定版本的代码分支。提供多人协作功能，支持对数据处理、同步任务加/解锁，满足多人协同编辑的场景。

（4）数据质量。根据数据质量管理及监控需要，对问题数据进行统计分析，系统内置了多种形式的问题数据分析功能、统计报表功能及数据质量分析报告。提供可视化的数据质量监控界面，反映各业务系统的数据质量整体情况。

（5）数据资产。数据资产管理是全生命周期的管理平台，贯穿数据汇聚、存储、应用和销毁整个生命周期全过程。

（6）数据服务。数据服务提供快速将数据表、算法模型试验等生成数据 API 的能力，同时支持将现有的 API 快速注册到数据服务平台以统一管理和发布。

分类	功能	描述
服务开发	统一接口	具备通过统一数据服务接口，向外透出数据资产能力
	API 类型的开发与管理	支持在线定义和配置数据服务的接口，包括接口查询的数据库、表、字段的信息配置等； 支持对生成的接口在线进行调用测试的功能
	多数据源类型的数据查询 API	支持自定义 SQL 模式创建服务，数据源支持：MySQL、Oracle、SQLServer、PostgreSQL、GreenPlum。通过写 SQL 语句查询服务所需数据； 支持插件化开发接入数据源新类型
服务管理	多种认证方式	支持多种鉴权模式：支持第三方鉴权方式、Token 鉴权等
	API 版本管控	API 多版本对比、回滚、提交、上线
	调用情况统计分析	服务管理者角度，整体掌握用户调用量 TOP 排行、接口调用量 TOP 排行、接口失败率 TOP 排行等； 支持展示不同时间维度下，用户调用次数、调用数据量，以及接口的稳定性（失败比）等情况
	导入导出	支持 API 信息导入导出
	行级权限管控	支持行级权限管控，根据访问用户的属性，自动筛选反馈符合其访问权限范围的数据

数据架构图如图 2-7-3 所示。

三、关键技术创新与建设

（一）网络与信息安全

府谷电厂在充分考虑智能发电平台业务多样性、网络复杂化的前提下，严格细化、收紧各单元机组控制网络之间的边界防护措施。主动解决信创、自主可控等"卡脖子"问题，数据库、服务器、交换机、路由器等均采用国产系统与设备。

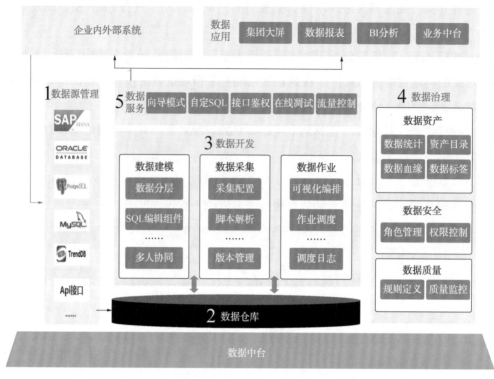

图 2-7-3 数据架构图

办公网安全防护实现网络和信息系统安全可控，防范网络攻击、网络入侵，规范上网行为，保障企业高效、文明、安全生产。工业信息安全解决方案遵循 GB/T 25070—2019《信息安全技术信息系统等级保护安全设计技术要求》，以要求中提出的工业控制系统保护安全技术设计框架为基础，满足工业控制系统等级保护安全技术设计，构建在安全管理中心支持下的计算环境、区域边界、通信网络三重防御体系。对生产监控系统的网络安全防护建设遵循"安全分区、网络专用、横向隔离、纵向认证、综合防护"原则，通过部署正向隔离装置、工业防火墙、入侵检测、日志审计、堡垒机、主机加固等安全防护设备，提升生产监控系统网络整体防护能力。在严格落实网络安全二十字防护方针基础上主动开展了流量监测、攻击阻断、蜜罐诱捕、攻击溯源的主动防御能力建设，同时与国家能源集团形成了常态化网络安全联防联控机制。

网络安全防护如图 2-7-4 所示。

（二）基础设施层面

府谷电厂已建设当前行业最高标准 B 类标准化模块机房，采用超融合服务器并结合云计算技术，搭建小型私有云；可满足府谷电厂未来 5~10 年的数据资产积累及业务升级需求。采用先进且成熟的软硬件 UWB 人员定位技术，保证系统的安全、可靠，设计严格参照国家制定的标准与规范。主要通过二维与三维定位相结合的方式实现标签位置的实时、

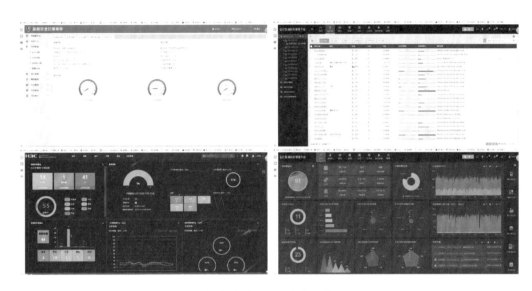

图 2-7-4　网络安全防护

精确定位，涵盖人员移动轨迹、历史轨迹、历史轨迹回放、不同维度的定位、人员报警状态信息、灵活权限配置等。

建设的智能视频监控系统，目前监控点位 705 处覆盖全厂区域，全厂监控报警联动实现周界入侵、门禁异常闯入报警联动对应区域视频监控并向监控值班室发送声光告警，监控大屏弹窗提示入侵区域监控，确保安保值班人员准确到达入侵告警位置开展应急处置工作。智能识别、场景融合，目前系统已开发车辆识别、人脸识别、违章识别、皮带异常识别等多个场景的应用，并与厂内三维安防平台实现数据联通，实现事件全方位安全管控。建设五大区域机器人，将配电室、升压站、锅炉区、汽机房、输煤区五大区域机器人进行统一管控及数据有效融合，打造出机器人智能巡视一体化管控平台，同时开发移动端功能辅助管理人员进行实时监测信息的查看、分析。10kV 配电室巡检操作机器人配备六轴机械以及配套末端机构，可在 0.2~2.2m 的柜面范围内，对柜面所有的按钮旋钮进行操作。升压站区域机器人自带高清相机及热成像相机，并配备微气象系统，收集温度、风力、雨量等信息，集成至后台生成相关报表。锅炉、汽机区域机器人自带高清相机及热成像相机，并配备噪声传感器及氢感传感器。输煤区域机器人自带高清相机、热成像相机及气体检测装置，可检测输煤栈桥有害气体及粉尘浓度，并配备煤流量、设备震动、皮带撕裂等系统。

反无人机系统反无人机装置经无线电委员会认证设备，分别部署在生产厂区 3# 锅炉房顶部、府谷电厂办公楼顶部，各覆盖半径 500m，能够对生产厂区全覆盖。电子围栏与激光对射，厂区周界入侵报警采用电子围栏与激光对射双融合，非法闯入时提供双重报警防线，大幅提高入侵报警的准确性。

府谷电厂建设了生产控制网、管理信息网、无线专网；无线专网采用 Wi-Fi6 和 LoRa 2.4G 技术，全厂覆盖；部署智能监控视频，可识别违规行为的自动实时分析和抓拍；具备北斗、GPS 双授时功能。智能穿戴设备建设有智能执法记录仪，可以实现电子地图定位，单人或集群语音、视频对讲等。后台系统可以实现巡检、扫描 kks 码，SOS 呼救，考勤等功能。内置智能识别算法，对现场施工作业中未佩戴安全帽等违章行为进行提醒，并进行抓拍记录，杜绝职工违规作业，保证工人生命安全。

手持智能点检仪，集测温、测振、抄表、拍照等功能为一体，按照系统下发的巡检任务进行设备巡检工作，并将手持智能点检数据集成到统一的智能巡检平台并于一体化管控平台系统打通，实现业务和数据的闭环，优化巡检线路，及早预防，提高设备的可靠性，降低设备的运维成本。

数字化转型基础设施与智能装备如图 2-7-5 所示。

图 2-7-5　数字化转型基础设施与智能装备

（三）生产控制层面

府谷电厂分散控制系统（DCS）采用的是国能智深控制技术有限公司生产的 EDPF-NT+PLUS 系统，府谷电厂在原有 DCS 系统的基础上，通过在 3#、4# 机组 DCS 系统中分别部署智能控制器、炉内过程先进检测及智能控制服务器、运行优化服务器、大型实时历史数据库、智能报警服务器、高级应用服务网等智能组件，构建成机组级智能运行控制系统，并提供高度开放的应用开发环境、工业大数据分析环境、智能计算环境以及智能控制环境，机组级智能运行控制系统重点在于实现生产数据价值的深度挖掘和反馈指导；配置智能分析服务器、高级值班员站、网络管理审计、网络管控平台等智能组件，建立高度开放的应用开发环境、工业大数据分析环境、智能计算环境和智能控制环境，构建成智能运行控制系统，实现数据聚合与一体化监控，消除信息孤岛。根据电厂的生产工艺特点以及府谷电厂的实际情况，在生产运行控制层面，为实现火电机组更加安全、经济、灵活、高效的运行，紧紧围绕智能监测、智能控制以及高效运行三大功能群，设计并实现了智能报警及预警、定期工作自动执行、典型设备异常自动处理、故障根源分析、控制回路品质评价、参数软测量、智能吹灰优化、智能机组协调控制、智能主再热汽温控制、炉内过程先进检测及智能控制、可视化汽轮机发电机组故障监测与诊断等一系列的功能开发以及应用，并提供工控信息安全功能来保障机组运行控制系统的网络和信息安全。

在设计上充分利用现有数据，构建数据分析基础算法，面向工艺需求，专注于关键参数，建立基于数据分析的运行标准，切实提高精细管理和运行水平。针对影响机组稳定运行、节能增效、减排优化的关键变量，通过对比"实际值-期望值"找到评价运行的标杆和保持"最佳实践"的方法，运用各种统计和分析手段，充分分析实际值与期望值偏差的各种形态，帮助电厂确定重要热力参数在不同机组负荷、环境温度、燃料性质下的最佳运行值，同时向单元机组运行人员提供专家诊断及优化运行的操作指导，为运行管理、控制系统调整和节能优化提供可靠的依据，从而能够保证机组的运行效率最高。采用机理、神经网络、支持向量机等算法并集成建模，完成了多变量广义预测控制算法（MGPC）、多变量参数预警算法（MIPW）、入炉煤水分算法（SSCM）、锅炉重要状态参数计算算法（SS-BC）、汽轮机核心计算算法（EITC）等高级算法模块开发。为高级控制、软测量计算等应用提供算法支持，实现了入炉煤水分、锅炉氧量、入炉煤低位发热量、锅炉有效吸热量等参数软测量计算的现场应用，实现智能应用服务站高级应用与控制器基础应用的相互配合与统一监控，实现能效"大闭环"运行，大大提升机组效率，全负荷工况下煤耗降低 2.17g/kW·h。

智能发电平台 ICS 如图 2-7-6 所示。

可视化汽轮机发电机组故障监测与诊断系统如图 2-7-7 所示。

智慧企业"电力＋算力"
——国家能源集团智能发电企业示范建设实践

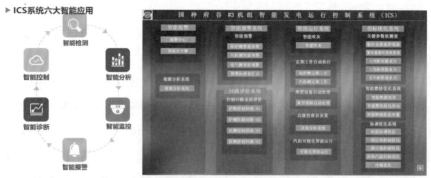

▶ 智能发电控制系统在国家能源集团智能电站建设规范的整体架构下，以数字化为前提，以网络、信息技术为基础，构建包含数据分析环境、智能计算环境、智能控制环境、开放的应用开发环境的基础平台软件，支撑"智能检测""智能控制""智能分析""智能监控""智能诊断""智能报警"六大智能化应用建设及以工业互联和智能为核心的产业协同模式，满足机组智能化、一体化运行控制的需求。

图 2-7-6 智能发电平台 ICS

图 2-7-7 可视化汽轮机发电机组故障监测与诊断系统

（四）智慧管理层面

府谷电厂积极践行集团相关战略发展要求，同时其自身对精细化、精益化、智能化、智慧化管理要求不断提高，现有信息化系统已不能满足管理需要，迫切希望建设以"三个中心"为主线的智能发电集成应用系统，包括以设备为中心的生产管理、以人为中心的安全管理、以财务为中心的经营管理以及智能化电厂建设支撑系统。府谷电厂结合现状在智慧管理层面围绕电厂业务建设便捷的移动终端，并集成在集团 ICE 应用中，提供工作类应用和分析及决策支持类应用，在集团内具有推广价值。智能应用方面建设以"一平台三中心"为整体架构的管理系统、集成厂内智能操作巡检机器人、实时盘煤系统、智能安防平台、智能视频等系统，可覆盖全厂生产、安全、经营管理的业务要求，有效支撑企业生产运营管理，同时接入集团缺陷、两票、运行日志、财务分析报表系统、法务系统、SRM 等统建系统数据，可以全面反映全公司生产运营情况。具体如下：

（1）府谷电厂提炼出"三环一体、融合创新"理念，基于生产中心、安全中心、经营中心等业务中心及一体化智能管控平台，组成"一平台三中心"整体架构，打通业务管控流程，实现功能按岗定制，任务消息智能推送，可覆盖电厂生产、安全、经营管理的业务要求，有效支撑企业生产运营管理。

（2）进行资源整合，消除信息孤岛。电厂的生产经营涉及不同职能部门，各部门原有的生产数据归属不同信息系统，且互相间无信息传输。跨部门协作依靠职能部门的手工报表传递，信息共享传输效率保持在低水平状态，数据安全也无法保障。随着生产中心的搭建，实现了电脑、手机、平板的多端协同应用，满足多场景使用需求，使厂内生产环节得到全面管控。平台集成了 ERP 系统、燃料系统，使厂内生产全业务信息资源得到有效整合，打破了生产子系统间的数据壁垒，消除信息孤岛，实现生产数据互通、信息共享和设备状态信息实时展示。

（3）规范业务流程、提高管控水平，以生产中心建设推动厂内业务规范化。对各职能部门、各专业人员进行多轮调研、培训，通过外委承包商管理、安全会议督办、培训考试、隐患管理、应急管理等为安全生产提供基础保障，通过运行管理、检修管理、设备管理、智能班组、巡点检、问题跟踪等业务全面管理生产过程。安全生产全面管控，优化电厂业务流程，提高电厂管控水平。

（4）促进精细管理，实现降本增效，府谷电厂以"精"为目标，以"细"为手段，结合厂内现状，把精细化理念贯彻到生产管理的整个过程中。通过生产中心驾驶舱、生产管理主题分析、检修管理主题分析、承包商管理主题分析等辅助决策工具，为领导层掌握生产实时情况，找准关键问题、薄弱环节带来便利，为生产策略调整提供支撑，帮助电厂安全、高效安排生产。

（5）一体化平台基于 WFMC 标准，提供强大的工作流定义、管理、监控和绩效统计功能，可以充分整合电厂各层次、各环节的工作流程，实现流程再造，使电厂在工作流驱动下自动协调各部门业务，同时使用 MS Agent、电子邮件、手机、SMS、Message Push 等技术实现手机短信、手机推送消息、POP 弹出框等业务"推"式服务。

（6）数据安全保障，根据各类业务数据的敏感级别进行数据的分级加密控制，对于用户密码、系统密码等数据采用 MD5 数据加密技术进行数据加密，对于核心的业务数据采用 AES 数据加密技术进行数据加密。数据库采用全新的体系架构，在保证大型通用的基础上，针对可靠性、高性能、海量数据处理和安全性进行研发改进，极大提升了数据库的性能、可靠性、可扩展性。

（7）系统提供丰富的业务组件、Js、Java 等开发 SDK，简洁易用的 API 接口，支持源代码本地化生成能力及应用上线一键部署发布，全面的在线开发文档，轻松实现 Excel 式的可视化布局，支持多种表达式配置，计算更加灵活，支持班、日、周、月等业务数据周期生成。

（8）安全中心建设安防系统融合安全管理业务，形成主动安全体系并建设应用。建设智能三票系统，实现与三维可视化、人员定位、电子围栏、智能门禁、移动应用、智能视频等应用的深度融合。全面提高电厂整体预警联防能力，达到电站安防事件的"事前防范、事中处理、事后分析"的目的，实现电厂主动安全管控。

府谷电厂一体化智能管控平台全业务域如图2-7-8所示。

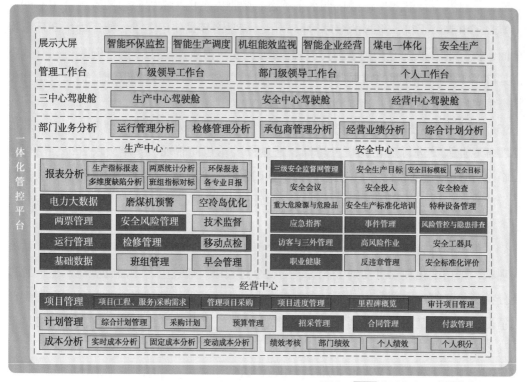

图 2-7-8　府谷电厂一体化智能管控平台全业务域

六大主题管控中心包括：智能环保监控（图2-7-9）、机组能效监视、智能生产调度、智能企业经营、煤电一体化、安全生产。

图 2-7-9　智能环保监控

厂级驾驶舱包括：生产中心、经营中心、安全中心三大业务管理驾驶舱，如图 2-7-10~图 2-7-12 所示。

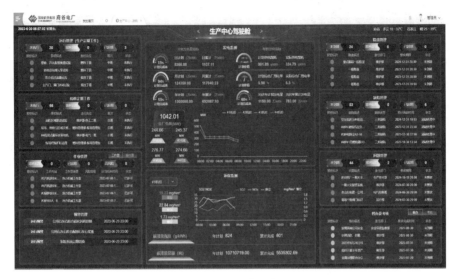

图 2-7-10　生产中心驾驶舱

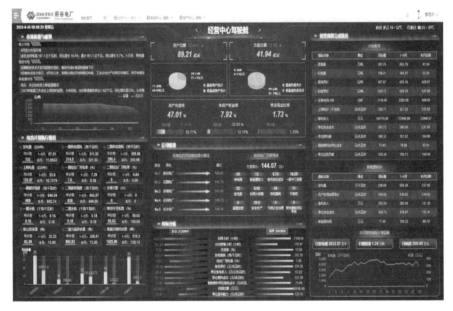

图 2-7-11　经营中心驾驶舱

个人工作台：将每个人每天重点关注的工作事项集中展现在个人工作台上，并做了相应的工作提醒，如图 2-7-13 所示。登录一体化平台后首先打开个人工作台，通过领导工作台可以跳转至对应的驾驶舱页面。

围绕电厂业务建设便捷的移动终端(图 2-7-14)，同时将工业 APP 集成在集团 ICE 应用中，供工作类应用、分析、决策支持类应用，在集团具有推广价值。

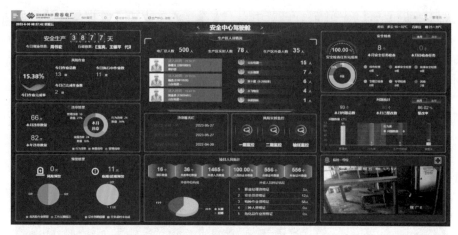

图 2-7-12　安全中心驾驶舱

图 2-7-13　个人工作台

▶ **移动应用**

建设便捷的移动终端，支持跨平台和跨终端，围绕着电厂业务了解企业生产经营状况和员工便捷工作，提供工作类应用和分析、决策支持类应用，提高厂内业务流转效率和管理水平。

图 2-7-14　移动应用

智慧安全管控相关应用如图 2-7-15 和图 2-7-16 所示。

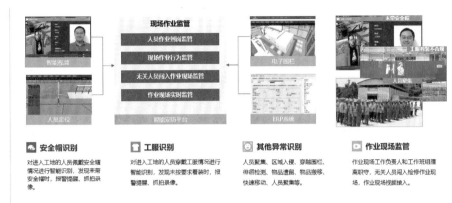

图 2-7-15　智能识别

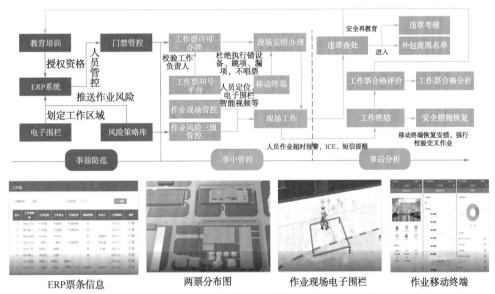

▶ 将人员精确定位、电子围栏、智能视频、ERP 等系统业务和数据进行融合，实现三票作业事前防范、事中管控、事后分析总结的作业全过程管控，有效解决三票执行过程安措办理、现场作业过程中存在的一系列痛点问题，降低风险。

图 2-7-16　作业过程安全管控

四、建设成效

提出三环一体融合创新的"一平台三中心"管理理念，对当前国内电力行业传统火电智慧化、数字化转型具有很好的借鉴意义和推广价值。府谷电厂通过智能电站的实践应用，提升管理效率的同时助力电厂安全生产运行，截至目前已经实现连续安全生产 4000 天。所取得具体成果如下：

（1）ICS 智能发电控制系统，实现"智能检测""智能控制""智能分析""智能监控""智能诊断""智能报警"六大智能化模块应用建设及以工业互联和以智能为核心的产业协同模式，满足机组智能化、一体化运行控制的需求。经第三方验证实现综合节能效果为 2.174g/kW·h。

（2）建设的智能机器人项目涵盖 10kV 配电室、升压站、锅炉区、汽机房、输煤区五大区域，实现机器人智能巡视一体化管控，同时将全厂五大类机器人巡检数据整合为统一数据监控平台管理，实现机器人设备巡检参数移动终端报警、预警功能，辅助管理人员进行实时监测、统计分析。

（3）建设的一平台三中心项目，实现全面联通国家能源集团统建系统，集成 4A、ERP、ICE、MDM、SRM 系统、财务报表系统、法务系统等多个统建系统，建设生产中心、安全中心、经营中心驾驶舱以及一楼智慧展厅 6 个主题大屏，同时根据当前物联网及移动办公技术发展，进一步提出优化智能技术在移动办公领域应用的要求，已开发完成行政办公、生产管理、安全管理、经营管理、教育培训等 40 多个移动应用程序模块，全面覆盖电厂日常运营、管理及分析业务需求。建设的智能安防平台通过三维可视化技术手段，立体、全面监管全厂人、作业、环境、设备的风险，便捷、快速调度、处置。落实国家、集团、电厂安全管理各项要求，提升企业安全生产管理水平，降低企业安全风险。

（4）建设 IT 基础设施与网络安全项目，以当前最高标准搭建的 B 类标准化模块机房满足府谷电厂未来 5~10 年的数据资产积累及业务升级需求、打造智慧展厅，通过展厅展现府谷电厂安全、生产、经营管理等综合面貌。

五、成果产出

（一）总体情况

府谷电厂非常重视科技创新工作，由传统火电向数字化、智能化转型过程中，先后建设多项科技成果，先后进行了机组宽负荷灵活运行控制技术、节能技术、发电机进水故障在线诊断技术等技术改造，连续多年在中国电力企业联合会机组能效对标中获奖，在机组能耗、盈利能力、资产质量等方面保持全国同类型企业较高水平。荣获国神公司科技进步奖一等奖，府谷电厂二期项目被中国水利电力质量管理协会评为 2019 年度电力行业"五星级现场"，获集团公司级先进基层党组织、科技创新先进集体、文明单位等荣誉称号。2023 年中节能协会授予府谷电厂"智慧电厂示范基地称号"。截至目前，已授权发明专利 10 余项、实用新型专利 26 项，发表论文 179 篇。

（二）核心技术装备

（1）机器人智能巡检一体化监控平台(五大类巡检机器人)；

（2）府谷电厂数字化实时盘煤系统；

（3）府谷电厂智能巡检监控系统（10kV 操作巡检机器人）；

（4）府谷电厂智能安防监控平台；

（5）三维数字化移交与可视化应用；

（6）电气设备智能绝缘老化监控平台；

（7）综合安防管理平台；

（8）变压器在线监测系统；

（9）发电机漏水漏氢监测系统；

（10）智能照明；

（11）智能锁具。

（三）省部级等重要奖励

（1）2023 年，中国节能协会热电产业委员会，"660MW 火电机组智能发电关键技术集成及应用示范项目"获热电产业数智化转型技术创新奖一等奖；

（2）2021 年，中国电力企业联合会，600MW 级亚临界纯凝空冷机组指标对标获"供电煤耗指标最优机组""600MW 级亚临界空冷机组竞赛 AAAAA 级"。

（四）媒体宣传

（1）2020 年 12 月，中国电力报，匠心浇筑标杆荣耀！国家能源集团国神公司府谷电厂二期扩建工程实现"双投"；

（2）2020 年 12 月，陕西 1 频道，国家能源集团国神府谷电厂两台机组同步顺利试运行。

六、电站建设经验和推广前景

府谷电厂勤学习、勇攀登，在国家能源集团各级领导及相关政策支持下，始终坚持科技创新与新兴技术的探索应用，为集团火电企业数字化、智能化转型贡献府谷力量。

（1）建设经验

智慧生产管理方面，府谷电厂 3#、4# 机组于 2022 年 11 月已全部完成智能报警及预警、炉内过程先进检测及智能控制系统、可视化汽轮机发电机组故障监测与诊断系统、高级值班员决策、关键参数软测量、智能吹灰、空冷背压优化、电力大数据、绝缘老化监测、风粉在线监测、智能巡检操作机器人、统一编码体系、智能运行管理等系统功能模块优化和测试。经过一段时间的运行和考验，系统运行稳定，各项控制指标、经济性指标、安全性指标以及自动化水平显著提升，整体应用效益显著，具有推广应用的价值。

智慧安全管理方面，以智能安防理念为支撑，在三维可视化基础上集成整合八大安防系统要素，梳理开发出一批与电厂工作应用场景紧密联系的功能模块，对进一步深化安防理念，推进安防技术革新，具有现实意义和实践意义，具有推广应用的价值。

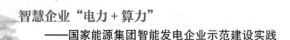

智慧经营管理方面,随着电力市场化改革带来的企业竞争加剧,节能环保压力日益突出,生产经营更加复杂多变,对发电企业提出更高的要求,实现业务与财务一体化经营是电力行业未来发展的必然趋势;建设全面的智慧经营管理系统,打通业务流程壁垒,充分挖掘数据价值,为企业提供数据决策依据,以数据说话,减轻主观判断,助力电力企业管理转型升级;通过打造业务与财务一体化智慧管理平台,对业务、指标、制度进行全面梳理,并在数据驱动、数字融合的基础上,沉淀出规范化、标准化、体系化数据资产,提升智能化管理能力与效率,具有推广价值。

智能一体化平台方面,府谷电厂通过一体化提升效率、信息化支撑决策、定制化满足需求、智能化赋能设备等措施,为电厂智能化未来发展打下坚实基础。融合统建与自建系统及设备监测、分析、优化应用等模块,充分保障安全性、可靠性、兼容性、可扩展性,同时围绕府谷电厂的实际需求,基于业务逻辑和数据积累持续进行应用模块的研发和扩展应用,挖掘数据价值,提升综合管理水平。通过高效的工业互联网平台架构设计,搭建最新IT基础设施、建立工业控制网络系统信息安全防护策略,采用国内先进设备及成熟技术,以最少的投入产生最直观的经济效益。建设一体化平台信息系统,达到业务流、数据流、信息流的统一,助力发电企业智慧化发展,具有推广价值。

(2)推广前景

府谷电厂项目建设结合国家能源集团先进管理理念,结合自身特点提出三环一体融合创新的"一平台三中心"理念,以需求为导向,实现智能化生产、运维、主动安全管理、智能经营与决策等,在数据融合和技术融合的基础上打造一体化管控平台,实现应用融合、技术融合、安全融合,覆盖全厂安全、生产、经营各项业务;项目建设成果拟在国家能源集团内推广,无论是新建机组或是在役机组改造,能够提升其安全、生产、经营等智能化管理水平,同时在业务方案、平台产品方面提供知识积累经验。

府谷电厂将遵循国家能源集团和国神集团科技创新相关战略,同时按照集团"三个中心、五个标准"要求,秉持打造安全府谷、高效府谷、绿色府谷、智能府谷的发电企业为总体目标,在未来科技创新的道路上,将持续变革传统火电站的生产管理模式,实现传统火电向安全、绿色、集约、高效、智能、协同的智慧企业转型,为集团内外大型火电"智慧电厂"建设提供府谷模式及实践经验。

案例8　基于5G+工业互联网的全连接智能示范电站

（国家能源集团泰州发电有限公司）

所属子分公司：江苏公司

所在地市：江苏省泰州市

建设起始时间：2019年8月

电站智能化评级结果：高级智能电站（五星）

摘要：国家能源集团泰州发电有限公司（简称泰州电厂）作为国家能源集团智慧企业建设试点单位，秉持数字化、智能化，打造一流智慧火电理念，采用5G、云计算、人员定位、视频分析、三维可视化、微服务等先进ICT技术，探索构建适应火电业务特点和发展需求的"数据中台""业务中台"新型架构，围绕"一个智慧生态体系""一体化运营中心""安全生产管控中心"，基于安全管理、生产管理、供热/固弃物管理，建成覆盖全层级、全业务、全流程的智慧管控系统，在生产现场构建5G+"人员定位、巡检机器人、图像识别"的业务场景，对推动5G与燃煤电厂业务深度融合起到了积极的示范作用。

关键词：5G；人员定位；中台架构；智慧巡检；智能电站

一、概述

国家能源集团泰州发电有限公司位于江苏省泰州市高港区永安洲镇，成立于2004年1月，现煤电装机容量400万kW（4×1000MW），是江苏省最大的火力发电企业之一。一期工程是江苏省第一个百万千瓦电源项目，获"中国建设工程鲁班奖"，两台机组分别于2007年12月和2008年3月投产，1号机组是我国电力装机7亿kW标志性机组，2号机组是国家能源局超低排放改造示范机组，也是国内率先同时完成"三改联动"和控制系统"三化"改造的百万机组。二期工程建设两台百万千瓦超超临界二次再热燃煤机组，是国家科技部"十二五"科技支撑计划项目和国家能源局高效煤电示范项目，两台机组分别于2015年9月和2016年1月投产。3号机组是世界首台百万千瓦超超临界二次再热燃煤发电机组，发电煤耗、发电效率、环保指标均处于当时世界最好水平，投产后两台机组连续获中国电力企业联合会能效对标5A级和全国供电煤耗最优奖。二期工程成果入选"十二五"科技创新成就展和阿斯塔纳世界能源博览会，习近平总书记两次参观泰州电厂展台，

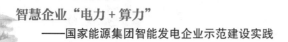

并作出"在中国，煤电是个大事"的重要指示。近年来泰州电厂获中国工业大奖表彰奖 1 项、中国电力科学进步一等奖 1 项、江苏省科技进步奖 2 项、国家能源集团科技进步奖 7 项，获省部级及以上 QC 成果奖 7 项。

泰州电厂学习领会习近平总书记关于网络安全和信息化工作的系列重要讲话精神，积极践行网络强国战略和集团公司"一个目标、三个作用、六个担当"战略目标，积极推进"运营数字化、生产智能化、管理智慧化"，以国家能源集团智慧企业建设框架为引领，主动利用自身"火电资产优质、管理经验丰富"的优势，积极探索做"区域公司智慧企业建设和火电板块智慧建设"的探路人，运用现代信息技术，全面推动公司战略决策、经营管控、生产运营的智慧化建设。随着大数据、物联网、云计算、移动互联、智能控制等新技术的快速发展，智慧发电企业建设的技术条件已经成熟。泰州电厂秉持创新发展理念，积极贯彻落实集团"智能电站"建设要求，结合企业定位，提出了建设智能电站构想，积极提升企业核心竞争力和可持续发展水平。

泰州电厂实景图如图 2-8-1 所示。

图 2-8-1　泰州电厂实景图

二、智能电站技术路线

（一）体系架构

泰州电厂始终将科技创新、信息化建设作为增强企业核心竞争力和核心功能的关键抓手，成立公司级科技创新工作领导小组，编制实施《泰州电厂科技创新三年规划》《智能化、数字化转型三年行动计划》，系统化、常态化推进相关工作。持续完善涵盖科技管理、成果转化、考核激励等在内的科技创新制度体系，构建高效能、高活力、多渠道、多层次科技创新体系。成立了"江苏省大规模碳捕集利用与封存工程研究中心"，采用"多学科交叉融合、多产业相互协同、多技术集成创新"方式，开展 CO_2 吸收捕集、加氢制甲醇、驱油封存、咸水层封存等技术的研究，为燃煤电厂百万机组的碳捕集、利用与封存及工程化应用发挥示范引领作用。成立了市级科学技术协会、4个职工创新工作室，并建设了仿真机基地等，大大提升了高效灵活、绿色低碳、数字智能领域技术创新与应用能力，为构建运转高效、充满活力的科技创新管理体系打下了基础。

（二）系统架构

泰州电厂智慧电站建设按照江苏公司"一中心两主线"的整体建设思路，重点围绕智慧管理和智能生产两部分进行建设。智慧管理部分以管理效率提升、安全生产标准化、燃料智能化管控、固废与供热销售智能化管控、数据融合等问题为导向，采用5G、云计算、人员定位、视频分析、三维可视化、微服务等先进ICT技术，构建适应火电业务特点和发展需求的"数据中台""业务中台"新型架构，围绕"一个智慧生态体系""一体化运营中心""安全生产管控中心"，重点建设企业管理、安全管理、生产管理、燃料管理、电力客户管理、供热/固弃物管理应用系统，建成覆盖全层级、全业务、全流程的智慧管控系统（IMS）3.0版，达到业务协同、价值最优、数字化运营、智慧管理的建设目标。智能生产部分，在分散控制系统（DCS）、厂级监控信息系统（SIS）网络结构基础上搭建智能管控系统，实现智能调节、智能安全监控，以解决设备与系统安全和运行效率、现场无人少化等问题为导向，达到安全高效、无人少人、生产优化、智能发电的建设目标。

智慧企业建设系统架构图如图2-8-2所示。

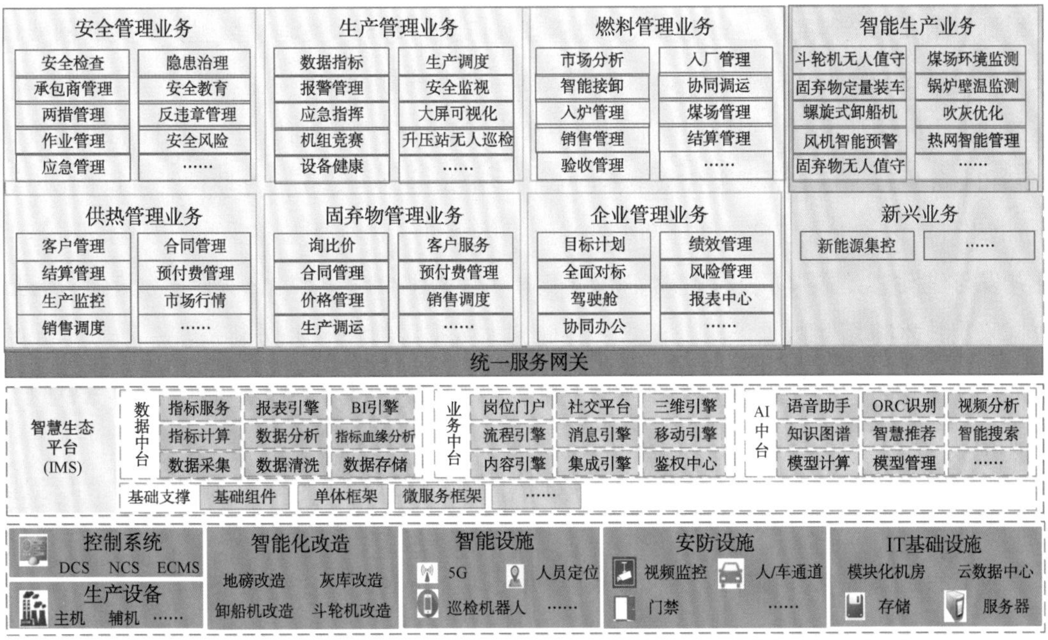

图2-8-2　智慧企业建设系统架构图

（三）网络架构

泰州电厂的网络主要由管理信息网和生产控制网组成。管理信息网包括生产办公网、互联网、集团、调度等专线，对应管理信息大区，整体网络架构采用三层层次化模型网络架构，即由核心层、汇聚层和接入层组成，关键网络节点处均采用冗余双机，利用通信设备和网络将不同区域、不同办公地点的计算机及其外部设备连接起来，在网络操作系统、网络管理软件及网络通信协议的管理和协调下，实现资源共享和信息传递，提高工作效率。生产控制网主要由主控、辅控 DCS 系统、DEH 系统等组成，将具有测量控制设备作为网络节点，采用公开、规范的通信协议，把控制器等设备连接成可以相互沟通和处理信息、完成生产现场控制的网络系统，生产控制系统数据经有效安全隔离后通过 SIS 系统传输至办公区，以实现远程读取数据信息。为了提高安全生产的智能化水平，除了以上网络基础建设，泰州电厂增设了 5G 系统，部署 5G 宏站 13 个，室内分布基站 96 个，同时将 MEC 下沉到厂区，5G 核心网用户平面功能（UPF）随 MEC 下移，企业业务数据不需要出园区，可以有效降低网络延迟。在基站汇聚节点部署 MEC 服务器，将 MEC 服务器接入公司内网网关系统，通过 MEC 服务器对内网业务进行分流，形成覆盖整个公司的 5G "虚拟专网"。

（四）数据架构

泰州电厂通过建设数据与业务"双中台"，来实现数据与业务的可持续沉淀。遵循"数据认责、责任共担、分级分类管理"的管理原则，确保相关数据上报的真实性和完整性，并根据应用和安全等要素，实现分级分类管理和访问。基于大数据、微服务等互联网架构技术，通过梳理数据、业务和能力，建设数据与业务的标准化体系；通过数据区域汇聚、业务和能力区域汇聚，实现数据与业务的中台化沉淀，逐步形成具备区域协同能力的数据生态和业务生态，打造区域级智慧中枢的基台。泰州电厂构建工业互联网平台厂侧（边缘侧）的组件能力，主要包含空间感知组件、流媒体组件、边缘侧数据采集、视频分析等组件开发与建设，支撑江苏公司建设完整的工业互联网平台。以数据标准化为基础，通过数据采集技术将厂侧数据采集、汇集、存储到大数据过渡平台并进行清洗、治理、元数据管理等工作，形成数据资产从而进行大数据建模、分析等工作，实现厂侧大数据高级应用和对厂侧智慧推送等工作。通过电厂侧边缘计算、套件等全量采集生产实时、生产经营数据并接入大数据平台（过渡期），数据架构实现数据的一致性："数据一个源、业务一条线"。

数据架构图如图 2-8-3 所示。

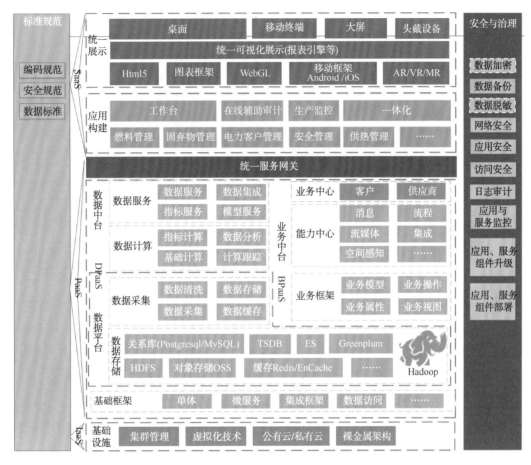

图 2-8-3 数据架构图

三、关键技术创新与建设

(一) 网络与信息安全

泰州电厂参照《信息安全技术网络安全等级保护基本要求》第三级的标准，从物理安全、安全区域边界、安全通信网络、安全计算环境、安全管理中心及管理安全等方面着手，不断完善管理制度、优化安全策略、调整网络结构、增加必要的软硬件设备或系统。重点针对 DCS、NCS、SIS、MIS 几大系统，逐步安装工控安全审计产品、工控主机防护加固、工控威胁检测、隔离网闸、工业防火墙、堡垒机、准入系统等设备，持续巩固生产监控系统安全防护功能。建有两个标准化机房，智慧企业数字据中心主要包含云数据中心和管控中心，其中云数据中心采用华为云技术，机房配备了防火、防雷、防静电等安全措施并安装专用恒温恒湿空调和监控设备，部署了动环服务平台，对温度、湿度等主要参数进行远程监控，并实现远程实时报警功能。

标准化机房如图 2-8-4 所示。

图 2-8-4　标准化机房

在新增的网络平台建设中，严格落实国家能源集团现有的四统一安全策略，即统一接入、统一认证授权、统一监控与审计、统一备份恢复以及统一安全管理，从整体角度严格遵循国家能源集团安全框架设计规范，实现数据出入的安全管控与全面监控。5G继承4G的安全能力，5G安全标准持续增强；用户数据128位加密、用户面数据没有、用户完整性保护，ID明文传输、采用网络级业务安全策略、不同接入采用不同鉴权方式、漫游用户数据明文传输。安全平面，分为三个面，分别是管理平面、控制平面和用户平面。每一个分层每一个平面都面临不同威胁，通过将不同平面进行隔离，既能够保证对每个分层的攻击面最小化，又能够保证任何一个平面在遭受攻击时，不会影响其他平面的正常运行。比如在用户数据流量受到攻击的时候，可以正常登录管理平台对攻击流量进行处理。

网络安全"三面隔离"如图2-8-5所示。

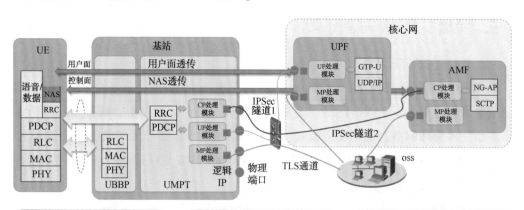

图 2-8-5　网络安全"三面隔离"

（二）基础设施层面

利用 5G 移动终端实现升压站、中压开关室、输煤皮带的机器人巡检，具备采集、存储巡检机器人传输的实时可见光和红外视频的功能，实现对区域设备线路的定时、周期自动巡检以及夜间自动巡检；配置执法仪随时对现场施工等情况进行监督；利用 5G+UWB 实现人员精准定位等典型业务场景，结合三维建模，实现设备生产数据、图档集成式跟踪查阅；安装智能刷脸识别和门禁系统，保证重要区域的进出人员的安全性和合法性；采用高清摄像机和 5G 移动摄像头对高风险作业区域进行实时远程监控，对生产现场的水、汽、油、灰等跑冒滴漏和人员违章行为进行智能视频识别，将边缘计算深度融入智能制造，借助 5G 技术实现智慧化安全生产；周界安防系统实现侵入自动报警、远端喊话、围栏警示、反恐应急等功能；部署了燃料智能化管控系统，实现管理环节无缝对接、无人干预，管理数据自动生成、网络传输以及集中管控，实现燃料全过程管理自动化、信息化；实现了煤场斗轮机无人值守的全覆盖，通过将自动化控制与三维测控、多点定位、数字图像监控、实时数据库等技术结合，斗轮机司机足不出户在几百米开外的输煤程控楼就可实现对斗轮机的智能化控制；利用煤场全封闭煤棚的检修马道为平台，生成高精度的煤堆表面点云位置信息，经过数据处理后自动生成煤堆图形和煤堆形态关键数据，精准计算出煤堆体积，直观展示煤场存煤情况，实现自动盘煤，盘煤误差达 3‰ 以内，实现对整个煤场的全覆盖、无盲区、快响应、精准盘煤。

数字化基础设施展示如图 2-8-6 所示。

巡检机器人

安全帽识别

输煤巡检机器人

无人值守斗轮机

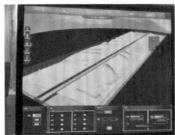
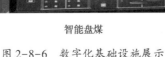
智能盘煤

人员定位

图 2-8-6　数字化基础设施展示

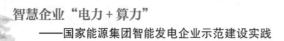

泰州电厂无人值守螺旋式卸船机卸煤额定出力指标达到 2000t/h，最大出力指标达到 2400t/h，均处于国内螺旋式卸船机领先的水平，采用高效取煤技术和全耐磨大管径螺旋输送技术，创新研究煤炭喂料器、螺旋输送管和分段连接器等关键部件制造工艺。螺旋式卸船机将智能识别、数字孪生控制、人工智能和实时定位等多项技术深度融合，实现了全场景实时监测、关键数据实时监测、多级智能防护、大数据分析预测和自动控制等功能，消除传统生产工艺中的信息盲点，解决信息孤岛现象，使所有工艺信息数据化，有机联结各信息流，实现闭环反馈、可视化、智能化管理，实现螺旋卸船装备高效卸煤目标。螺旋式卸船机设备创新设计具有自主知识产权，在项目推进过程中成功解决 11 项技术难题，成功实施"全新中间支撑结构型式"等 3 个创新点，实现了"国产大型化""适应全煤种""无人值守"三大核心研制目标。

无人值守螺旋卸船机如图 2-8-7 所示。

图 2-8-7　无人值守螺旋卸船机

（三）生产控制层面

打造机组自启停 APS 系统，实现机组顺序控制系统（SCS）、模拟量自动控制系统（MCS）、锅炉炉膛安全监视系统（FSSS）、汽轮机数字电液调节系统（DEH）、锅炉给水泵小汽机调节系统（MEH）、汽轮机旁路控制系统（BPS）等控制系统的有序控制，并按预先设定的程序控制机组内各设备的启动、停止和运行状态，最终实现机组的自动启动或自动停运；二期工程两台机组精处理系统采用现场总线式控制，精处理系统的 DP 设备包括电磁阀、电动调节阀、分析仪表等，PA 设备包括压力变送器、差压变送器、流量计及液位计等，冗余 PROFIBUS 网络覆盖整个精处理系统，现场 DP 设备选用 DP 双冗余接口，DPU、现场总线设备均为国产设备；在依托机组原有 INFIT 优化控制系统平台的基础上，应用快速模糊控制技术及相关的专用控制软件对 2 台机组的辅助调频性能进行优化，有效提高 2 台机组的综合调频性能系数 KP；智能供热系统，优化供热机组变工况模拟计算及热-电耦合特性，科学分配供热负荷，结合机组运行现状及系统特性，对机组供热能力进行预警，将厂级供热统筹优化，提供厂级数据集中、大数据应用、先进算法、智能报警、性能计算等环境，挖掘机组节能减排、增效创收的潜力，在满足电网调度要求下提升机组供热能力；在1号、3号机组建设四管超温预警系统，通过借助于深度学习、数据挖掘、信息统计等智能算法分析四管壁温分布状态，建立受热物理模型，并结合大小修壁面实际金属劣化情况进行建模，最终实现壁温控制智能预测，提高百万超超临界机组的运行安全性；在1号机组建设三大风机智能预警与故障诊断系统，全负荷段动态监测三大风机的运行状态，通过大数据分析和人工智能技术的应用，实现三大风机故障早期预警和诊断，在发生异常还未恶化为严重故障时即可预警，为运行人员留有足够的时间处理异常，为三大风机的安全稳定运行提出优化方案，结合机组检修计划，给出检修建议；在1号、3号机组建设锅炉智能吹灰优化系统，利用锅炉受热面实时运行数据、吹灰频次等数据，借助机器学习、智能预测算法等，通过大量数据的分析计算，分析出当前壁面沾污情况及各受热面温升情况，建立壁面沾污系数变化物理模型，建立吹灰提醒策略，减少不必要的吹灰频次，减少吹灰造成的壁面吹损，提高设备安全性；建设的智能水务系统完成水务系统相关数据（主要是水量、水质、视频等信号）的采集工作，软件主要包括在线水平衡模块、设备状态实时监测模块、优化运行模块、专家诊断模块、报表实时抓取模块、KPI分析模块、手机APP等，通过水务系统的海量数据的资源化处理，形成能够有效辅助水务管理决策和生产方式优化的高增长性、多样化的水务管理信息资产。

智能水务系统如图2-8-8所示。

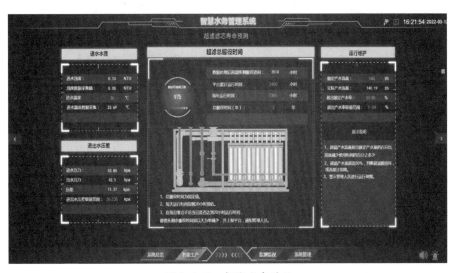

图2-8-8　智能水务系统

泰州电厂依托二期1000MW超超临界二次再热燃煤机组，开展燃煤电厂燃烧后CO_2捕集、利用、封存技术研究，项目采用目前国内最先进、最成熟的醇胺法二氧化碳捕集工

艺，建设50万t/a碳捕集利用（CCUS）示范工程，项目完全由我国自主设计、制造、安装，实现了装备100%国产化，是目前亚洲火电行业规模最大、技术含量最高的CCUS项目，项目建设中自主研发了新一代高容量、低能耗、长寿命吸收剂，创新应用了国内最大出力的离心式二氧化碳压缩机，创新集成了新型填料、高效胺回收、智能控制等技术，较传统工艺降低了10%捕集电耗、较原吸收塔内径降低了烟气阻力10%，具有捕集率和产品纯度高、捕集能耗和脱碳总成本低、运行人员少等显著特点。

该项目充分融入地方经济发展，积极构建区域碳循环绿色经济体系，成功开发焊接制造、食品级干冰、高新机械清洗等用户，将实现捕集二氧化碳的100%消纳利用。在此基础上，国家能源集团联合知名高校、科研院所和高新企业，就实现二氧化碳"深层次、高效率、大循环"使用进行攻关，将进一步贯通从捕集到消纳的二氧化碳全周期链条，积极推动火电行业二氧化碳捕集封存利用由科技示范研究向产业化集群化发展，对促进火电行业绿色低碳高质量发展具有重要现实意义，有效助力"双碳目标"的实现。

二氧化碳捕集封存利用系统（CCUS）如图2-8-9所示。

图2-8-9　二氧化碳捕集封存利用系统（CCUS）

（四）智慧管理层面

建设智慧江苏平台，系统实现对生产运营情况的展示、分析以及对采集数据的深度挖掘、分析，达到及时、准确、全面反映江苏公司安全生产、经营管理现状、存在的问题和发展情况的目的，及时感知企业安全生产、经营管理风险，为江苏公司管理层经营决策提供辅助支持，实现江苏公司安全生产、经营管理的可知、可视、可分析、可追溯、可预测，不断提高公司的生产经营管理水平。

智能安全管理依据安全生产法、企业安全生产标准化基本规范、特种设备安全法、电力安全事故应急处置和调查处理条例等法律法规标准，并通过智能化设备设施如智能门禁、智能监控、人员定位、三维建模、访客一体机、智能图像识别、电子围栏等支撑提升安全管理业务内容，安全风险主动预控，集成 IAM 系统、智能工作台、业务中台等，构建四级安全风险预警模型，全面规范企业安全生产管理及作业流程，构建全流程、规范化、标准化的智慧安全系统，基于电厂的业务模块应用实现上层统计、分析、督办管理、预测预警。

智慧管理平台如图 2-8-10 所示。

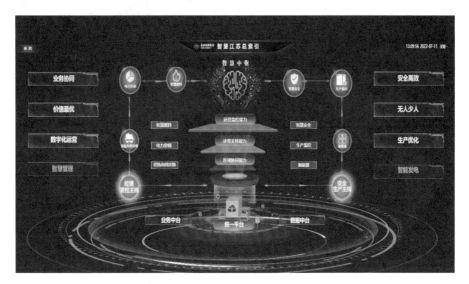

图 2-8-10　智慧管理平台

智慧燃料管理基于泰州电厂在燃料运营方面的先进经验和优秀成果，以协调统一智慧化的燃料管理与智能化的输煤生产运行，构建"计划管理→合同管理→调运管理→入厂管理→煤场管理→入炉管理→结算管理"全要素全流程的燃料运营体系，为燃料领域实现互联互通、高效融合进行全面创新实践提供保障。智慧燃料管理共建设 16 个一级模块、126 个二级模块，主要包括供应商管理、市场分析、计划管理、合同管理、智能调运、接卸管理、验收管理、智慧煤场、煤炭中转管理、掺烧管理、入炉管理、销售管理、结算管理、核算管理、销售管理、统计报表、移动 APP 及系统间的横向集成、纵向贯通。根据长协计划、采购计划，结合 AI 智能算法，自动计算并形成优选调运计划，自动匹配船舶、航线、船期等，以动态图形化界面实现海轮自动调运及分子公司侧协同调运。

智慧燃料管理平台如图 2-8-11 所示。

智能行政管理基于智慧企业工作台实现智慧电站相关系统的统一单点登陆、统一待办提醒、统一数据展示、统一检索查询、统一消息公告，从而提高用户操作的便捷性；同时作为协同办公软件，智能工作台还提供成形的辅助办公模块以及图形化的办公流编辑器。智能工作台的功能主要分为辅助办公及公共服务两个模块。其中，辅助办公已经实现的功

图 2-8-11　智慧燃料管理平台

能包括：公车管理、会议管理、接待管理、培训管理、印刷品管理、劳保用品管理、印章管理、档案管理、办公用品管理、疫情防控管理、内部联系单、证照管理、请假加班管理等功能。公共服务主要包括：知识管理、综合查询、单点登录、门户展示、统一待办、消息推送、移动 APP 应用等功能。

（五）工业互联网层面

采用 5G+MEC 构建泰州电厂 5G 无线网络，建设高速、低时延的通信管道，5G 网络覆盖电厂办公区、主厂房、集控楼、输煤等区域，主要包括 5G 宏站，室分，室内和室外 cpe 等空中传输设备。其中：5G 接入 MEC 2 台、5G 宏站 13 个、室内 5G 室分分布 96 个、高性能 5G 接入网关 120 个。支撑泰州电厂视频、人员定位、巡检机器人等数据的回传通过 5G 网络实现。一张网在承载当前 UWB 定位基站数据采集接入、视频数据传输同时，也为移动布控、现场指挥等业务环境提供了灵活稳定可靠的数据通道。后续还可以为无人机、智能锁、虚拟现实（VR）展示、物联网采集模块等应用场景终端数据接入提供可靠的数据业务扩展能力。5G 中的网络切片和边缘计算，能够使诸多场景中的模型应用在 VR 领域成为现实。

MEC 整体架构如图 2-8-12 所示。

四、建设成效

泰州电厂智能生产方面的建设，大大提高了自动化水平，在精准调节和预警诊断等功能上效果显著，通过智能技术与控制技术的深度融合，将人与生产过程设备紧密结合起来，实现发电生产过程中数据-信息-知识的快速转化和循环交互，有效提升生产过程安全

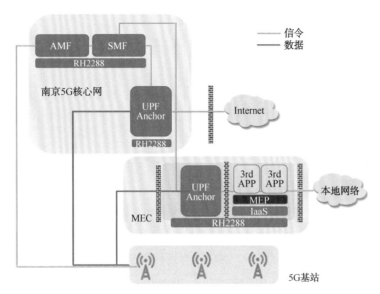

图 2-8-12　MEC 整体架构

性和经济性，推动发电生产过程运行控制模式、效果发生深刻变化，从而促进行业转型发展。同时，通过业务中台和数据中台以及 5G+ 的工业互联网技术的应用，实现增量数据采集、提升数据资产管理水平，融合公司数据生产、数据经营，实现数字化管理，降低巡检强度，提升安全管理水平，优化了生产过程，提高了管理效率，有效提升了电厂人员管理水平，提升了用工安全性。"5G+工业互联网"在泰州电厂智慧企业建设项目中的成果，符合国家关于推动新一代信息技术与制造业的深度融合，是 512 工程的成功示范。在智慧电厂下一步建设中，5G+MEC 边缘计算将赋能更多场景，为智能锁、虚拟现实、工业数据采集等应用场景提供可靠的数据连接。5G 驱动，数据赋能，借助 5G 专网的大带宽、广覆盖、低时延、多业务承载优势，泰州电厂实现了智慧生产、智慧安全。

五、成果产出

（一）总体情况

泰州电厂以习近平新时代中国特色社会主义思想为指导，深入贯彻关于推动数字经济和实体经济融合发展的重要指示精神及国家能源集团总体工作方针，积极推动数字技术与能源产业发展深度融合，强化科技创新与信息安全保障，有效提升能源数字化智能化发展水平。近年来，累计申请发明专利 45 项，授权实用新型专利 51 项、软件著作权 2 项，发表论文 110 余篇。

（二）核心技术装备

（1）适应全煤种的 2000t 国产无人值守螺旋式卸船机；

（2）轮式智能巡检机器人；

（3）轨道式智能巡护机器人；

（4）"5G＋UWB"人员定位系统；

（5）三大风机智能预警与故障诊断系统；

（6）智能盘煤系统；

（7）智能水务系统；

（8）锅炉智能吹灰优化系统；

（9）四管超温预警系统。

（三）成果鉴定

（1）"国家能源集团泰州电厂50万吨/年碳捕集示范工程"，鉴定单位：中国计量科学研究院，鉴定结论：整体技术处于国际领先水平，2023年12月6日；

（2）"1000MW超超临界机组P92钢联箱焊接修复技术研究"，鉴定单位：中国电机工程学会，鉴定结论：成果处于国内领先水平，2011年6月10日。

（四）标准贡献

（1）2024年，泰州电厂，T/CIECCPA 021—2024《烟气脱硝催化剂产品碳足迹量化与评价方法》；

（2）2023年，泰州电厂，T/ACEF 052—2022《燃煤锅炉脱硫废水烟气余热浓缩干燥技术指南》；

（3）2023年，泰州电厂，T/CIECCPA 038—2023《低温电除尘器》；

（4）2023年，泰州电厂，T/CEC 685—2022《锅炉受热面高温纳米陶瓷识别涂层技术规范》。

（五）省部级等重要奖励

（1）2024年，中国电子企业协会，"5G＋UWB人员定位技术在火力发电厂的应用"获2024发电企业数智技术创新典型案例；

（2）2024年，中国电力市场技术协会，"通过北斗组合导航与编码器双重几余定位实现煤码头大型机械智能防撞"获2024年火电燃料五星技术创新成果；

（3）2024年，中国电力市场技术协会，"通过激光扫描仪与编码器定位实现斗轮机无人值守小流量恒流量取料作业"获2024年火电燃料五星技术创新成果；

（4）2023年，工业和信息化部，"国家能源集团泰州发电有限公司5G智慧电厂建设"获2023年度5G工厂；

（5）2023年，中国电力企业联合会，3号机组获2022年度全国发电机组可靠性标杆机组；

（6）2023年，工业和信息化部，"国家能源集团泰州发电有限公司智慧企业工程建设"项目入选2022年工业互联网试点示范名单工厂类试点示范；

（7）2023 年，江苏省，"国家能源集团泰州发电有限公司 5G 智慧企业建设"入选 2023 年度 5G 工厂；

（8）2023 年，中国电力设备管理协会，"基于 5G+工业互联网在电力企业的应用"获 2022 年全国电力行业设备管理创新成果特等项目奖；

（9）2022 年，中国电力企业联合会，"基于 5G+工业互联网电力企业的应用"入选 2022 年电力 5G 应用创新优秀案例；

（10）2021 年，电力技术市场协会，"构建智慧安全主动性防御体系研究及实践"获五星创新成果奖；

（11）2021 年，中国机电工程学会，"二次再热超超临界机组性能深度诊断关键技术研发及应用"获 2021 年度中国电力科学技术进步奖三等奖；

（12）2021 年，国家能源集团，"大型燃煤电站低成本脱硫废水零排放关键技术及应用"获国家能源集团科技进步奖三等奖；

（13）2021 年，江苏省工信厅，"改进型干式排渣机"获省部属企业科技创新成果一等奖；

（14）2020 年，江苏省政府，"高参数大容量二次再热机组运行控制关键技术"获 2019 年度江苏省科学技术进步奖三等奖；

（15）2019 年，江苏省政府，"电站检修平台关键技术研发及应用"获 2018 年度江苏省科学技术进步奖三等奖；

（16）2018 年，国家能源集团，"百万千瓦超超临界二次再热机组关键技术及工程应用"获国家能源集团科技进步一等奖；

（17）2018 年，中国电机工程学会，"百万千瓦超超临界二次再热机组关键技术及工程应用"获中国电力科学技术进步奖一等奖；

（18）2017 年，中国施工管理协会，"江苏国电泰州扩建二次再热示范工程"获 2016—2017 年度国家优质工程金质奖；

（19）2017 年，中国电力建设企业协会，"江苏国电泰州 2x1000MW 二次再热示范工程"获 2017 年度中国电力优质工程奖。

（六）媒体宣传

（1）2021 年，中国工信产业网、人民邮电网、人工智能信息网，泰州电信助建 5G+MEC 智慧电厂标杆；

（2）2021 年，泰州日报，5G+MEC 智慧电厂；

（3）2021 年，创跃科技网、北极星电力新闻网，产业新标杆！国内首个"5G+UWB"智慧电厂人员安全系统建设落地泰州电厂；

（4）2022 年，中国能源新闻网、中国电力新闻网、新浪财经网、火力发电网，国家能

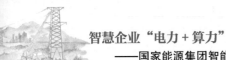

源集团江苏泰州电厂入选中国电力 5G 应用创新案例；

（5）2023 年，搜狐热搜，江苏省大数据中心，国能泰州电厂创成工信部"5G 全连接工厂"；

（6）2023 年，央视新闻、能源局网、科技网、光明网等几十家媒体，亚洲最大 CCUS 项目投运。

六、电站建设经验和推广前景

泰州电厂基于数据中台的 5G 工业互联网平台的智慧企业建设，是充分结合火电企业现状及能源行业挑战所作出的战略抉择，是企业科学管理、转型升级的必然选择。泰州电厂以生产运营管理数字化转型为主线，全面推进技术应用创新、新型基础设施建设、网络安全保障及管理机制优化，实现企业的转型发展和价值创造，引领行业创新。尤其是采用的边缘计算技术部署 MEC 可实现流量本地卸载，降低成本，提升数据安全性，同时可大大降低时延，满足低时延高可靠业务需求。这种技术可以为各类行业涉及物联网应用提供一个可行性探索，功能扩展也大大提升 5G 综合应用服务能力，目前开始在电力、化工、运输、医疗等行业中应用，具有广阔的推广价值。

案例 9　"智慧"元素深度融合的数字化热电厂

(国家能源集团华北电力有限公司廊坊热电厂)

所属子分公司：国电电力

所在地市：河北省廊坊市

建设起始时间：2019 年 3 月

电站智能化评级结果：中级智能电站(四星)

摘要：自 2019 年开展智慧电站建设工作，廊坊热电厂按照国家能源集团和国电电力整体部署，加快推进数智化转型，以建成全过程数字化生产和安全管理全流程数字信息化两大体系为目标，实现生产过程高效化运营、外委队伍信息化监管、作业人员数字化管控和现场作业智能化监护。全厂坚持自主创新的同时，积极引入外部专家力量及投资解决厂内问题，扎实推动廊坊热电厂实现更高水平、更高质量的发展。

关键词：数字化；融合创新；体系建设；智慧管理

一、概述

廊坊热电厂于 2013 年 11 月 20 日在河北廊坊市广阳区成立，公司 2×350MW 供热机组分别于 2016 年 11 月 15 日和 12 月 31 日投产发电。廊坊热电厂大力发展综合能源，积极建设分布式光伏和城市管网，能够满足广泛的电力和热力需求，为廊坊市及周边地区的绿色发展做出了重要贡献。

廊坊热电厂经济运行水平高，2018 年到 2022 年综合供电标准煤耗下降 10.69g/kW·h，按照每年发电量 32 亿 kW·h，可节约燃煤约 8000t，自 2018 年以来 0 非停，设备运行可靠。技术应用创新水平高，自主创新氛围浓厚，"十四五"热电产业数字化首台(套)技术装备，首次在控制系统应用麒麟系列操作系统，相关成果获中国电力科学技术进步二等奖、第六届"绽放杯"5G 应用大赛能源专题赛一等奖、中国电力企业联合会电力创新一等奖、国家能源集团科技进步一等奖。成果转化水平高，该厂基于大数据分析的脱硝喷氨自动化优化 QC 项目有效实现脱销自控控制优化、降低喷氨原料成本、减轻空预器阻塞情况，相关成果已在多家兄弟单位应用，应用成效显著。

廊坊热电厂于 2019 年 3 月开展数字化转型项目建设工作，DCS 采用国产麒麟操作系统，按照国家能源集团数字化转型要求，并结合实际规划设计了"131"建设模式，即"一优化三智能一平台"。以一个大数据优化为牵引；以三个智能管控为支撑，做到智能生产管控、智能安全管控、智能经营管控；综合应用物联网、三维定位、知识图谱等国内领先技术，打通多个工作系统，集成一个工作平台，推动数字化转型升级。智慧化系统优势显著，实现了运营、管理的智慧化、远程化、无人化；系统效益显著，为企业从数字化到智慧化过渡奠定了良好基础。

2023 年 8 月，国家能源集团组织专家组到廊坊热电厂开展"智慧发电企业示范建设"现场验收评级工作，根据综合评审意见，专家组拟推荐评级为中级智能电站(四星)，专家组认为廊坊热电厂较好地完成了国家能源集团交办的智慧发电企业示范建设的任务目标，设备设施先进，人员素质高，理念先进，为国家能源集团未来新能源发展、三改联动、综合能源、创一流等工作做出更大贡献。

廊坊热电厂实景图如图 2-9-1 所示。

图 2-9-1　廊坊热电厂实景图

二、智能电站技术路线

(一)体系架构

廊坊热电厂高度重视智慧企业建设体制机制的建设与职工创新工作。以全过程数字化生产体系及安全生产数字信息化体系为智慧电站建设主路径，成立廊坊热电厂智慧企业领导小组，编制发布智慧企业建设管理规范等制度与《廊坊热电厂科技创新工作实施方案》《"十四五"科技创新专项工作方案》《网络与信息安全三年规划》等多项专项工作方案。设立多个职工创新工作室，其中"朱树健青年创新工作室"被河北省总工会命名为省级示范创新工作室。组织成立国电电力青年创客联盟热控团队，团队成员已达 100 多个，遍布各兄弟单位。在各类创新团队平台推动带领下，厂内职工聚焦厂内重点任务、重大项目的科技攻关，打造创新型科技企业。通过头雁效应引领，构建全员、全过程创新格局，助推火电转型升级高质量发展，坚持点线面结合，将创新工作做真、做实、做活。根据专业性质、单位特色、岗位特点，将优秀提案、金点子汇集起来，实现"靶向"课题攻关。

与华北电力大学、华北电力科学研究院、西安热工研究院等高校及科研院所建立信息共享渠道，了解市场需求，探讨科技成果应用价值，促进科技成果高水平创造和高效率转化。与华为建立 5G 联合创新实验室，共同推进适用于电力行业的通信技术推广商用，示范效应显著。

（二）系统架构

遵循国家能源集团统一规划的总体技术构架，将国家能源集团发展方略深入贯彻整体建设过程，打造以"云大物移智"等先进智能化技术建设为支撑，建立集信息化、数字化、智能化为一体的新一代信息技术管理平台，支撑企业整体运行与管理，帮助提升企业的运营效率，实现企业高效智能化管理。

智慧企业建设系统架构图如图 2-9-2 所示。

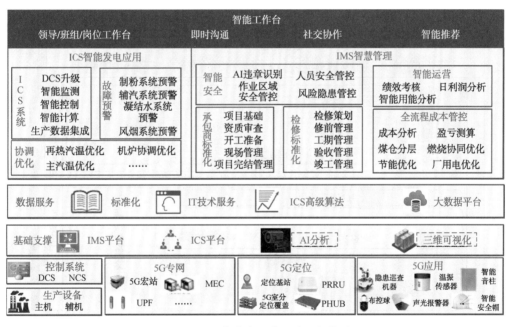

图 2-9-2　智慧企业建设系统架构图

（三）网络架构

廊坊热电厂严格执行国家能源集团相关网络安全与信息化要求，完成国家能源集团互联网统一改造与 IPv6 改造，以信息中心机房为核心，通过路由器、防火墙上联集团，内网由行为管理，利用 IPS 等网络安全设备，确保外网出口安全及内网优化。通过隔离网闸、数据审计等安全措施，实现生成数据不出厂，充分做到数据保护及安全监管。同时，核心机房分别连通了各办公区域、工业监控系统、厂区安防监控系统、门禁等网络设备，为智能电站打下坚实的网络基础。

（四）数据架构

燃煤火电厂智慧企业建设是庞大的智慧系统工程，为保障如此宏大而复杂的智能系统工程，廊坊热电厂建设了 Cloudera's Distribution Including Apache Hadoop（简称 CDH）厂级大数据平台，为数据共享应用提供完备的数据资源、高效分析计算能力及统一的运行环境，整个平台包括数据库、应用、模型、数据接入等服务器。同时配置 kafka 集群及 Redis 集群。为后续深入开展运行优化控制、设备故障预测等应用奠定平台基础。

廊坊热电厂 CDH 厂侧大数据平台是一个具有分布式处理能力的数据框架，目前廊坊热电大数据平台已实现厂侧 8 个业务系统的数据获取与数据价值提升，目前所有实时系统的总数据量大约为：9TB（双备份），实时系统数据总流量约为：664100000 条/天，其中实时数据流量为 9000 条/s 数据的写入量，数据流向大数据平台中，经营、办公等系统历史数据约为 40M/天。

数据架构图如图 2-9-4 所示。

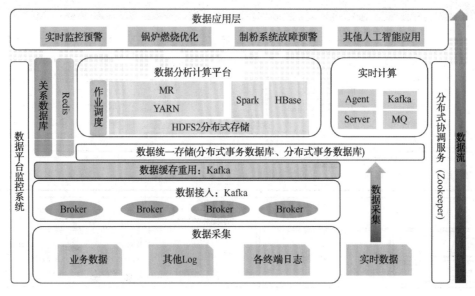

图 2-9-3　数据架构图

三、关键技术创新与建设

（一）网络信息安全

廊坊热电厂严格按照《电力监控系统安全防护规定》，在建设过程中信息系统安全至关重要，按照信息安全监管预警、边界防护、系统保障和数据保护等能力，基于"可管、可控、可知、可信"的总体防护策略，涉及云安全、工业物联网等关键技术。其中，安全区Ⅰ、安全区Ⅱ和安全区Ⅲ之间采用经相关部门认定核准的专用安全隔离设备，达到物理隔离的强度。并部署了 IPS 防火墙、态势感知平台等安全防护设备，达到访问控制策略完备、网络安全边界防护完整，建立了管理信息大区和生产控制大区安全态势感知平台，具备自动防御、检测、响应和预测功能，配备了攻击溯源等一系列高级防护功能，有效防范病毒攻击，进一步增强安全防护能力，确保系统安全稳定运行。具有数据容灾系统。定期开展等级保护测评、网络安全攻防演练和技术监督等工作，保障智慧企业各级系统的安全。

（二）基础设施层面

廊坊热电厂将智能安防采用手机端进行人脸识别，联动授权门禁管理权限下发；视频监控实现全厂全区域覆盖，可靠性和在线率高；采用智能视频识别技术，开发了包括人员行为和设备状态等异常识别的 9 种算法，实现了智能安全管控；建设一张覆盖全厂的生产办公承载网络，基于 5G 结合核心网 UPF 下沉打造一张低时延、高可靠、灵活接入的无线专网；围绕 5G+安全监控、5G+智能巡检机器人推动智慧电厂智能化升级，提升安全生产巡检效率，增强安全生产应急调度能力；同时基于 5G 专网承载厂区移动化办公需求，满足办公及生产数据的传输，提升办公效率和灵活性。

数字化转型智能装备如图 2-9-4 所示。

图 2-9-4 数字化转型智能装备

国内首例5G+北斗的大面积复杂场景融合定位，针对电厂内设备、业务系统对网络的性能指标和安全需求，采用基站专属、UPF下沉、核心网切片的定制化5G网络架构，以及业务和管理云化、控制和调度边缘化的边云协同架构，满足业务数据不出园区、大带宽、低时延等业务需求，实现厂内海量多类设备的并行稳定安全运行。利用5G室内外融合定位能力实现米级定位精度，为全国首例应用5G+北斗的大面积复杂场景融合定位项目。5G定位示意图如图2-9-5所示。

图2-9-5　5G定位示意图

高级应用服务网用于消除高强度数据交互过程对实时控制网络的影响。高级应用服务网独立于实时控制网，采用千兆网结构，专用于数据分析服务器、智能计算服务器、大型实时历史数据库、上位机之间进行大容量分析数据的交互传输，实现控制数据与分析数据的分流。

（三）生产控制层面

针对操作系统、DCS系统双国产化，打造机组级智能化平台ICS，实现生产过程的全方位监测和多种模式信息的泛在感知、可靠传输，以及从测量信号到控制操作的交互转换，从空间和时间两维度研究构建全面丰富的数据资源和可靠的数据基础，为上层智能应用奠定平台基础。同时依托ICS平台研究根据热力学原理及设备、阀门性能曲线构建生产各系统机理模型，与DCS系统实时通信和历史数据库进行交互，构建深度神经网络实时报警模型，第一时间判断出故障点，为运行人员事故处置提供宝贵的时间。

锅炉燃烧优化（图2-9-6），全面协助运行人员实时掌握锅炉燃烧运行状态和异常数据信息，利用AI智能神经网络算法，通过对历史运行数据的离线学习分析找出最优的操作方式，建立火电燃烧的仿真模型，主要对汽水、风烟、磨煤机、二次风系统 50 余控制量进行优化控制，达到节能减排，提高工作效率，降低劳动强度的目标。

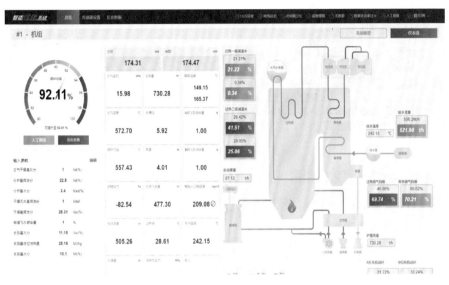

图 2-9-6 锅炉燃烧优化

基于数理与机理结合的方式建立智能分析模型，全面判断各设备的运行工况，一、二类故障全覆盖。通过数据挖掘算法建立分析模型，挖掘数据间的关联关系、故障诊断知识和规则，预测设备的未来状态、劣化趋势，预测设备的安全性和经济性等，实现设备的故障预警及辅助诊断，改变以往设备故障处理模式由事后检修向事前预警转变，有效防止设备发生重大缺陷，降低检修维修成本，延长系统设备使用寿命。

机组协调及汽温优化控制，ICS 系统应用不改变 DCS 系统的原有控制功能，通过操作运行画面上的投/切按钮，运行人员可以自由选择闭环控制系统是受控于 ICS 系统或者原 DCS 系统，ICS 系统和原 DCS 系统实现无扰切换。

多种软、硬件技术手段，保证 ICS 系统与机组 DCS 系统的可靠协作，在发生通信故障、ICS 系统故障、I/O 信号故障、跟踪故障等异常时 ICS 系统立即交出控制权，无扰切换至原 DCS 控制系统，机组可平稳过渡到原 DCS 控制的合理运行方式下。

协调优化如图 2-9-7 所示。

（四）智慧管理层面

构建了"131"智能电站建设模式：以一个人工智能优化为牵引，以三个智能管控为支撑，集成一个工作平台，从而有效支撑了企业安全生产运营管理。建设了便捷的智能工作平台，实现了本地自建系统的集成，实现了单点登录和按岗定制；建成 58 个本地化移动应用，涵盖生产、经营、管理等方方面面，作为 ICE 的补充，提供便捷化的移动办公服务。围绕设备、运行主线，以减轻劳动强度（少/替人），提高作业能力（辅助人）为抓手，

协调优化控制界面

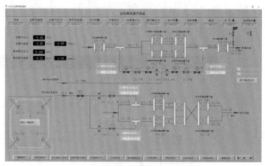
汽温优化控制界面

图 2-9-7 协调优化

利用智能视频、物联网、知识图谱、人员定位等技术，有效提升人员工作质量，减少人工巡检次数，提高运行、设备工作的效率，使有限的人力资源产生更高的管控效益。围绕两票三制等运行管理制度进行清单化、规范化、高效化建设，规范运行日常管理，提高运行管理效率。智慧安全管控包含外委安全管理、AI 识别管理、风险隐患巡查系统等。对于外委队伍管理，通过标准化、信息化(任务推送、任务下达、逾期考核等信息化手段)并结合人员定位、AI 识别、电子围栏、临时 5G 布控球等技术手段，实现生产区域人员习惯性违章自动识别，及时提醒管理人员第一时间监督整改；与业务系统集成实现设备常见异常报警，24h 无间断监控等功能集成，进行无死角管理。结合安全管控应用(违章识别、消防报警、电子围栏)实现火灾、烟雾、违章等报警信息的自动识别并推送，重点区域结合声光报警器可以及时提醒在场人员，通过摄像头＋音柱可对现场人员下达指令，便于及时处理事故。智慧安全应急联动如图 2-9-8 所示。

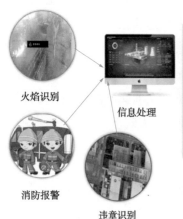
火焰识别

信息处理

消防报警

违章识别

信息推送值长台、相关人员

重点区域
声光报警、远程对讲

图 2-9-8 智慧安全应急联动

研发隐患排查管理系统，责任到岗到人、系统管人、提高效率，全方面实现风险管控"风口前移"。多种排查方式，赋能员工、全员参与。隐患随时发现，及时取证，隐患排查有理有据。隐患排查治理闭环流程，工作推送到人，实现痕迹化管理。

综合发电成本的智慧运行及经营一体化管理，火电厂在进行运行成本评价时，最开始为单一"锅炉效率"最优，然后过渡到"（锅炉效率+NO$_x$排放）综合"最优，现在为"综合发电成本"最优。综合发电成本包括电厂燃煤成本、大宗材料成本、厂用电成本、经营成本的度电分摊等。成本管控示意图如图 2-9-9 所示。

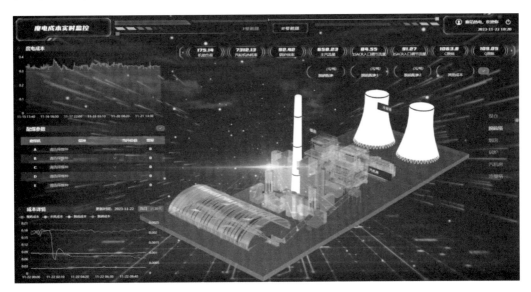

图 2-9-9　成本管控示意图

（五）保障体系层面

主动解决信创、自主可控等"卡脖子"问题，数据库、服务器、交换机、路由器等均采用国产系统与设备。通过引入高效的超融合系统、IPS 安全等系统，不仅在生产经营过程中获了极大的效益，而且在网络安全保障方面迈出了坚实的步伐。这一系列的举措不仅体现了廊坊热电厂对于网络安全的高度重视，也为其他智慧电站在系统网络安全防护方面树立了标杆。

四、建设成效

廊坊热电厂根据多年来的智慧电厂建设经验，创造性地设计并运行了四大前沿应用，对国内其他电厂智慧企业规划设计起到了良好的带头示范作用。建设首例火电厂应用 5G+北斗大面积复杂场景融合定位技术，能够实时监控厂区作业人员动向，提高生产作业现场安全管控能力；首次提出"度电实时成本"指标，建立"企业盈亏平衡点测算"模型，使电厂管理者清楚地了解本厂机组的盈利能力，为今后更加市场化电量的竞争提供决策、报价依据；建设承包商、检修智能标准化平台，结合人员定位、电子围栏、AI 识别、5G 等技术，实现了外包工程的全过程规范管理，过滤承包商带来的安全风险；对故障的超前预警和精准分析，减轻了运行人员工作强度，提高了事故处理效率。廊坊热电厂较好地完成了国家能源集团交办的智能示范电站建设任务，于 2023 年 8 月 5 日通过国家能源集团智能示范电站验评，验评结果为中级智能电站(四星)。

五、成果产出

(一) 总体情况

在智慧企业建设的 5 年中，廊坊热电厂通过引入先进的信息化、智能化技术，优化电厂运营管理，提高能源利用效率，降低运营成本，保障能源安全，促进节能减排，提升市场竞争力，推动智能制造发展等方面发挥着重要作用。截至目前，廊坊热电厂累计申请发明专利 9 项，授权实用新型专利 32 项，发表论文 40 余篇，获成果奖励 20 余项。

(二) 核心技术装备

(1) 基于数据与机理融合的工艺系统故障预警；

(2) 机组协调优化及汽温优化控制；

(3) 基于 5G 网络的智能隐患巡查机器人；

(4) 基于大数据的标准化外包队伍管理；

(5) 基于 AI 的智能生产监视系统；

(6) 基于综合大数据的智能工作台、绩效考核管理、报表应用管理；

(7) 5G 专网建设及应用。

(三) 成果鉴定

"火电企业智能生产运营管理模式研究与应用"，鉴定单位：中国节能协会热电产业委员会，鉴定结论："十四五"热电产业数字化首台(套)技术装备，2023 年 3 月。

(四) 省部级等重要奖励

(1) 2023 年，中国节能协会热电产业委员会，"火电企业智能生产运营管理模式研究与应用"获"十四五"热电产业节能减排技术创新奖一等奖；

(2) 2020 年，中国设备管理协会，"创建火电厂智能管控平台，探索火电企业智慧建设新模式"获第四届全国设备管理与技术创新成果二等奖；

(3) 2021 年，中国电机工程学会，"燃煤电厂智慧管控系统(IMS)研发与应用"获 2021 年度中国电力科学技术进步奖三等奖；

(4) 2023 年，工业和信息化部信息通信发展司，"5G 精准定位为热电厂安全运营保驾护航"获第六届"绽放杯"5G 应用征集大赛优秀奖。

(五) 媒体宣传

2020 年，电力圈，《数字化电厂的又一典范，国家能源廊坊热电》。

六、电站建设经验和推广前景

廊坊热电厂已实现企业信息网络、数据中心、数据交换、应用集成等构成一体化信息集成平台，企业信息达到高度共享，提升了企业整体效率。采用全过程数字化生产、5G网络、大数据、云计算、三维可视化技术，支撑企业的管理创新、工业化与信息化的融合，实现更高效的科学决策。建设经验如下：

（1）基于人工智能算法指导优化控制，辅助机组节能减排。锅炉燃烧优化，利用人工智能技术建立锅炉燃烧智能优化模型，提高锅炉燃烧效率，降低能耗及氮氧化物排放，确保运行人员的精准、统一、高水平操作。故障预警，能够实现对系统异常的超前预警和精准分析，有效防止设备发生重大缺陷，提高人员故障处理能力。

（2）基于智能技术支撑的智能生产管理。围绕"两票三制""设备停复役"，以减轻劳动强度（少/替人）、提高作业能力（辅助人）为抓手，利用智能视频分析、物联网、知识图谱、三维可视、人员定位等技术，有效提升检修人员检修质量，使有限的人力资源产生更高的管控效益，实现减员增效；构建国内领先的知识图谱体系，基于历史数据分析自动提示缺陷原因、维修措施等解决方案，有效提升了对缺陷故障的分析、处理能力，提高了设备检修工作效能，同时降低了对人员专业的能力要求。

（3）构建人防、技防于一体的主动安全管理体系。以安全生产为主线，以本质安全管理体系为核心，规范企业生产管理流程和员工作业行为，面向设备、作业、人员、环境，利用人员定位、智能图像识别、智能门禁等技术，建立安全"管、控"闭环机制，实现主动安全管控。辅助构建本质安全管理体系，以安健环部8个管理提升专题为核心，梳理管理流程建立业务轨道，理清各类标准规范，设计控制节点，并固化至信息系统中，建立管控机制，使制度深入到工作执行中，而不是停留在纸面上；构建了可视化安防联动体系，将三维可视化系统、视频监控系统、智能门禁系统、人员定位系统、物联网系统、视频分析系统、出入口管理系统等系统整合联动，信息共享、互联互通，实现安全一体化风险感知与可视化防控、联动，能看、能控、能查；同时利用视频分析技术对现场违章行为实时监控报警，针对不同现场环境布置视频监控点，通过图像识别技术对监控对象的安全穿戴识别、区域边界防控进行实时分析，对异常情况主动报警。

（4）便捷高效的智慧经营管理。通过应用智能分析、社交化、知识图谱等技术，实现指标分析、资源管理和办公智能化管理；办公方面实现了辅助办公、新闻资讯、教育培训、知识管理、党建、档案等智能化，完成了核心业务流程线上化、移动化办公，提高日常事务处理的工作流转效率，建立了在线教育培训平台，为各部门、专业共享提供便捷的培训、学习、考试服务。

自2019年开展智慧电站建设工作，廊坊热电厂按照国家能源集团和国电电力整体部

署，加快推进数智化转型。以建成全过程数字化生产和安全管理全流程数字信息化两大体系为目标，实现生产过程高效化运营、外委队伍信息化监管、作业人员数字化管控和现场作业智能化监护。全厂坚持自主创新的同时，积极引入外部专家力量及投资解决厂内问题，扎实推动廊坊热电厂实现更高水平、更高质量的发展。廊坊热电厂将继续以党的二十大精神为统领，努力践行"社会主义是干出来的"伟大号召，深入贯彻落实国家能源集团"41663"总体工作方针，积极打造廊坊综合能源基地，为建设成为世界一流示范企业努力奋斗。

案例 10　基于 5G+智能巡检的智慧示范电站

（国能寿光发电有限责任公司）

所属子分公司：国家能源集团山东电力有限公司
所在地市：山东省潍坊市寿光市
建设起始时间：2014 年 12 月
电站智能化评级结果：中级智能电站（四星）

摘要：国能寿光发电有限责任公司（简称寿光公司）充分发挥智慧电厂建设在创建世界一流企业中的支撑和引领作用，不断强化企业创新主体意识，持续加强科技投入，着力抓好关键核心技术攻关，技术创新能力稳步提升。公司围绕"主动安全、互联互通、集约协同、节能降耗、提质增效"的主线，以人工智能、大数据、物联网等现代数字化技术和 5G 通信技术为基础，打造生产运营一体化系统。公司以"横向到边、纵向到底、数据集中、二级管控、三级应用"的思路进行智慧电厂建设，优化为主、实用为先，切实解决生产经营及管理实际问题，全面支撑生产与经营管理工作的安全高效运作，实现寿光公司更加安全、高效、清洁、低碳、灵活的生产经营目标。

关键词：人工智能；5G+；智能巡检；控制优化

一、概述

国能寿光发电有限责任公司位于山东省寿光市羊口镇先进制造业园区，于 2009 年 10 月注册成立。公司规划装机容量 4×1000MW，一期工程项目依托"黄大"铁路，通过"上大压小"方式建设 2×1000MW 国产超超临界燃煤发电机组，2014 年 8 月经国家发改委核准投资建设，两台机组于 2016 年投产发电。

寿光公司自基建开始，坚持以"智慧寿光"为目标，智慧化建设始终遵循国家能源集团"六统一、大集中"的管控原则，不断探索，分总体规划、顶层设计、分步实施三步走，将先进信息技术、传统工业技术和现代企业管理技术深度融合并综合应用，以数据分析、人工智能和 5G 为技术手段，全面构建智能生产、智能管理运作体系，确保系统建设兼顾了电厂各个阶段、各个业务的需要。寿光公司陆续完成了基于电网考核指标的智能协调控制系统、智能巡检系统关键技术研究与应用、国能 5G 专区、安全生产管理平台、锅炉集箱检查清理机器人等六十余项科技创新项目建设，向具有"自分析、自诊断、自管理、自学习、自适应、自提升"为特征的智能电站不断迈进。

寿光公司始终认真贯彻国家能源集团发展战略，充分发挥科技创新的积极作用，共获各类科技奖项 51 项，获专利授权 35 项，8 项科技成果通过权威专业机构鉴定，2023 年高标准通过国家能源集团首批智慧发电企业示范建设验收。

国能寿光发电有限责任公司全景图如图 2-10-1 所示。

图 2-10-1　国能寿光发电有限责任公司全景图

二、智能电站技术路线

(一) 体系架构

寿光公司高度重视智慧企业建设，成立了由党委书记任组长的建设领导小组，全面领导和指挥公司智慧发电企业建设相关工作，统筹协调建设中的重大问题。领导小组下设办公室，负责落实智慧发电企业建设中各项目的具体实施，推动科技创新成果转化和推广。

寿光公司编制发布智慧企业建设相关管理规范等制度，制定《智慧发电企业建设总体规划方案》，按照规划推动智慧电厂建设。智慧电厂建设过程中注重推动新设备、新材料、新工艺、新技术的应用，引领、带动职工不断提升创新能力，推动培养企业发展急需的技术技能人才队伍，为建设具有全球竞争力的世界一流能源集团提供人才保障和技能支撑。公司共设立 4 个职工创新工作室，围绕企业生产经营活动中的重点难点问题和工艺技术难题，开展技术攻关、管理创新、发明创造等活动，弘扬工匠精神，发挥工匠人才的专长。

寿光公司积极探索研究当前科技创新前沿技术，更好地为科技创新提供信息资源。不断加强与国内知名高校、科研院所、科技公司合作，建立良好合作关系，共同开展科技项目研究，不断提高智慧电厂建设水平。

（二）系统架构

寿光公司智慧电厂建设采用云边结合思路，集团统一建设应用为"云侧"，寿光公司自主建设部分为"边缘侧"。系统架构包括基础设施及智能装备建设、智能发电平台和智慧管理平台三个模块（图2-10-2），其中智慧管理的共性业务应按照国家能源集团"六统一、大集中"（统一规划、统一标准、统一投资、统一建设、统一管理、统一运维、业务系统和技术平台集中部署）的管控原则进行建设，集团统建系统、省公司一体化系统已建设内容，寿光公司不重复建设，重点部署智能控制、智能设备层应用。

图2-10-2　智慧电厂建设系统架构

基础设施及智能装备主要包括全厂网络、视频系统、智能化的检测仪表、检测设备、智能机器人、智能穿戴、执行机构等，是智能电站智能化管控体系的底层构成，实现了对生产过程状态的测量、数据上传以及从控制信号到控制操作的转换，并具备信息自举、状态自评估、故障诊断等功能。

智能发电平台建立在基础设施和智能装备层的基础上，对火力发电厂的生产及辅助装置实施控制、优化和诊断。在分散控制系统基础上，通过智能技术与先进控制技术相集成，实现智能电站生产运行的智能监控。

智慧管理平台以数据为核心，运用算法工具、软件开发工具、报表工具、数据资源为基础支撑，建设覆盖电厂安全、运行、维护、经营、燃料、党建、人力、行政管理等业务的管理体系，最大程度实现生产经营管理无纸化办公，提升了智慧化管理水平。

（三）网络架构

寿光公司办公网络采用两层架构组网，包括核心层和接入层，核心层采用两台核心华为S12708交换机，使用CSS堆叠技术实现两台交换机虚拟为一台交换机，提高了核心设备冗余及管理效率，数据量较大的接入交换机采用链路聚合方式和核心交换机互连，进一步提升网络带宽和线路冗余。寿光公司严格执行国家能源集团相关网络安全与信息化要求，完成国家能源集团互联网 IPv6 改造，实现 IPV6 业务系统的访问。依据寿光公司火电智慧企业建设体系架构，建设 5G 专网，通过网络安全网关接入公司办公网，利用基于 5G 专网大带宽、低延时、抗干扰的优势与特性，实现各类智能化设备、智能化应用的承载与应用。

(四) 数据架构

寿光公司数据存储采用 IPSAN 架构，将业务数据和存储数据实现业务分离，进一步提升数据存储效率，配置 20 块 600GB 2.5 寸 10000rpm SAS 磁盘，可以很好满足业务需要，前四块 SAS 磁盘为数据保险箱盘，余下 16 块，对核心数据库系统提供高性能 SAS 盘，并做 RAID10，对其他业务系统提供高性能 SAS 盘，并做 RAID5。数据备份方案中，采用爱数 VX1200 备份一体机，内置 Anybackup 备份软件，实现 PI、小指标、性能计算、OA、档案等诸多系统的整体保护，无论是操作系统、数据库还是文件系统，均可纳入保护范围内，避免数据丢失或逻辑错误。

三、关键技术创新与建设

(一) 网络与信息安全

随着燃煤发电厂数字转型的需求不断深化，物联网、无线网络、有线网等多网合一，燃煤火电厂对网络的安全重要性也逐年增加。寿光公司不断完善网络与信息安全防御体系，成立了网络安全管理小组，发布了网络安全等相关管理制度，网络边界防范采用防火墙和网闸，网络内部监测采用入侵检测和安全态势感知平台，计算环境安全采用集团版360、系统加固方式，管理采用安全管理中心实现多设备多技术相结合的方式确保公司网络安全。网络风险态势监控如图 2-10-3 所示。

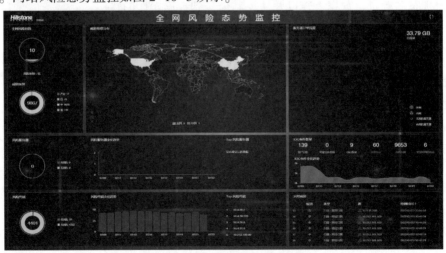

图 2-10-3　网络风险态势监控

（二）基础设施层面

基础设施是构建智慧企业的重要基础，寿光公司重点进行智能巡检系统、智能机器人、无人机开发和智能装备建设，推动基于人工智能的基础装备状态识别、可靠性评估及故障诊断技术发展。

1. 智能巡检系统的研究与应用

针对火电厂煤场自燃监控、智能消防、机器人巡检等需求，应用大数据分析、人工智能技术与三维建模技术，研发了一套发电厂智能巡检系统，具有良好的社会经济效益和推广应用前景。智能巡检系统三维建模显示如图 2-10-4 所示。项目成果的主要关键技术创新包括：

图 2-10-4　智能巡检系统三维建模显示

（1）开发了电厂智能巡检 AI 算法训练功能软件，缩短了智能识别算法训练的时间周期，提升了人工智能算法应用快速性。电厂技术人员通过图形化界面，经数据标注、算法训练、应用部署等过程，训练完成适配电厂场景的视频 AI 算法模型，并快速部署到边缘智能监控摄像机或智能分析服务器中，实现了应用落地。平台实现的算法具体包括表计识别、输煤区皮带运行异常（跑偏、撕裂、堵煤）识别、跑冒滴漏识别。

输煤皮带撕裂智能检测装置如图 2-10-5 所示，汽机房智能巡检机器人如图 2-10-6 所示。

（2）将智能巡检数据与电厂 SIS 系统有机融合，实现了巡检数据 AR 可视化，增强了系统的直观性和有效性。开发了在线精准测温和烟雾识别功能，实现了视频监测与消防报警的联动和火情智能分析监测。

（3）基于热成像测温、图像识别和多维数据分析技术，挖掘煤堆自燃与煤堆表层温度、煤挥发分、气象等因素的潜在规律，集成多种 AIoT 智能设备加 AI 分析系统，对异常情况及时报警，实现了煤场区域全范围、全场景、全天候的智能巡检。

智能巡检系统 AR 实景地图如图 2-10-7 所示。

图 2-10-5　输煤皮带撕裂智能检测装置

图 2-10-6　汽机房智能巡检机器人

图 2-10-7　智能巡检系统 AR 实景地图

2. 锅炉集箱清理检查机器人的研究与应用

针对目前火电厂锅炉集箱检查和异物清理工作中存在空间布局复杂、环境恶劣、普通的巡检机器人无法完成等行业痛点，寿光公司研发设计了一套火电厂锅炉集箱检查清理机器人(图 2-10-8)及其智能控制系统，主要关键技术创新包括：

图 2-10-8　锅炉集箱检查清理机器人

（1）研制了一款具有体积微型化、控制精准化、探测模型化的锅炉集箱检查清理机器人，实现了集箱视觉检查、异物自动判定、自动抓取、自动存储等检修运维作业。

（2）建立了一套小型机器人在锅炉集箱环境中运行时的信号抗干扰系统，解决了传统信号传输系统的数据丢失的问题，提高了控制信号传输的鲁棒性。

（3）基于深度学习视觉算法建立了锅炉集箱异物模型，开发了机器人智能识别系统，提高了机器人在锅炉集箱中识别异物的能力。

3. 智能巡线无人机的研究与应用

使用无人机航测技术对羊口镇供热管网进行定期巡检，通过 AI 识别，将管网运行状况实时上传到智能监管系统。智能无人机将图传、RTK、气象站、监控等一体化集成，无论严寒酷暑皆可 7×24h 无人值守作业。无人机搭载可见光与热成像模块，可进行热源搜索。当对管线巡检进行查漏时，如出现异常热源，可见光支持 200 倍放大，可对管线细节进行观察。

智能巡线无人机如图 2-10-9 所示，智能无人机巡线画面如图 2-10-10 所示。

图 2-10-9　智能巡线无人机

图 2-10-10　智能无人机巡线画面

（三）生产控制层面

通过智能技术与控制技术的深度融合，将人与生产过程设备紧密结合起来，实现发电生产过程中数据-信息-知识的快速转化和循环交互，推动生产运行控制模式发生深刻变化。

（1）寿光公司实现全厂DCS系统一体化控制，仅设置一个集控室，覆盖汽机、锅炉、电气、除灰、脱硫、脱硝、化学、输煤等各主辅系统。同步实现机组一键启动功能（APS），简化了运行人员操作流程，避免了人为操作失误，提高了机组的安全可靠性。主辅DCS一体化集控室如图2-10-11所示。

图2-10-11　主辅DCS一体化集控室

（2）外围区域"无人值班、少人值守"建设。寿光公司积极实施智能巡检、堆取料机无人值守、中水及地表水泵房无人值守、淡海水取水泵房无人值守等多项智能化项目，将人从重复、简单劳动中解放出来。例如圆形煤场堆取料机无人值守升级后实现就地无人值守，远程一键式集中控制。系统包括煤场三维扫描及成像系统、3D堆场展示系统、堆取料机防撞系统、堆取料机图像监控系统等内容，可实现全自动控制。

堆取料机无人值守画面如图2-10-12所示。

图2-10-12　堆取料机无人值守画面

（3）基于电网考核指标的 1000MW 机组智能协调控制系统研究及应用。寿光公司以大量现场数据仿真建模试验为基础，对机组特性精确建模，寻求符合机组特性的最佳控制方案并实施。主要关键技术创新包括：

① 提出了基于电网考核性能指标下的最优预测控制技术，将电网 AGC-R 模式下的 K1、K2、K3、KP 等性能考核指标的计算方法，融入预测控制算法中的最优二次型指标，实现了超超临界百万机组 AGC-R 运行模式下的协调控制。

② 提出了一种基于屏式过热器出口温度测点的逆向整体温度控制策略，将燃水比控制对象由汽水分离器壁温转移到屏式过热器出口温度测点，解决了超超临界机组锅炉常规中间点温度波动幅度大的问题。

③ 提出了一种智能融合的脱硝控制策略，解决了机组大范围变负荷工况下的超低排放与氨逃逸问题。

（四）智慧管理层面

寿光公司依托集团统建系统，建设覆盖电厂安全、运行、维护、经营、党建、人力、行政管理等业务的智慧管理体系，自主开发了安全生产管理平台(图2-10-13)、供热管网智能管理平台(图2-10-14)等多个智慧系统，提升了智能化管理水平。

图 2-10-13　安全生产管理平台

1. 安全生产管理平台

该平台实现电厂生产安全核心业务数字化的全覆盖，保证各项工作有章可循，减少管理真空，强调工作流程的自动闭环管理，发挥 1+1 远大于 2 的管理成效。安全生产管理平台核心建设包括：

（1）智慧检修维护引擎：包括计划检修管理、设备维护管理。

智慧企业"电力+算力"
——国家能源集团智能发电企业示范建设实践

图 2-10-14　供热管网智能管理平台

（2）智慧生产技术引擎：包括隐患管理、节能可靠性管理、防磨防爆管理、生产项目管理、两措管理、季节性工作管理。

（3）智慧运行引擎：包括生产调度管理、运行管理、报表管理。

（4）智慧安全管理数字引擎：包括风险管理、生态环保管理。

（5）综合管理数字引擎：包括制度管理、组织机构管理、培训管理、会议管理、网络信息管理、科技管理、合同管理、费用管理、通用审批。

2. 供热管网智能管理平台

通过搭建数据平台，接入供热管网用户侧的温度、压力、流量等生产管理、计费和统计报表数据，并将摄像头视频信号与无人机巡航信号纳入供热管网智能管理平台系统，利用电子地图三维可视化方式显示就地设备的运行状态，建立起基于地理位置的热力管网监测、分析和预警机制，使巡检数据和工作任务实时上传下达。在平台上针对主要设备及管网搭建监测、巡检等场景的数字孪生应用，实现全生命周期管理。

（五）5G 工业互联网建设

寿光公司已完成 5G 专网建设，结合电厂业务特性，采用 5G 电力切片技术，持续开发 5G+生产控制、5G+智能运维、5G+安全应急等方面的应用，实现基于 5G 专网的图像识别、定位、设备监测、展示管理、大数据分析等功能，对人员不安全行为、高风险作业、重大危险源、设备异常状态等进行管控，实现生产业务流程的数字化转型升级。

基于 5G 专网的智能应用如图 2-10-15 所示。

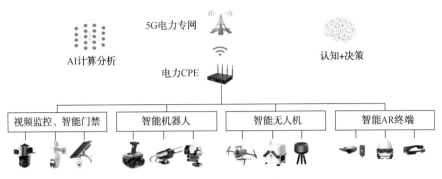

图 2-10-15 基于 5G 专网的智能应用

四、建设成效

（1）促进减人增效

寿光公司积极开展"无人值班、少人值守"建设，完成了智能巡检、圆形煤场堆取料机无人值守、中水及地表水泵房无人值守、淡海水取水泵房无人值守等多项智能化项目实施，提高了设备运行的安全可靠性，将人从重复、简单劳动中解放出来，减少了人工成本，提升了运行控制智能化水平。减员情况如下：

序号	项目内容	岗位	原人数	现人数	减少人数
1	智能巡检系统	输煤系统巡检	15	10	5
2	圆形煤场堆取料机无人值守	堆取料机司机	10	5	5
3	中水及地表水泵房无人值守	泵房值班员	4	0	4
4	淡海水取水泵房无人值守	泵房值班员	3	0	3
合计			32	15	17

（2）提升管理效率

智慧管理平台对传统管理业务进行全方位、全链条的数字化升级，对安全生产核心业务进行数字化的全面覆盖，具备管理业务之间的联动、互通、共享的功能，实现从任务的自动推送到数据自动汇总的管理闭环，保证各项工作有章可循，减少管理真空，整体降低工作强度、提高工作效率，充分释放管理动能。

（3）安全经济成效显著提升

通过智慧企业建设和科技成果的实践应用，提高生产效率，及时提前发现多项设备缺陷和隐患，避免了生产事故发生，避免了经济损失，保障了生产设备安全可靠运行，例如通过建设 1000MW 机组智能协调控制系统，寿光公司累计调峰调频收入增加已超过千万元。

五、成果产出

（一）总体情况

寿光公司共获各类科技奖项 60 余项，其中省部级奖励 9 项。授权发明专利 5 项、实用新型专利 33 项、软件著作权 3 项，8 项科技成果通过权威专业机构鉴定，达到国际先进或领先水平。近年来，寿光公司承担集团级科技项目 2 项，山东公司级科技项目 14 项，2023 年高标准通过国家能源集团首批智慧发电企业示范建设验收。同时，寿光公司积极开展科普活动，彰显企业社会责任，2022 年获中国电机工程学会科普教育基地称号。

（二）核心技术装备

（1）基于图像分析的智能巡检系统；

（2）基于电网考核指标的 1000MW 机组智能协调控制系统；

（3）安全生产管理平台；

（4）火电厂锅炉集箱检查清理机器人。

（三）成果鉴定

（1）"火电厂锅炉集箱检查清理机器人研究与应用"，鉴定单位：中国电力企业联合会，鉴定结论：整体技术达到国际领先水平，2023 年 11 月 17 日；

（2）"发电站智能巡检系统"，鉴定单位：中国电机工程学会，鉴定结论：整体技术达到国际先进水平，2022 年 9 月 7 日；

（3）"基于在线建模的燃煤机组智能脱硝技术研究与应用"，鉴定单位：中国电机工程学会，鉴定结论：整体技术达到国际先进水平，部分达到国际领先水平，2021 年 6 月 10 日；

（4）"大型燃煤电站烟气多污染物低能耗深度减排关键技术研究与应用"，鉴定单位：中国电机工程学会，鉴定结论：整体技术达到国际先进水平，其中烟气多污染物低能耗深度减排技术居国际领先水平，2019 年 12 月 20 日；

（5）"基于电网考核指标的 1000MW 机组智能协调控制系统研究与应用"，鉴定单位：中国电机工程学会，鉴定结论：整体技术达到国际先进水平，2019 年 3 月 14 日；

（6）"基于运行数据的 1000MW 燃煤机组动态性能分析与应用研究"，鉴定单位：中国电机工程学会，鉴定结论：整体技术达到国际先进水平，2019 年 3 月 14 日；

（7）"1000MW 机组整体框架弹簧隔振汽轮发电机基座技术研究与工程示范"，鉴定单位：中国电机工程学会，鉴定结论：整体技术达到国内领先、国际先进水平，2018 年 1 月 17 日；

（8）"1000MW 机组海水高位收水冷却塔国产化研究与工程实践"，鉴定单位：中国电机工程学会，鉴定结论：整体技术达到国际先进水平，2018 年 1 月 17 日。

（四）标准贡献

2020 年，寿光公司，T/CSEE 0146-2020《高位收水冷却塔设计规程》。

（五）省部级等重要奖励

（1）2022 年，中国电力企业联合会，"超超临界机组 Super304H 焊接接头晶间腐蚀防治关键技术研究与应用"获中国电力企业联合会电力创新奖二等奖。

（2）2021 年，中国电机工程学会，"基于在线建模的燃煤机组智能脱硝技术研究应用"获中国电机工程学会中国电力科学技术进步奖三等奖；

（3）2019 年，中国电力企业联合会，"1000MW 机组基于山东电网 AGC-R 模式下深度调峰的研究与应用"获中国电力企业联合会电力创新奖三等奖；

（4）2019 年，国家能源集团，"基于运行数据的 1000MW 燃煤机组动态性能分析与应用研究"获国家能源集团科技进步奖三等奖；

（5）2019 年，国家能源集团，"基于电网考核指标的 1000MW 机组智能协调控制系统研究与应用"获国家能源集团科技进步奖二等奖；

（6）2018 年，中国电机工程学会、中国电力企业联合会，"1000MW 机组整体框架弹簧隔振汽轮发电机基座技术研究与工程示范"获中国电机工程学会中国电力科学技术进步奖三等奖、中国电力企业联合会电力创新奖二等奖；

（7）2018 年，中国电机工程学会、中国电力企业联合会，"1000MW 机组海水高位收水冷却塔国产化研究与工程实践"获中国电机工程学会中国电力科学技术进步奖二等奖、中国电力企业联合会电力创新奖二等奖；

（8）2018 年，国家能源集团，"1000MW 机组整体框架弹簧隔振汽轮发电机基座技术研究与工程示范"获国家能源集团科技进步奖一等奖。

（六）媒体宣传

（1）2023 年，中国煤炭报，国家能源寿光电厂实现智能巡检；

（2）2023 年，人民日报山东频道，堵煤洒煤可以"算"出来，看海康威视如何助力寿光电厂智慧巡检；

（3）2023 年，中国电力报，海康威视助力国能寿光电厂实现智能巡检数字化升级。

六、电站建设经验和推广前景

寿光公司积极贯彻落实国家能源集团数字化智能化转型行动要求，全面推动平台化发展、数字化运营、智能化生产。寿光公司在电站智能化建设过程中取得了一些成效和经验，具备良好的推广应用前景。基于图像识别的智能巡检系统实现了传统人工巡检到智能化巡检的转变，具备向其他各类发电厂推广的价值。锅炉集箱检查清理机器人在锅炉防磨防爆方面能够发挥重要作用，同时适合在输煤管道巡检、输油管道巡检、海底管道巡检、

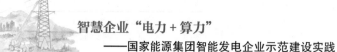

城市管廊巡检等场合应用。1000MW 机组智能协调控制系统研究项目有利于提高机组的协调控制的调节品质，对同型电厂的优化实施都具有较强参考经验。安全生产管理平台是电厂安全生产业务信息化、智能化平台，具有可复制、可推广的特点，对其他电厂业务管理流程具有重要的参考意义。

　　展望未来，寿光公司将全面贯彻党的二十大精神，深入落实国家能源集团"136"发展战略，围绕"高质量发展"主题，将智慧电厂建设作为创新驱动力，有效提升企业内部管理水平与外部环境自适应能力，积极提升企业核心竞争力和可持续发展水平，努力争创世界一流示范企业。

案例 11 国内首台基于
全国产智能控制系统的智能电站

[国电建投内蒙古能源有限公司(布连电厂)]

所属子分公司：国电电力

所在地市：内蒙古自治区鄂尔多斯市

建设起始时间：2020 年 1 月

电站智能化评级结果：中级智能电站(四星)

摘要：布连电厂坚持以《国家能源集团数字化转型行动计划》为引领，以国电电力《数字化转型行动方案》为指导，以集团统建系统为基础，以内蒙古能源公司实际管控需要为落脚点，结合煤电一体化发展实际需要，发挥系统优势，积极谋划、全面推进以互联网、物联网、工业互联网建设为基础，以大数据、云计算和人工智能为技术手段，并率先打造基于国产系统的应用环境。在此基础上拓展智能应用，致力于构建一个安全、高效、绿色的智慧电厂生态体系，助力电厂实现效益提升和本质安全，向无安全事故、无人值守、无人巡检、低碳减排的"三无一减"智慧电厂推进。

关键词：全国产化；本质安全；控制系统；智能电站

一、概述

国电建投内蒙古能源有限公司位于鄂尔多斯市伊金霍洛旗，由原中国国电集团公司、河北建设投资集团有限责任公司按 50%：50% 比例出资组建，属煤电一体化项目，一期工程由布连电厂 2×660MW 超超临界燃煤空冷机组和配套年产 1000 万 t 察哈素煤矿组成。

布连电厂自 2013 年上半年两台机组相继投产以来，在集团公司的坚强领导下，在历届公司领导班子和全体员工的共同努力下，始终坚持绿色、环保、科学的发展理念，充分发挥煤电一体化运营优势，生产经营各项指标和管理指标逐年向好。先后获"国家煤电节能减排示范电站"称号、国家优质工程金质奖、中国"安装之星"奖等诸多奖项。2022 年 01 月获 2021 年度集团公司安全环保一级单位。

布连电厂积极谋划、全面推进智能电厂的建设是以实现清洁、安全和高效生产为目标。一是建设智能发电控制系统，通过智能自动控制和集中智能监控的应用，实现发电过程的无人巡检，少人值班；二是通过机组性能分析、控制优化与运行优化的控制系统大闭环，提高发电效率，降低发电成本，提升经济运行水平；三是通过数据分析与挖掘，实现设备故障诊断以及设备健康管理，提高设备检修的智能化水平；四是建设智能安全管控等系统，实现生产区域的全方位安全监管，提升人员、设备和环境的安全水平。

布连电厂全景图如图 2-11-1 所示。

图 2-11-1　布连电厂全景图

二、智能电站技术路线

（一）体系架构

为贯彻习近平总书记关于推动数字经济和实体经济融合发展的重要指示精神，落实党中央、国务院、集团关于推动新一代信息技术与制造业深度融合，打造数字经济新优势相关决策部署，促进公司数字化、智能化发展，增强公司整体竞争力、创新力、控制力、抗风险能力，提升各产业基础能力和现代化水平，服务于集团"一个目标、三个作用、六个担当"发展战略。布连电厂根据《国家能源集团数字化转型行动计划》《国电电力数字化转型行动方案》的重要精神，积极探索数字化转型、推进公司全方位数字化发展，构筑竞争新优势，以公司领导为核心，组建智慧企业推进工作组，积极参与修编《国电电力火电智慧企业建设规范》，坚持把创新作为引领发展的根本动力，聚焦关键技术难点，采用揭榜挂帅、竞争择优的方式选拔人才。对技术先进、示范效应强的项目予以高度支持与帮助。以 QC 活动为纽带，联合科研院校，开展科研攻关。截至目前联合华北电力大学、西安工业大学等多所高校推进的科技项目已实现生产应用。

（二）系统架构

布连电厂智慧企业整体建设遵从基础设施层、平台层、应用层和交互层的统一架构，建立智能发电平台和智慧管理平台，构建管控一体化系统。智能发电平台的应用层包含"智能检测""智能控制""智能分析""智能监控""智能诊断""智能报警"六项业务应用。通过对智能化、信息化以及现代管理技术和思想的有机融合，利用多源数据融合、深度数据挖掘、管理过程与工业数据分析等技术，结合集团 ERP、统建系统等，构建智慧管理平台。智慧管理平台通过全过程的泛在感知、监督和监控，消除信息孤岛、优化资源配置、降低运维成本，实现全流程、全生命周期的精细化管理。内容涵盖"智能运行""智能设备""风险管控"等十一项核心业务。

智慧企业建设系统架构图如图 2-11-2 所示。

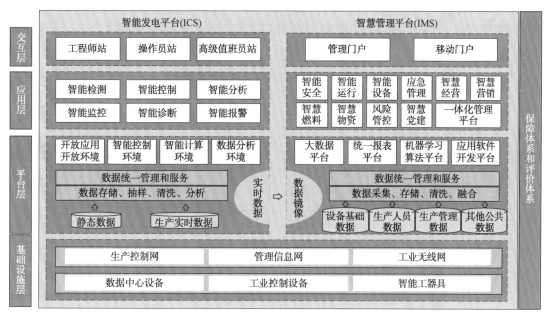

图 2-11-2　智慧企业建设系统架构图

(三) 网络架构

智慧电厂网络承载整个火电厂的数据交换任务，并可支持网络平滑扩展升级和智能化应用的需要。基于火电厂的安全分区原则，以及工业化与信息化融合对于无线网络的需求，布连电厂智慧电厂网络分为生产控制网、管理信息网和工业无线网，以时钟同步为各类数据提供统一的时间基准。

(四) 数据架构

随着数字化转型浪潮的不断推进，数字资产正成为企业的战略性资产，火电企业如何挖掘和探索数据价值，提高业务洞察力，是企业提质增效的核心环节。布连电厂打造大数据平台，平台支持设备实时数据业务场景，支持信息系统离线数据业务场景，还包含数据采集、数据存储、数据接口的程序开发的技术支持与平台培训、平台管理相关服务工作。

负责仓储管理系统、本质安全系统、管控一体化平台，ICS 系统、SIS 系统、数据的收集、汇总、清洗、存储、上报接口开发工作，为智能应用提供数据支持，并为其余平台提供基础数据环境。

三、关键技术创新与建设

（一）网络与信息安全

随着火电机组数字化转型的不断深入，生产与管理对网络的依赖性逐渐加强，网络与信息安全问题已成为影响火电机组安全运行的关键因素。布连电厂遵循"一个中心，三重防护"原则，部署安全运维管理系统、工控安全监测与审计系统、主机卫士、日志审计、入侵检测等防护设施，并创新采用白名单策略，建立工控边界隔离"白环境"、工控网络异常检测"白环境"、工控主机安全免疫"白环境"、三重积极防御体系，通过统一安全管理中心集中管理运维，实现工控网络高效纵深防御。

网络信息安全防护如图 2-11-3 所示。

图 2-11-3　网络信息安全防护

（二）基础设施层面

布连电厂联合中国移动公司深入布局，实现全厂 5G 基站全覆盖，并依靠 5G 网络部署升压站巡检机器人、10kV 巡检机器人、智能监控系统；全厂重点区域均采用智能人脸识别门禁系统，分级授权、动态管控的管理策略，降低走错间隔、人员误操作可能性，提高机组运行安全性；基于 5G 网络环境的智能安全帽与智能手环通过在内部集成各类模块，使其具备脑电波检测、自动播报、人员定位、远程音视频双向交互通信等功能，高风险作业人员均配备智能安全帽及移动单兵，可实现实时语音对讲、照明、人体体征监测、视频录像功能；应用在线实时检测技术，可以快速、准确地对入炉煤进行实时的分析测量，通过对煤的数据进行科学的分析，有效地把握和控制煤炭质量，作为指导锅炉运行调整的依据，根据经验适时调整燃烧工况，优化锅炉燃烧。同时还有利于控制煤质对锅炉腐蚀、污染物排放和结渣的影响，间接减少了锅炉检修维护费用。

数字化转型基础设施与智能装备如图 2-11-4 所示。

图 2-11-4　数字化转型基础设施与智能装备

（三）生产控制层面

2021 年初，布连电厂积极响应集团公司"试点先行，全面推进"的号召，率先开展控制系统国产化改造，并基于全国产操作系统，开发应用智能发电平台（ICS），开创了全国产化智慧发电的先河，实现火电企业的本质安全。积极应用先进控制算法、系统辨识算法、机理平衡等技术解决具有大迟延、大惯性、非线性、强耦合复杂特性热工对象控制问题，实现自趋优控制，告别传统火力发电机组复杂控制系统应用外挂的局面。智能发电平台以大型服务器为载体，为火力发电提供智能预警、智能控制、智能检测、智能监控、智能诊断、性能分析等辅助功能,六项支撑业务的实施以及以工业互联和智能为核心的产业协同模式,满足机组智能化、一体化运行控制的需求。

智能发电系统应用如图 2-11-5 所示。

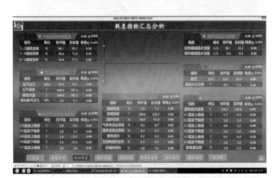

图 2-11-5 智能发电系统应用

(四)智慧管理层面

智慧管理体系的建设包含设备管理、风险预警、行为管控、应急管理等多个方面。布连电厂拥有国内首台全辅机单列机组,具有结构紧凑、占地面积小的特点,基于厂内复杂的工作环境,在汽机房、输煤栈桥等区域部署人员定位基站 151 个,利用 UWB 超宽带智能定位技术,建设人员定位系统,实现厂区人员定位与轨迹追踪、电子围栏和闯入报警等功能。此外全厂部署 287 台智能监控摄像头,可实现人脸识别,行为判断、风险预警等功能;利用 web3D 技术建设智能化精益检修管理系统,对汽轮发电机组等重要设备检修过程进行管控,通过精细化三维模型开展重难点部位的可视化交底与检修预演,减少返工频次。因此达到缩短检修工期、提高检修效率、防范安全风险、降低检修成本等目标。厂级云平台的应用实现了布连电厂生产数据的实时传输,并可以将重要生产信息传输至手机终端,便于专业人员及时掌握生产情况,为设备抢修、生产调度提供便利;智能手环为巡检人员形成巡检路线图,并可实时监测人员心率等生命体征,为突发情况的应急救援工作提供强有力的帮助。

智能管控手段如图 2-11-6 所示。

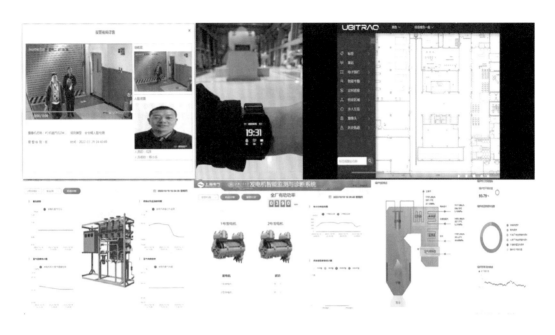

图 2-11-6　智能管控手段

（五）工业互联网层面

布连电厂积极打造 5G+智慧电厂，灵活采用 5G+MEC 无线组网方式，实现厂区室内室外 5G 网络全覆盖。充分发挥出 5G 网络高速率、广连接、低时延的三大优势，打造出一张辐射全厂的"智能火电"5G 专网。不仅可实现电厂内局域网络实时高速交互和安全畅通，也为全厂数字化转型筑牢"数字底座"。为企业智能安全、智能运行、智能设备等应用提供基础保障，为企业提供集中管理、风险预判与智能辅助决策。5G 基站如图 2-11-7 所示。

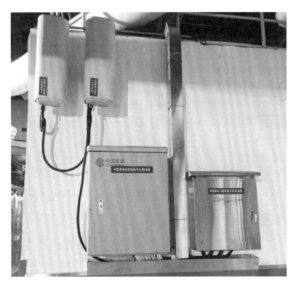

图 2-11-7　5G 基站

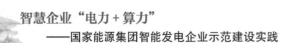

四、建设成效

智慧电厂的建设使整个发电过程更安全、更高效、更灵活，极大降低运行人员操作强度，对提高机组的运行效率有着不可估量的影响。智慧生产平台在生产实时控制层面，以实时运行数据为基础，进行机组在线能效计算和耗差分析，并向操作人员直观展示从机组到设备的性能指标和能损分布状况，运行人员根据耗差分析的结果及时对工况进行调整，有效降低运行煤耗，使机组运行在高效率区间。智能控制在控制范围、控制深度、调节水平等多个方面优于人为控制，进一步提升机组运行控制的自动化水平和机组稳定性、安全性，目前已实现减少运行人员 1 人/值。布连电厂在基于现有的数字化、信息化基础上，充分利用先进的工业技术建设智慧电厂，已初步实现生产数据精确感知、少人值守、降本增效、人员可控的既定目标，2023 年 8 月，顺利通过国家能源集团智能示范电站验评，验评结果为中级智能电站(四星)。

五、成果产出

(一) 总体情况

截至目前，授权发明专利 2 项、实用新型专利 20 项。提交并受理实用新型专利申请 5 项、发明专利申请 3 项。累计收集职工专业论文 111 篇，征集合理化建议 42 条，发布 QC 活动成果 16 项，获集团科技进步奖 1 项，国电电力科技进步奖 5 项、管理创新奖 1 项。

(二) 核心技术装备

(1) 全国产化自主可控智能分散式控制系统 iDCS；

(2) 基于大数据＋神经网络算法＋机理数理结合算法的汽轮机智能管理系统；

(3) 基于 GPU 并行计算服务器的数据分析计算技术；

(4) 电气设备巡检机器人；

(5) 大数据分析技术＋神经网络预测技术；

(6) 智能化精益检修管理系统；

(7) 基于微波透射法＋多元素分析技术的无源在线非接触式入炉煤质在线监测系统。

(三) 成果鉴定

(1) "布连电厂 660MW 超超临界空冷汽轮发电机组智能管理系统研究与应用"，鉴定单位：中国动力工程学会，鉴定结论：整体技术达到国内领先水平，2023 年 11 月 17 日；

(2) "基于工业视频及视频识别技术的发电企业主动安全监控技术研究与应用"，鉴定单位：中国安全生产协会，鉴定结论：整体技术达到国内先进水平，其中电厂安全生产识别模型达到国内领先水平，2023 年 5 月 19 日；

(3) "全国产化自主可控智能分散式控制系统应用"，鉴定单位：中国自动化学会发电自动化专业协会，鉴定结论：控制系统硬件基本实现全国产化，且性能指标达到国内先进水平，2021 年 8 月。

（四）省部级等重要奖励

（1）2023 年，中国安全生产协会，国电建投内蒙古能源有限公司"基于工业视频及视频识别技术的主动安全监控技术研究与应用"获 2023 年度安全科技进步奖三等奖；

（2）2023 年，国家能源集团，国电建投内蒙古能源有限公司"全国产自主可控智能火电分散控制系统研制及应用项目"获 2023 年度国家能源集团科技进步一等奖；

（3）2023 年，中国电力企业联合会，国电建投内蒙古能源有限公司"煤电一体化区域水资源高效处理循环利用关键技术研究及工程应用"获 2023 年度电力科技创新奖二等奖。

（五）媒体宣传

（1）2021 年，国资委网站，国内首台自主可控智能分散式控制系统成功应用（图 2-11-8）；

（2）2021 年，"学习强国"学习平台，国内火电行业首套边缘计算装备接入分散控制系统（图 2-11-9）。

图 2-11-8　国内首台自主可控智能分散式控制系统成功应用

图 2-11-9　国内火电行业首套边缘计算装备接入分散控制系统

六、电站建设经验和推广前景

在电力需求增长日益放缓装机，新能源比重不断提高的产业背景下，建设智慧电厂不

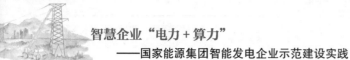

仅成为电厂参与电力市场竞争的资本，也是建设生态环境和社会经济发展的要求。利用先进的信息技术、工业科技和管理手段，通过智慧电站的建设，实现精确感知生产数据，优化生产过程，减少人工干预，使火电厂具有分析、诊断、管理的能力，实现人员可控、状态预知、少人值守、降本增效的目标，才能更好地适应新形势下电力行业的高质量发展。

创新理念是建设智慧企业的前提，在智慧电站的建设过程中，要充分掌握当前技术格局，又要大体设定未来的建设方向，还要充分考虑新技术应用的可行性，避免盲目跟风，同时也要号召全员参与，要让所有人意识到智慧电站的建设是应对形势变化的需求，是电厂发展的必然。

小　　结

截至 2024 年 6 月底，国家能源集团总装机容量 33296 万 kW，其中火电装机容量 20878 万 kW（含燃气机组 202.6 万 kW、瓦斯 2.2 万 kW、生物质 7.6 万 kW 和余热 30.4 万 kW），容量占比 62.7%，火电依然是国家能源集团电力生产的主力军。国家能源集团所属火电企业在智能智慧建设方面开展了大量探索与实践。

基础设施及智能装备方面，示范企业开展了大量实践探索，一是构建了完善的网络设施。有线、无线、5G、全光网等网络设施与生产控制大区网络、管理信息大区网络、视频专网、电力物联网等融合应用，实现了智能门禁、智能照明、智能电梯、智能安防、智能消防、人员定位等应用的统筹管理，提升了全域感知、状态预测、精准控制、智慧决策等重要能力。东胜热电建成国内首个 5G+智慧火电厂，并成功入选国家能源局 5G 应用典型案例。泰州电厂、东胜热电"5G+工业互联网"入选国家工信部 5G 全连接工厂试点名单。二是实现了强大的智能识别。智能视频具备皮带撕裂、皮带跑偏、撒煤、明火、烟雾、漏油、漏水等设备预警功能，具备安全帽、安全带、工装、吸烟、倒地、越界等人员违章行为识别功能，有效监测了设备的不安全状态和人的不安全行为，一定程度上实现了重点区域"无人巡检"、高风险作业"智能反违章"。三是应用了先进的智能检测装备。支持蓝牙无线通信的智能游标卡尺、智能钳形电流表等智能工器具，UWB 人员定位与三维模型相结合等技术的应用，提升了巡点检效率，实现了汽机房、锅炉房等生产区域人员人数统计、历史轨迹追溯、检修区域管理、危险源告警等功能。

智能发电方面，示范企业开展了大量前瞻性探索性的工作。一是研发应用了首台套火电 iDCS。国家能源集团自主研发业内第一套融合人工智能技术和先进控制技术的火电智能分散控制系统（iDCS），并在东胜、宿迁、布连成功投运，实现了工业领域大型自动化控制系统的"智能+"升级示范应用。二是深化应用智能检测技术。通过应用煤质在线检测、风粉流速和浓度测量、声波测温、光纤测温、近壁面还原性气体组分测量、声纹识别等智能检测技术，有效发现燃烧偏斜、炉管泄漏、减温水泄漏等异常。实时检测润滑油品质，保护主机安全。三是丰富完善智能监盘功能。建立了基于数据分析的火电高级值班员决策系统，提高了精细化管理和机组运行水平。四是持续提升智能寻优控制。持续开展了火电机组的节能减排运行优化、自启停优化控制、燃烧闭环优化控制以及冷端优化等，为

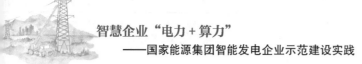

运行人员给出操作指导意见或直接参与闭环控制。开展 AGC 控制优化，提升机组调频能力，使机组逐步实现自趋优运行，实现机组能耗、排放、设备寿命损耗等多目标优化。

智慧管理方面，示范企业丰富完善了相关功能。一是强化了主动安全管理。通过全厂5G 网络覆盖、人员定位、智能穿戴、智能视频识别、周界防护等技术应用，实现了生产区域的全方位监控、智能化巡检，提升了电站安全防护和人员管控水平。二是深化了设备可靠性管理。通过大数据分析、机理模型应用、专家知识推理等，基本实现了设备故障诊断、健康管理、状态检修、预测性维护、备品备件管理等功能，提高了设备可靠性水平。三是加强了机组运行优化管理。通过机组性能在线计算、耗差分析、健康诊断等，为电站运行提供寻优指导和辅助决策。积极研究电网两个细则规则要求，提升机组快速响应电力市场需求的能力，获辅助服务收益。四是实现了业务管理智慧升级。以电力企业生产过程与经营管理信息为基础，打通企业运营的不同环节，通过智能安全、智慧党建、智慧经营等系统构建，实现企业生产经营全过程的数字化运营，提升企业管理智能化水平。

保障体系方面，各示范企业明确了智能智慧建设的基本保障，体现在组织机构、经费投资、网络与信息安全、国产化等方面。一是建立了完备的组织机构。各示范企业均建立了完备的组织机构，制定了明晰的智慧企业建设规划和实施方案，形成了完善的智慧企业建设工作机制，为示范建设提供了组织、管理保障。二是完善了新建煤电机组的智能化建设项目指导意见。2023 年，国家能源集团电力产业管理部发布了《新建煤电机组智能化建设项目及功能应用规范》，提出了"一型两档"（引领型、先进档、基础档）的建设标准，进一步明确了新建煤电机组的智能化建设项目、应用功能、投资安排与效果要求，以加快打造更加安全、高效、清洁、低碳、灵活、智能的"六型电厂"。三是夯实了网络安全基础。各电厂严格落实网络安全二十字防护方针，在建设过程中严格落实边界防护措施，规范建设移动物联安全准入体系，主动开展流量监测、攻击阻断、蜜罐诱捕、攻击溯源等主动防御能力建设，深化 5G 专网安全加密、切片隔离、身份鉴别、安全沙箱等网络安全防护技术应用。四是构建了智能反恐系统。通过制定治安反恐措施、建设反无人机系统等，构建了高度集成、联动有效、响应迅速的智能反恐系统，有效提升了电厂应对社工攻击及无人机入侵的治安防恐能力，实现安防、反恐管控一体化。五是推进了信息化基础设施自主可控。通过采用国产芯片、国产银河麒麟操作系统，开展 DCS、PLC 等控制系统全国产化改造，解决信创、自主可控等"卡脖子"问题。

水电首批示范电站建设案例

第三章

引　言

迄今为止，水电是全世界最主要、最成熟，并且能效最高的可再生能源。目前，国家能源集团在运水电装机 1976 万 kW，共辖大、中、小型水电站 156 座。国家能源集团自 2021 年开展智慧发电企业建设以来，各水电企业均开展智能化、智慧化建设，取得了一系列的成果。2022 年 12 月和 2023 年 7 月，国家能源集团电力产业管理部牵头组织，抽调 10 余名集团内部专家，组成验评专家组分别对国能大渡河流域生产指挥中心（瀑布沟水电站）、国家能源集团新疆吉林台水电开发有限公司 2 家水电生产单位现场开展了全面、客观的评分和定级工作。

国能大渡河流域生产指挥中心（瀑布沟水电站）以基础设施及智能装备、智能发电平台、智慧管理平台、保障体系四大板块为出发点，创建并成功应用智能巡检系统、"一键调"、应急处置、3D 数字厂房、人机智能及风险预警等核心关键技术，实现了一批高质量的发电和调度管理研究成果有效落地，有效提升了发电基础服务、调度运维、运营管理、安全保障等覆盖流域梯级水电调度运行全过程的智慧化水平，打造了智能调控、自主运行的智慧水电站。累计参编《智能水电厂经济运行系统技术条件》国家标准 1 项，主编《智慧水电厂技术导则》等行业标准 4 项、团体标准 4 项，出版专著 2 部，智能巡检、智能调度等 5 项技术鉴定为国际领先水平，成为行业智慧水电建设典范。国家能源集团新疆吉林台水电开发有限公司坚持以本质安全为中心，以自身生产经营实际问题和需求为导向，形成了"三网、两平台"的建设蓝图。建设并成功应用智能巡检机器人、无人机、智能安全帽等智能装备，深度运用大坝安全监测健康诊断与预警、流域水情监测、梯级电站经济调度、5G＋、3D 厂房、人员定位、电子围栏等技术，落地实施了一批高质量的水力发电技术研究成果，有力支撑了智慧水电示范建设。实现了全国首家中小流域集控中心计算机监控系统全国产化自主可控。所采用的联合调度策略充分发挥引水和坝式水电站的特点，扬长避短，优势互补，实现了所辖五座水电站的"以水定电"、连续 6 年零弃水目标，提升了电站最优效益，积极打造了一座有品牌有知名度的水电智能示范电站。

经实地调研、资料审查、座谈交流、评分定级，国能大渡河流域水电开发有限公司和国家能源集团新疆吉林台水电开发有限公司作为集团水电龙头企业，历经多年的探索和实践，形成了一批具有国际领先水平的技术研发应用成果，有力引领了国家能源集团水电智慧发电企业示范建设。根据《国家能源集团电站智能化建设验收评级办法》授予国能大渡河流域生产指挥中心（瀑布沟水电站）及国家能源集团新疆吉林台水电开发有限公司 2 家水电企业高级智能电站（五星）称号。

案例1 智能调控、自主运行的智慧水电站

[国能大渡河流域生产指挥中心(瀑布沟水电站)]

所属子分公司：大渡河公司

所在地市：四川省成都市

建设起始时间：2014年1月

电站智能化评级结果：高级智能电站(五星)

摘要：在大渡河公司"智慧企业"建设的背景下，生产指挥中心、瀑电总厂同步开展智慧调度和智慧电厂建设，作为国家能源集团水电集控调度运行典范，生产指挥中心(瀑布沟水电站)成功入选国家能源集团水电首批智慧发电企业示范建设单位。为高效推进示范建设，生产指挥中心与瀑电总厂统筹谋划，以基础设施及智能装备、智能发电平台、智慧管理平台、保障体系四大板块为出发点，创建并成功应用智能巡检系统、"一键调"、应急处置、3D数字厂房、人机智能及风险预警等核心关键技术，实现了一批高质量的发电和调度管理研究成果有效落地，有效提升了发电基础服务、调度运维、运营管理、安全保障等覆盖流域梯级水电调度运行全过程的智慧化水平，打造了智能调控、自主运行的智慧水电站，成为行业智慧水电典范。

关键词：调度运行；智能调控；自主运行；智能水电站

一、概述

国能大渡河流域水电开发有限公司于2000年11月成立，是国家能源集团所属最大的集水电开发建设和运营管理于一体的大型流域水电开发公司，主要负责大渡河流域开发和西藏帕隆藏布流域开发筹建，拥有水电资源约3000万kW，目前在川投运装机约占四川统调水电总装机容量的四分之一。

国能大渡河流域生产指挥中心(以下简称"生产指挥中心")和国能大渡河瀑布沟水力发电总厂(以下简称"瀑电总厂")均隶属于国能大渡河流域水电开发有限公司。生产指挥中心是四川电网第一家投运的大型流域梯级电站集中控制中心，主要负责与四川电力调度中心的调度联系及大渡河流域电站的电力调度、水库调度、水情气象预测预报、经济运行、"智慧调度"研究实施、应急值班和生产应急指挥等工作。截至目前，生产指挥中心已

实现大渡河流域干流"九站九库"、远控容量1133.8万kW的远方集控、统一调度。瀑电总厂主要负责管理运营瀑布沟、深溪沟两座大型水电站，总装机容量426万kW，其中瀑布沟水电站是国家能源集团目前装机容量最大的水电厂。多年来，生产指挥中心和瀑电总厂一直致力于智慧调度、智慧电厂的探索和实践，取得显著成效，系统建设水平、管理模式、经营成效等方面均达到了国内同行业领先水平。

在大渡河公司"智慧企业"建设的背景下，智慧调度、智慧电厂作为智慧企业四大业务单元的核心单元，同步开始启动建设研究，进行整体规划，推进智慧建设。历经多年的探索和实践，深度运用智能巡检、设备状态监测分析、水情气象预报、3D数字厂房、流域经济调度控制（EDC）等技术，实现了一批高质量的发电和调度管理研究成果有效落地。瀑布沟水电站获国资委10个中央企业智能现场模型之一，被中国水力发电工程学会和中国大坝工程学会授予"智能运行创新实践基地"。2022年12月，国家能源集团组织专家组开展"智慧发电企业示范建设"现场验收评级工作，推荐评级为高级智能电站（五星），专家组认为生产指挥中心（瀑布沟水电站）在智慧企业建设的关键技术和智能产品方面进行了探索和尝试，较好地完成了智能试点示范电站任务。设备设施先进，人员素质高，理念先进，区域位置好，利润好，希望做集团数字化、智能化战略的落地者，电力产业管理部等部门有关新能源发展、智慧电站、创一流等工作部署的坚定执行者。

生产指挥中心实景图如图3-1-1所示，瀑布沟水电站实景图如图3-1-2所示。

图3-1-1　生产指挥中心实景图　　　　图3-1-2　瀑布沟水电站实景图

二、智能电站技术路线

（一）体系架构

在组织机构建设方面，生产指挥中心和瀑电总厂高度重视智慧企业建设工作，建立了健全的组织体系，成立了科技创新及智慧调度、智慧电厂建设领导小组，设立管理归口部门。定期组织召开工作例会，完善科技创新相关管理办法，统筹协调日常管理、课题立项、技术支撑、成果验收、活动策划、表彰宣传等各项工作。编制智慧调度发展建设规划并滚动更新，指导智慧发展建设。成立科技项目课题组，加强科技项目过程管控和研究攻关，确保科技项目成果惠及生产、服务一线。组织职工参与外部交流，参与标准编写等工作，提升行业影响力，占据行业理论制高点。瀑布沟水电站被中国水力发电工程学会和中国大坝工程学会授予"智能运行创新实践基地"。

在创新工作机制方面，以任泽民劳模工作室、钟青祥巾帼创新工作室、青年创新工作室为平台，坚持实施"人员流动进站、课题滚动研发、成果联动孵化"的柔性管理模式，建立了"考评＋奖励"的双激励机制，大力推进公司重点科技项目、职工五小创新等项目的探究攻关，以小见大，以点带面，推动创新人才的培养和创新项目的落地应用。以中央企业劳模、全国五一巾帼标兵、四川省五一巾帼标兵为带头人的钟青祥创新工作室获"四川省劳模和工匠人才创新工作室"。

在对外合作交流方面，生产指挥中心和瀑电总厂在科技信息化建设中，与四川大学、河海大学、中国水利水电科学研究院、南瑞集团等高校院所及水电企业建立长期的产学院合作关系，通过学习交流、协作研发攻关，着力打造具有行业竞争力的拳头产品，推动智慧电厂、智慧调度建设纵深发展。

（二）系统架构

生产指挥中心和瀑电总厂总结多年智慧企业建设下智慧调度、智慧水电厂的建设和管理经验，在中国电力企业联合会标准化管理中心和电力行业水电站自动化标委会支持下，主编了行业标准《梯级水电厂智慧调度技术导则》《智慧水电厂技术导则》，确定了梯级水电厂智慧调度、智慧水电厂的定义、应用架构、基本要求和功能，并规定了初、中、高的等级划分以及各个等级应具备的特征和指标，为梯级水电调度智慧化建设提供了重要的规范和引领，填补了智慧调度和智慧水电厂的行业空白。两项标准于2021年正式发布。

1. 智慧调度业务系统架构由实时感知、精准预测和智能调控三部分组成

（1）实时感知。打破数据壁垒，对水电站生产调度过程相关基础信息进行自动采集、传输、汇总、存储，实时感知、挖掘气象、水情、市场、设备等海量数据，实现调度数据的互联互通与一体化分析，形成智慧调度的"数据仓库"，有效解决信息孤岛、数据不全及由此引起的调度决策难以先知先觉的问题。

（2）精准预测。融合物理机理和数据驱动的高精度降雨径流预报体系和电力市场精准化预测体系，形成梯级水电站防洪发电智能调度技术和基于网源协调的梯级电站枯期调度决策技术。依托实时感知、精准预测，实现多维目标协同调度方案的自动生成和滚动优化，形成智慧调度的"中枢大脑"，解决调度分析运算约束多的难题。

（3）智能调控。针对多目标均衡决策难度大问题，建立智能调度综合会商平台，将人

的理论、知识、经验融入算法模型中，通过反馈、迭代，实现综合会商决策支持，形成了智慧调度人机交互的"智能管家"，对流域防洪、发电、生态、航运、供水、库岸安全管控等多目标需求作出智能响应、决策和评价。流域梯级电站从传统经验调度运行模式逐步迈向了以数据驱动的智能运行模式。

智慧调度系统架构图如图 3-1-3 所示。

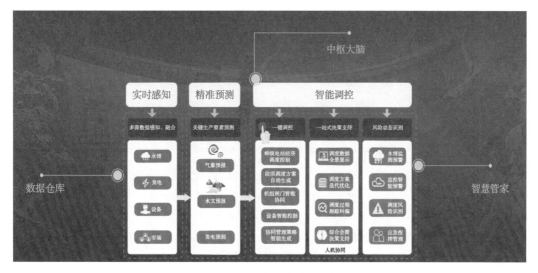

图 3-1-3　智慧调度系统架构图

2. 智慧水电厂由感知执行层、智能应用层、决策指挥层三部分组成

（1）感知执行层。感知水电厂水情水文、水工建筑物、设备设施、生产运营、现场人员行为等信息，具备设备设施控制、现场人员行为管控、经营管理决策执行等功能。

（2）智能应用层。具有调度、运行、设备管理、库坝管理、检修维护、安全与风险管理、物资管理、市场营销等业务的分析评估、预测预警、控制策略制定等功能。

（3）决策指挥层。具有调度、运行、设备管理、库坝管理、检修维护、安全与风险管理、物资管理、市场营销等业务的协调、决策、应急指挥等功能。

智慧水电厂系统架构图如图 3-1-4 所示。

（三）网络架构

生产指挥中心和瀑电总厂严格按照网络安全与信息化相关要求，开展智慧调度、智慧电厂的统筹规划和实施。

智慧调度基于开放系统平台，实现调度数据融合共享、业务集成、调度决策和人机协同，系统功能分区如图 3-1-5 所示。

智慧电厂以"智能自主、人机协同"为核心，实现了自主调度、智能巡检、智能分析、智能联动、智能安防、智慧安全等功能，系统功能分区如图 3-1-6 所示。

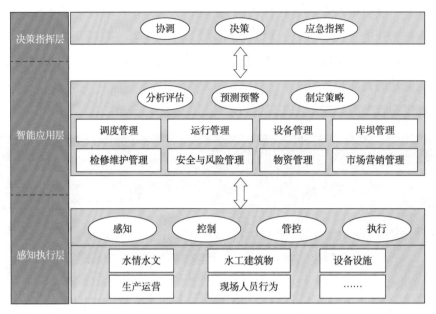

图 3-1-4 智慧水电厂系统架构图

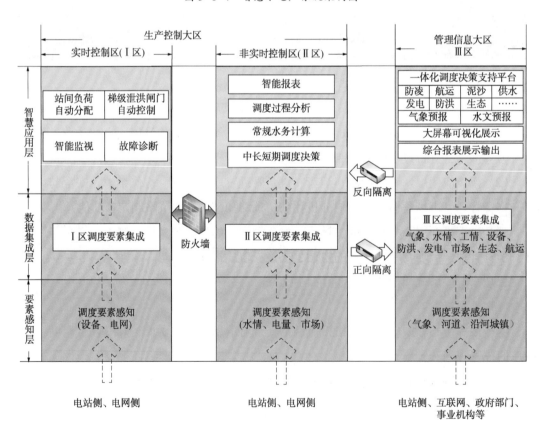

图 3-1-5 智慧调度系统功能分区示意图

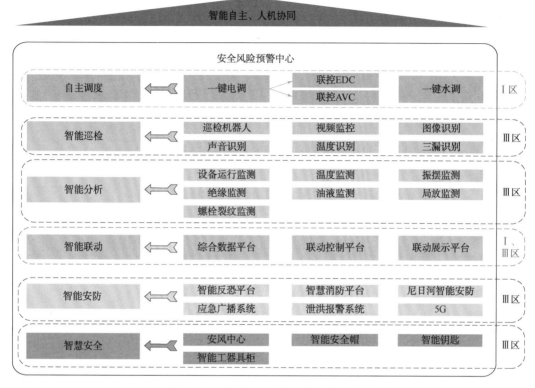

图 3-1-6　智慧电厂系统功能分区示意图

（四）数据架构

为实现数据的统一汇集、管理，确保数据无孤岛，生产指挥中心、瀑电总厂均建立综合数据平台，通过制定统一的数据存储规则，为全景数据提供基础支撑；采用先进的数据抽取、大数据等技术，降低数据采集时延，提供强大的数据吞吐量，有效提升生产数据采集效率和质量；开发生产数据自动校核模型，通过数据逻辑判断，实现数据自动判断、校正与预警功能，有效提升了数据的准确性。同时利用智能化、可扩展和定制的报表引擎，自动生成各类分析报表并完成报表的自动填报和报送，提升数据统计、挖掘和展示的效率。

生产指挥中心（瀑布沟水电站）数据架构图如图 3-1-7 所示。

三、关键技术创新与建设

（一）网络与信息安全

在机房建设方面，生产指挥中心开展了机房智能化改造，通过生产大区和管理信息大区硬件的分区管理，机房机柜冷通道、供配电、空调通风、综合布线、动环监控等系统的改造，优化调度设备基础运行环境，有效提高机房智能化水平，更好地满足公司智慧调度、智能监控的系统运行要求。

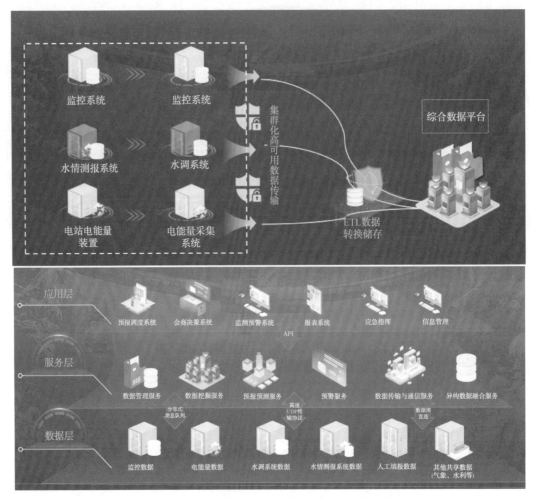

图 3-1-7　生产指挥中心(瀑布沟水电站)数据架构图

在网络与信息安全方面，生产指挥中心和瀑布沟水电站严格按照网络安全等级保护要求以及"二十字防护方针"，完成网络安全防护建设，建立了网络安全常态化、体系化、实战化防御体系。部署了电力监控系统网络安全监测装置，搭建网络安全管理平台，实现网络安全监视、安全告警和安全审计；完成生产控制大区网络安全设备升级。优化升级了实时控制区和非实时控制区部署的网络安全审计装置、入侵检测装置等设备，提升防护策略，化解信息安全风险能力；建立了管理信息大区安全态势感知平台，具备自动防御、检测、响应和预测功能，辅助网络安全人员风险决策，有效防范病毒攻击，提升了设备安全性和运维人员工作效率。大渡河生产指挥中心计算机监控系统列入四川省行业首批、集团水电唯一一个关键信息基础设施。

生产指挥中心电力监控系统网络安全管理平台如图 3-1-8 所示。

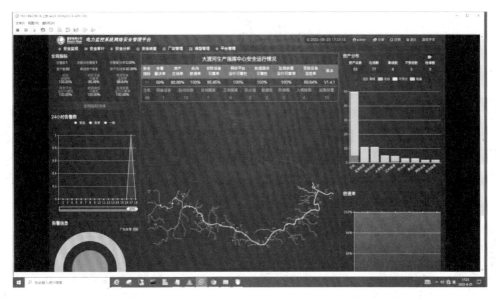

图 3-1-8　生产指挥中心电力监控系统网络安全管理平台

（二）基础设施方面

持续推进基础设施、智能装备"基石"建设，对电力生产设备、物联网设备、网络设备等基础设施进行升级完善和设备运行环境优化，同时开发或引进智能装备，为智能发电和智慧管理提供基础支撑，提升智能发电基础服务能力。

一是完成监控系统改造，实现自主安全可控。作为四川省行业首批 5 个之一、集团 6 个（水电唯一一个）关键信息基础设施，支撑大渡河流域梯级电站智能运行和智慧调度的关键核心系统——生产指挥中心计算机监控系统于 2021 年 10 月完成在线升级改造并成功投运，涉及的所有服务器、工作站操作系统、数据库均为国内自主研发、拥有自主知识产权的系统，成为国家能源集团首个实现自主安全可控的千万千瓦级流域水电集中控制系统。二是基于电站生产实际，成功应用智能巡检机器人、智能安全帽、智能安全梯、智能安全带、智能钥匙、智能安全工具柜等智能装备，配置了声纹自动采集识别系统，具备温升、局放等监测功能的智能监测设备，有效提升了现场安全和智能化水平，研发的"大型水电站智能巡检系统研发与应用"由中国职业安全健康协会鉴定为国际领先。三是建成 3D 数字厂房，积极探索"云端"多元化现场管理模式，利用虚拟现实技术对水电厂的大坝、厂房、水工建筑物、机电设备等设备设施进行三维建模，在"云端"形成一个与瀑布沟水电站高度一致的虚拟电站生产场景。同时基于生产设备的运行机理进行数字建模，开发了设备的工况转换、故障动作等模型，在生产数据的驱动下实现了现场生产流程在虚拟电站场景中的模拟仿真和预演。

瀑布沟水电站基础设施及智能装备如图 3-1-9 所示。

图 3-1-9　瀑布沟水电站基础设施及智能装备

（三）生产控制层面

推进智能发电平台"流水线"建设，从运维、监视、控制、预报、事故处理等发电基本业务出发，拓展状态监测、智能监视、经济调度控制、水情气象预报、事故决策支持等高级应用，实现倒闸操作一键控和调度一键调，有效提升了调度运维智能化水平。

一是拓展数据感知要素和信息监视手段，通过建立多信源多协议水情遥测系统、引入专业气象中心气象数据等手段，实现气象水情数据感知多源化；电站侧自建设备状态监测分析系统，全面分析诊断生产数据，提前预警设备隐患，准确诊断设备故障，并给出科学的处理方案，指导现场人员消除故障；集控侧创建了信号智能监视和预警技术，建立多种信号标签模型，剔除伪报及无效光字，智能推送有效告警信息，实现了流域 8 站 30 万个信号点的单人高效监视。二是构建了一套完善的短、中长期径流预报技术体系。研发了基于 WRF 模式的流域数值降雨预报技术、基于物理成因的大渡河流域确定性水文预报技术、基于贝叶斯理论的洪水概率预报技术以及基于数据挖掘和物理成因融合的降雨径流相似性预报技术，形成了短、中长期径流预报技术体系，有效提高了径流预报精度。三是研发了具有智能成票、网络下令及顺控操作的一键顺控关键技术，开发了具有在线实时防误的一键顺控功能，根据自动生成的操作票，自动联动计算机监控系统、省调、电站进行自动协同操作，实现了电网、集控、电站间高效在线安全校核的一键协同操作。四是研发投运瀑布沟、深溪沟、枕头坝三站经济调度控制系统（EDC），通过构建涵盖安全和经济调度全要素的负荷分配模型簇，自动接收电网下发三站总负荷，实现了"瀑-深-枕"三站负荷的实时自动分配、自动调节和自动控制，缓解了汛期三站负荷不匹配导致的弃水问题，提高了流域经济运行水平。"大型梯级水电站实时动态调控一体化技术"被列为国家能源集团创建世界一流示范企业的重点技术产品，EDC 作为核心技术之一支撑的"基于大数据的水电流域智慧化运行研究"入选 2020 年大数据产业发展试点示范项目。五是建成事故决策支持系统，采用专家系统和 DHNN 离散神经网络技术，建立了基于监控简报信息的机组、主变、母线、线路事故诊断专家库和指纹库两套判别模型，通过快速提取事故前后相关设备状态特征变化，智能匹配专家库和指纹库，快速自动判断事故性质并给出事故处置意见，提高了流域设备风险分析决策能力。

生产指挥中心短、中长期径流预报系统如图 3-1-10 所示，瀑布沟、深溪沟、枕头坝三站经济调度控制系统(EDC)如图 3-1-11 所示。

图 3-1-10　生产指挥中心短、中长期径流预报系统

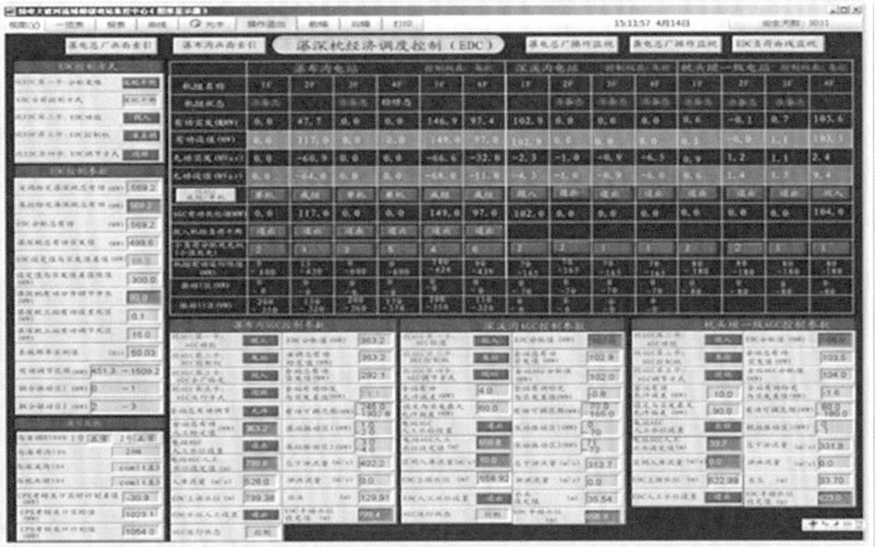

图 3-1-11　瀑布沟、深溪沟、枕头坝三站经济调度控制系统(EDC)

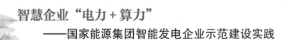

（四）智慧管理层面

推进智慧管理平台"一体化"建设，通过自建的综合数据平台、安全风险控制中心以及国家能源集团统建系统，实现了生产、管理、数据、技术等资源的整合和交互，并构建了集数据共享、预测预报、智能决策为一体的一体化调度决策支持平台，为安全、发电、调度、防洪、经营等提供人机交互接口，有效提升了水电智慧化运营和管理水平。

一是开发调度决策支持模块，汛期，以流域洪水资源化利用、梯级电站发电效益优化为目标，建立中长期-逐月、七天-逐日、两天-逐小时多时间尺度嵌套的多模式调度决策数学模型簇，为防洪发电精细化调度提供支持，提高水能利用率；枯期，根据四川电网调度特点，建立了四川省电力市场供需预测模型、大渡河流域枯期调度决策模拟和动态推演模型，实现了不同市场环境的智能识别和梯级水电站最优消落方式的自动匹配，指导调度和营销决策。二是开发多系统智能联动功能，开发了水电生产现场多系统智能联动控制程序，制定了7大类80余项联动功能，突破传统模式下孤立系统之间"点对点"的联动方式，实现监控、通风、工业电视、智能巡检等多个核心生产系统的协同工作，为现场应急处置提供了技术支撑。三是开发了水电站现场作业人机智能及风险预警系统，提升了水电站现场作业安全性和可靠性。该系统对接国家能源集团 ERP 系统、智能巡检系统、智能 ON-CALL 系统、安风中心、综合数据平台等智慧电厂应用系统，通过对现有智慧应用系统之间数据的全面打通，实现了"两票"全过程信息化管控、应急预案流程化结构化、检修作业数据在线实时录入、治安反恐系统集成、外委项目人员智能管控、作业风险点全过程提醒、技术监督智能管理等功能。四是建成一体化调度决策支持平台，通过采集综合数据平台内部基础数据及外部单位共享数据，实现了水情数据的在线采集与数据共享，集成降水实测与预报、防洪预警、发电实况、市场环境、检修管理、智能报表报送等多个模块，形成了集"数据集成展示、发电方案优化、综合会商"于一体的一体化调度决策支持平台，实现发电管理人机交互会商，为发电计划、方式安排、经济运行和市场营销提供决策支持。

瀑布沟水电站现场作业人机智能及风险预警系统如图 3-1-12 所示，生产指挥中心一体化调度决策支持平台如图 3-1-13 所示。

（五）工业互联网层面

开展了水电站全覆盖的 5G 独立组网工业互联网建设，对电站厂房及外围区域实现了5G 网络全覆盖，探索了"增强型移动宽带、低时延高可靠通信、大规模物联网"等应用场景，充分利用 5G 技术广连接、大带宽、高速率、低时延、高可靠性等特点解决现场安全生产痛点难点问题，实现了基于 5G 设备的对讲平台搭建，弥补了水电生产卫星电话应急通信方式单一的短板。同时结合 5G 通信技术、语义识别技术，实现两票全过程信息化管控，提升了安全生产精细化管理水平。

瀑布沟水电站"5G+智慧水电厂"框架图如图 3-1-14 所示。

图 3-1-12 瀑布沟水电站现场作业人机智能及风险预警系统

图 3-1-13 生产指挥中心一体化调度决策支持平台

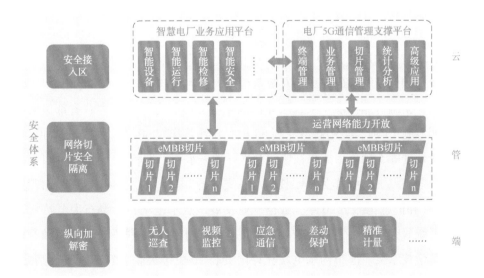

图 3-1-14 瀑布沟水电站"5G+智慧水电厂"框架图

四、建设成效

在安全成效方面，近年来，通过智慧电厂、智慧调度的深化建设和智慧成果的实践应用，及时处置了多项设备重大缺陷和隐患，避免了重大事故发生，保障了生产设备安全可靠运行。截至目前，生产指挥中心、瀑电总厂未发生人员、设备重大安全事故，实现连续安全生产5000余天。

在提质增效方面，一方面在大渡河流域"无人值班、少人值守、远方集控"的管理模式下，通过研发并投入智能巡检、信号智能监视、负荷经济调度控制（EDC）、报表智能报送等技术，在提高发电、调度智能化水平的同时，大大减少了运行调度人员劳动强度，同步减少了人力成本投入。另一方面，通过智慧发电技术的应用，近三年避免或减少洪灾损失约12.5亿元，增加发电销售额4.66亿元。在2022年，通过精准预报、流域梯级联合调度等技术，增发枯期电量7.2亿kW·h，增加汛期高温伏旱时期保供电量近20亿kW·h。

在社会效益方面，近年来，通过智慧电厂、智慧调度的深化建设和智慧成果的实践应用，成功应对了2018年"7.12"、2020年"8.18"等多场流域特大洪水，保障了成昆铁路、乐山城区等重要对象防洪安全，受到水利部通报表扬。瀑布沟水电站治安反恐达标建设通过了国家反恐办验收，为电力行业智能化治安反恐建设打造了行业样板。同时生产指挥中心和电站智能化水平的提升，大大提升了设备的稳定性和负荷调节的灵活性，为电网安全稳定运行、四川电力保供做出了积极贡献。

五、成果产出

（一）总体情况

生产指挥中心和瀑电总厂历经多年多的智慧探索和实践，深度运用智能巡检、设备状态监测分析、水情气象预报、3D数字厂房、流域经济调度控制（EDC）等技术，实现了一批高质量的发电和调度管理研究成果有效落地。大渡河生产指挥中心和瀑电总厂累计参编国家标准1项，主编行业标准4项、团体标准4项，出版专著2部，获省部级奖项20余项，授权发明专利15项、实用新型专利55项、软件著作权30项，发表论文40余篇，智能巡检、智能调度等5项技术成果被鉴定为国际领先水平，占领了行业智慧电厂建设和智慧调度理论的制高点。EDC作为核心技术之一支撑的"基于大数据的水电流域智慧化运行研究"入选工业和信息化部2020年大数据产业发展试点示范项目。瀑布沟电站"大型水电站智能巡检系统研究与应用"项目成果获2021年中国水力发电科学技术奖以及2021年四川水力发电科学技术奖。瀑布沟水电站获评国资委10个中央企业智能现场模型之一，被中国水力发电工程学会和中国大坝工程学会授予"智能运行创新实践基地"。

（二）核心技术装备

（1）瀑布沟、深溪沟、枕头坝三站经济调度控制系统（EDC）；

（2）大渡河猴子岩及以下梯级水电站联合防洪调度研究成果；

（3）大型水电站智能巡检系统。

（三）成果鉴定

（1）"基于光学CT的发电机选择性定子接地保护应用"，鉴定单位：中国水力发电工程学会，鉴定结论：整体技术达到国际先进水平，2024年7月10日。

（2）"西南山区水地灾害预警及大型梯级水电站安全运行关键技术与应用"，鉴定单位：中国大坝工程学会，鉴定结论：整体技术达到国际先进水平，部分成果达到国际领先水平，2023年7月18日；

（3）"基于知识图谱的信号智能监视关键技术研究"，鉴定单位：中国水力发电工程学会，鉴定结论：整体技术达到国际先进水平，2022年12月5日；

（4）"基于图形拓扑的一键顺控关键技术研究与实施"，鉴定单位：中国水力发电工程学会，鉴定结论：整体技术达到国际先进水平，2022年7月26日；

（5）"大型水电站智能巡检系统研究与应用"，鉴定单位：中国水力发电工程学会，鉴定结论：成果总体达到国际领先水平，2021年6月17日；

（6）"复杂环境下流域梯级水电站智慧运行关键技术与应用"，鉴定单位：四川省技术市场协会，鉴定结论：达到国际先进水平，其中在多重不确定性下水电站群水位动态调控风险决策技术、电站群"机组-闸门"多单元协同实时精准控制技术方面居于国际领先水平，2021年7月1日；

（7）"大型梯级水电站群电力调度一体化智能运行关键技术"，鉴定单位：中国水力发电工程学会，鉴定结论：整体技术国际领先水平，2020年7月9日；

（8）"大型水电站群精准调控与风险控制关键技术及应用"，鉴定单位：中国水力发电工程学会，鉴定结论：整体技术达到国际领先水平，2021年6月8日；

（9）"大型水电站智能巡检系统研发与应用"，鉴定单位：中国职业安全健康协会，鉴定结论：整体技术达到国际领先水平，2019年11月22日；

（10）"大渡河流域梯级电站群智慧调度关键技术研究及实施"，鉴定单位：中国大坝工程学会，鉴定结论：整体技术达到国际领先水平，2018年6月27日；

（11）"大型梯级水电站群负荷实时智能调度技术"，鉴定单位：中国水力发电工程学会，鉴定结论：整体技术达到国际领先水平，2018年6月7日；

（12）"复杂环境下水电经济运行及评价体系研究与应用"，鉴定单位：中国水力发电工程学会，鉴定结论：整体技术达到国内领先水平，其中大型梯级电站EDC系统研发及应用达到国际先进水平，2017年2月10日；

（13）"大渡河下游梯级电站多时间尺度预报、调控一体化技术研究与应用"，鉴定单位：中国电机工程学会，鉴定结论：整体技术达到国际先进水平，在短期降雨预报及季尺度中小洪水预泄调度相结合方面达到国际领先水平，2016 年 6 月 7 日；

（14）"大渡河下游梯级电站群变尺度预报调控一体化技术研究及实施"，鉴定单位：四川省科技厅，鉴定结论：整体技术达到国际先进水平，在大型梯级水电站 EDC 实时动态调控一体化技术方面达到国际领先水平，2015 年 1 月 5 日。

（四）标准贡献

（1）2023 年，国能大渡河流域水电开发有限公司，NB/T 11190—2023《水电工程专用水文测站技术规范》，参编；

（2）2021 年，国能大渡河流域水电开发有限公司，GB/T 40221—2021《智能水电厂经济运行系统技术条件》，参编；

（3）2021 年，国能大渡河流域水电开发有限公司等，DL/T 2302—2021《流域梯级水电站经济调度控制技术导则》，主编；

（4）2021 年，国能大渡河流域水电开发有限公司，DL/T 2301—2021《水电站泄洪预警广播系统技术规范》，主编；

（5）2021 年，国能大渡河流域水电开发有限公司，DL/T 2466—2021《梯级水电厂智慧调度技术导则》，主编；

（6）2021 年，国能大渡河流域水电开发有限公司、国能大渡河瀑布沟水力发电总厂等，DL/T 1547—2021《智慧水电厂技术导则》，主编；

（7）2019 年，国能大渡河流域水电开发有限公司，T/CEC 265—2019《智能安全帽技术条件》，主编；

（8）2019 年，国能大渡河流域水电开发有限公司、国能大渡河瀑布沟水力发电总厂等，T/CEC 282—2019《基于大数据的水电厂设备状态预警技术导则》，主编；

（9）2019 年，国能大渡河流域水电开发有限公司等，T/CEC 284—2019《梯级水电站智慧调度技术导则》，主编；

（10）2019 年，国能大渡河流域水电开发有限公司、国能大渡河瀑布沟水力发电总厂等，T/CEC 283—2019《智慧水电厂技术导则》，主编。

（五）省部级等重要奖励

（1）2024 年，四川省电力行业协会，"基于智慧物联技术的库房精细化管理系统关键技术研究"获 2024 年研究课题成果奖三等奖；

（2）2024 年，中国电子企业协会，"大渡河瀑布沟水电站现场作业人机智能协同及风险预警关键技术研究"获发电企业数智技术创新典型案例奖；

（3）2023 年，国家能源集团，"西南山区水地灾害预警及大型梯级水电站安全运行关键技术与应用"获 2023 年度国家能源集团科技进步奖一等奖；

（4）2023 年，中国水力发电工程学会，"高温干旱复合灾害下水电站群水-机-坝一体化安全保供关键技术及装备"获 2023 年度水力发电科学技术奖一等奖；

（5）2023 年，四川省电力行业协会，"流域智慧发电企业示范建设创新与实践"获 2023 年度管理创新成果奖一等奖；

（6）2023 年，中国电力企业联合会，"基于 5G 移动通信技术的两票全过程信息化管控系统"获电力职工技术创新奖三等奖。

（六）媒体宣传

（1）2018 年，国资委，国家能源集团大渡河流域梯级电站群智慧化建设与运行技术达国际先进水平；

（2）2020 年，水利部通报表扬：2020 年防洪减灾效益显著；

（3）2020 年，国资委，国内首个径流相似性预报系统在国家能源集团投运；

（4）2021 年，中国电力报，国家能源集团主编智慧水电厂技术标准填补行业空白；

（5）2022 年，中国电力新闻网，国家能源集团大渡河公司主编智慧水电厂标准发布；

（6）2022 年，中国能源新闻网，国家能源集团大渡河洪水灾害防控技术国际领先。

六、电站建设经验和推广前景

生产指挥中心（瀑布沟水电站）作为国家能源集团水电唯一一家首批智慧发电企业示范建设单位，通过示范建设，大大提升了基础设施及智能装备、智能发电平台、智慧管理平台、保障体系等覆盖梯级电站运行全过程的调度运行智能水平，为提升国家能源集团电力产业智慧化水平，创建世界一流综合能源集团做出了积极贡献。下一步，生产指挥中心和瀑电总厂将继续深化智慧发电企业示范建设成果，总结经验，扬长避短，加强智能巡检机器人、智能安全帽、智能手环等的深度应用，推进运维、发电调度、预测预报、市场营销等智能技术的实践，拓展 3D 数字厂房、一体化调度决策支持等产品的广度，突破电力监控系统安全防护体系、水风光协同调度运行等技术的研究，争做智慧调度、智慧电厂的领跑者，为建设一流水电企业接续奋斗，做出更大的贡献。

案例2 联合协同、数智融合的安全智能梯级水电站

（国家能源集团新疆吉林台水电开发有限公司）

所属子分公司：国电电力、新疆能源公司

所在地市：新疆维吾尔自治区伊犁哈萨克自治州尼勒克县

建设起始时间：2017年7月

电站智能化评级结果：高级智能电站（五星）

摘要：国家能源集团新疆吉林台水电开发有限公司（简称吉林台公司）长期以来锐意进取、开拓创新，作为国家能源集团智慧水电示范单位，始终认真贯彻落实集团公司"一个目标、三个作用、六个担当"的发展战略，坚持以本质安全为中心，以自身生产经营实际问题和需求为导向，形成了"三网、两平台"的建设蓝图。在信息化基础之上，构建了智慧企业大数据中心，打造了智慧企业三层架构，形成经营决策指挥中心、安全生产智能管控中心，以及"调度联合、智能电站、设备诊断、智慧监测"四大模块。以数据资源为核心，以智能分析为手段，管理技术、工业技术、信息技术三大支撑齐头并进，不断实践工业化和信息化的融合。历经6年多的探索实践，智能巡检机器人、无人机、智能安全帽等智能装备广泛应用，大坝安全监测健康诊断与预警、流域水情监测、梯级电站经济调度、5G+、3D厂房、人员定位、电子围栏等技术深度运用，落地实施了一批高质量的水力发电技术研究成果，建成了以生产经营决策分析系统和安全风险智能管控系统为代表的智慧管理平台，以流域水情测报系统、流域经济调度控制系统（EDC）和机组智能平行控制系统为代表的智能发电平台，有力支撑了智慧水电示范建设。

关键词：智慧水电；示范建设；智能装备；深度运用；梯级水电站

一、概述

国家能源集团新疆吉林台水电开发有限公司于2000年1月注册成立，位于新疆伊犁尼勒克县，由国电电力发展股份有限公司控股（73.32%），为国家能源集团公司大（Ⅱ）型企业，首台机组2005年7月投产并网发电，2016年12月底20台机组全部投产发电，主要负责水电开发和经营管理，总投资74.94亿元，资产规模45.11亿元，在册员工228人，下设12个职能部门和4个管控中心，是新疆最大的水力发电企业。

吉林台公司目前在运水电站 5 座，总装机容量 108 万 kW（其中：萨里克特水电站 80MW、塔勒德萨依水电站 80MW、吉林台一级水电站 500MW，尼勒克一级水电站 240MW、温泉水电站 180MW），设计年发电量 35.15 亿 kW·h；建设了 1 座 220kV 寨口联合升压站及 55km 110kV 双回路输电线路、1 座全流域鱼类增殖站。在农业灌溉、流域防洪、鱼类养殖、电网调峰及环境保护等方面发挥着显著作用；获得了全国文明单位、自治区工人先锋号、开发建设新疆奖状、自治区科技进步奖、全国电力行业设备管理创新成果等多项荣誉。

2017 年 6 月 30 日，吉林台公司被确定为国电电力智慧企业建设试点单位，对智慧企业建设方向、目标和重点任务进行了系统性的规划，结合企业实际制定了《智慧水电建设规划》，并通过了国电电力组织的外部专家评审。2018 年 3 月，吉林台公司建成投运了新疆区域内首家流域集中控制中心，实现了五座水电站集中控制运行和联合调度，智慧企业建设加速推进。在先试先行中，牵头编制完成了《国电电力水电智慧企业建设规范》，参与编制了《国家能源集团水电智能电站建设规范》，为水电智慧企业建设提供了总体框架和技术保障。

2021 年 5 月，吉林台公司被确定为国家能源集团水电智慧企业示范单位，根据集团公司关于智慧企业建设的新要求，结合实际不断调整完善智慧企业建设项目与思路，合理分解任务计划。打通安全管理各个环节，实现数据共享、互通，整合形成了安全生产智能管控平台，使安全管理向信息化、智能化模式转变，提高安全数据的应用效率。应用大数据中心等信息化基础，汇集各业务单元数据信息，建设"流域水电站群智能决策分析系统"，实现生产、经营、管理全域数据的大统一及模型化诊断分析，有效感知企业重大风险，实现重要生产经营指标的全过程管控，为推进智慧企业奠定了坚实基础。

吉林台公司一级水电站大坝及水库实景图如图 3-2-1 所示。

图 3-2-1　吉林台公司一级水电站大坝及水库实景图

二、智能电站技术路线

(一) 体系架构

为贯彻落实国家能源集团、国电电力、新疆能源以及公司的"智慧企业"建设有关规划、要求，公司成立智慧企业领导小组及安全防护组、智能监控组、库坝监测组、智能调度组、智能检修组、信息通信组、实施保障组等专业工作组，全面指导协调"智慧企业"建设稳步推进。期间公司牵头，组织相关专业单位，编制完成了《国电电力水电智慧企业建设规范》，为业务应用提供了规范化、易管理、可扩展的基础技术平台，为跨部门跨专业的信息集成、数据整合、信息共享、统一展现提供了支撑，也为智能化分析决策与数据挖掘提供了有力支持，为水电智慧企业建设提供了总体框架和技术保障。

(二) 系统架构

经过多年的实践，通过理论指导实践、实践反馈总结形成吉林台公司智慧企业建设总体蓝图。由云基础设施、网络、基础软件等构成数字化基础设施，为上层数据和应用的运行提供坚实的基础。以 ERP 为核心实现企业生产经营信息管理。在信息化基础之上，形成经营决策指挥中心、安全生产智能管控中心，以及"调度联合、智能电站、设备诊断、智慧监测"四大模块。

吉林台公司智慧企业建设系统架构图如图 3-2-2 所示。

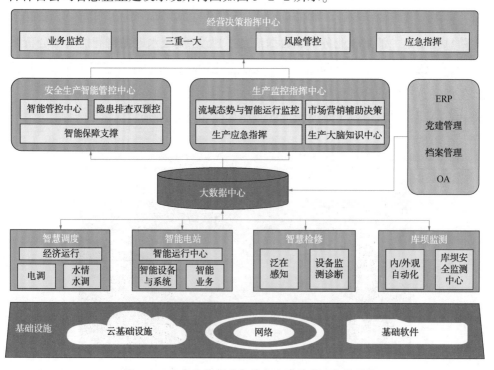

图 3-2-2　吉林台公司智慧企业建设系统架构图

（三）网络架构

吉林台公司网络主要分为三个大区，分别为生产控制网、管理信息网以及工业无线网。生产控制网由光纤专线连接分布在生产现场不同地点的设备，用于生产现场控制、监测和管理的信息交互。由I/O通信网、实时控制网和高级应用服务网组成，是数字化、智能化生产的基础承载网络。同时生产控制大区部署入侵检测、安全审计、数据库管理等网络安全设备，在集控和各厂站之间部署纵向加密设备，确保生产控制大区的网络信息安全。管理信息网为公司集控内部办公网络、虚拟化平台网络以及与上级单位之间建立的专线网络，管理信息网使用动态聚合技术，带宽具有动态叠加的能力，同时具有较强的容错性，在单条链路故障时，可保障数据正常传输。同时公司还同步开展了工业无线网建设，目前已建设覆盖各厂站的大带宽、低延时工业无线5G网络，实现智能穿戴设备、自动巡检设备的安全、高速、可靠接入，提高泛在感知能力，实现人、机器、传感设备和系统的无缝连接。

（四）数据架构

吉林台公司按照相关规划要求建设大数据平台，负责电厂各类数据的收集、汇总、清洗、分析等工作，为智能应用提供数据与算法支持，并为机器学习算法平台提供基础环境。通过专用网络形成以集控中心为核心的智慧企业数据中心。

大数据平台主要采用Hadoop构成，各系统间通过大数据平台进行数据交互。数据传输时对数据进行压缩和加密，传输数据包括实时数据、业务数据、模型数据及非结构化数据等。大数据平台遵循上级单位规划和要求，对接国电电力的Hadoop大数据平台。主要业务数据存储在Hadoop集群的HDFS和时序数据库Kudu中，并使用Nosql数据库HBase辅助存储。通过上层分析和处理引擎Hive、Impala、Spark对底层数据进行分析处理，并提供所有应用软件的统一数据访问接口。

吉林台公司数据存储或数据架构示意图如图3-2-3所示。

三、关键技术创新与建设

（一）网络与信息安全

吉林台公司坚持"信息化建设高度融合、信息系统高度协同、不重复建设"的原则，在各系统中实现信息化自动化一体、信息闭环等功能，不断提升信息安全等级，形成安全规范、可持续的保障体系。

1. 筑牢网络安全防护屏障

成立公司主要负责人为组长的网络安全领导小组。明确了网络安全管理部门。制定了《网络安全与信息化工作评价责任分解表》，将网络安全责任落实到个人。管理大区部署边界防火墙并接入集团公司纳管平台，加强服务器主机防护，部署集团防病毒软件、集团服

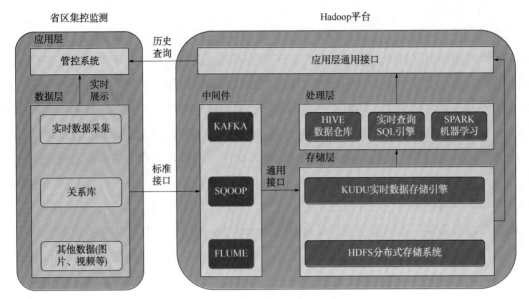

图 3-2-3 吉林台公司数据存储或数据架构示意图

务器防护软件，安装集团统一云垒防护系统，所有终端和服务器部署正版化软件。生产控制大区严格按照相关要求，做到了"专网专用、横向隔离、纵向加密、综合防护"，做到以安全管理为中心和计算环境安全、区域边界安全、通信网络安全为目标的"一个中心、三重防护"。

2. 健全网络安全运维机制

针对新上线的应用系统进行安全检测、代码审计，开展常态化网络安全运维保障，定期开展资产梳理、漏洞扫描、应急响应、安全监控和安全配置核查等运维保障工作；每年组织一次对公司重要系统进行漏洞扫描工作，定期登入网络安全数据采集系统及网络资源管理平台查看公司设备安全状态。互联网出口侧规范安全防护设备策略，重新梳理边界安全防护设备配置，完成互联网、广域网、国电电力出口防火墙、IDS 等设备策略配置梳理，关闭非必要端口，切实防护互联网出口安全。强化无线网络管理，生产大区网络禁止开通 Wi-Fi 功能，防止 WLAN 设备或含 Wi-Fi 功能的设备接入，管理大区无线网络必须执行严格的 MAC 绑定和准入控制。

3. 执行外委人员及供应商管理机制

加强对外委人员和供应商的管理，对参与软件、项目及运行维护的外委人员进行监督管理，对处于关键岗位的外委人员要进行背景审核，并签订保密协议，明确违约责任，防止敏感信息外泄。收回供应商使用的账户密码，对于供应商持有的项目设计方案、源代码、配置备份文件等敏感信息，要求供应商遵守保密协议，要求供应商销毁相关敏感信息。加强供应商及外委人员的入网安全检测，对新入网的软、硬件设施，在接入前安装集团专用主机防护软件并进行安全检测，如漏洞扫描、风险评估、基线检查等，确保软、硬件补丁升级、版本更新。

吉林台公司云垒平台如图 3-2-4 所示，吉林台公司入侵检测系统如图 3-2-5 所示。

图 3-2-4　吉林台公司云垒平台

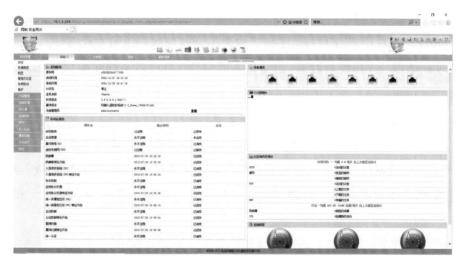

图 3-2-5　吉林台公司入侵检测系统

（二）基础设施层面

吉林台公司深入贯彻落实国家能源集团数字化转型发展战略，基于现场实际需求，开展了基础设施智能化、信息化改造、IT 基础平台建设、智慧化应用建设等一系列工作，5G 专网、视频监控、三维可视化等多项技术应用成效显著，数字"基石"功能凸显。

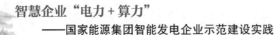

1. 夯实数字安全基础，实现设备自主可控

完成了集控中心计算机监控系统、网络设备、大数据平台、云计算平台、设备健康评价及检修决策系统的国产化改造，其中集控中心计算机监控系统是全国中小流域集控中心首家实现全国产化的系统(软硬件芯片全国产)。

2. 构建多重网络链路，保障数据安全交互

集控中心和各厂站的网络通信在带宽 2.5G 独立光传输网的基础上，对关键业务采用了电力专网作为后备通道，同时增设了联通光传输通道构建保护环作为备用通道，形成了三重网络保护。在流域各电站及集控中心部署有 5G 专网，覆盖范围包括厂区、前池、大坝等区域，MEC 及 UPF 设备部署在集控中心，采用切片等 5G 专用技术保证数据不出公司。以此为基础，充分利用 5G 大带宽、低延时的特点，将安全智能管控平台和智能巡检系统与 5G 无线通信深度结合，形成了"5G+安全管控"和"5G+智能巡检"应用技术，有效提高智能化设备应用效果。

3. 应用物联信息技术，实现安全智能识别

采用计算机视觉、人工智能结合 UWB 高精度定位技术等多项技术手段，实现了对现场设备仪表跑冒滴漏等缺陷，以及人员不戴安全帽、吸烟、靠近孔洞、走错间隔等不安全行为的智能识别、报警。在尼、塔、萨三站引水渠道边坡部署了 35 个 GNSS(全球导航卫星系统)，实现对水工建筑物的高精度定位及灾害预警。

4. 建成可视化管控系统，打造 3D 数字流域

采用 BIM、Unity3D 等多种技术手段，构建了全流域的三维可视化系统。通过三维模型与生产实时数据、人员安全数据、工业电视及多种智能设备协同联动，实现三维可视化的安全监护、风险防护、人员培训、应急指挥等功能。

5. 创新巡视巡检手段，实现全方位安全保障

引入智能安全帽、智能记录仪、智能手环、智能安全带等智能穿戴设备，提高了现场人员安全管控能力；同时利用智能巡检机器人、无人机、全站仪自动测量机器人等智能设备，实现设备智能巡检、自动观测、分析预警等功能，极大地提高了工作效率和质量。

吉林台公司数字化转型基础设施与智能装备如图 3-2-6 所示。

(三) 生产控制层面

应用先进的传感和网络技术，推进多样化、智能化感知终端建设，不断提升电站感知广度、深度，开展设备监测数据智能化分析系统建设，推进设备状态检修。建设和完善流域水情测报系统、机组智能平行控制系统和流域经济调度控制系统(EDC)，实现水电站控制性能、经济性能综合优化，推进数字技术深度融合，智能发电体系不断完善。

图 3-2-6　吉林台公司数字化转型基础设施与智能装备

1. 全面感知设备运行状态

建设了水情水调自动化系统、库坝安全监测平台、流域决策分析系统等，实现了水情、雨情、库坝状态、电力市场数据、生态流量等主要业务数据的自动采集。建设了主辅机在线监测、顶盖螺栓监测、机组油质在线监测、主变油色谱在线监测等系统，利用声波、红外、油液分析等技术全面感知设备状态。

2. 持续优化流域综合效益

研究喀什河流域融雪径流预报方案，开发适用于西北地区融雪径流特性的短、中、长期径流预报系统，延长径流预报预见期和提高预报精度。构建适合喀什河梯级电站的多目标优化调度模型和高效求解方法，解决喀什河梯级电站多目标协同优化调度问题。

3. 建设流域智能发电控制系统

开展了梯级联合优化调度研究、流域 EDC 调度研究等。在接受电网的负荷指令后，根据不同的边界条件自动适应汛期、非汛期、限电期、灌溉期等各种情况，结合准确的水情预测信息，实时将最优负荷分配给各电站，实现水库最优调度和梯级电站经济效益最大化。

4. 智能控制机组，优化机组工况

对共水力单元水轮发电机组，利用智能控制器和数字孪生技术，通过水力智能评估、局部优化调配、预测控制、脉冲前馈等智能算法，采用多机智能联调、负荷合理分配等措

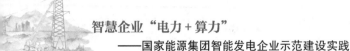

施，减小水力干扰对发电机组的影响，从而获得快速而稳定的调节品质，同时可以使机组处于当前工况下的最经济状态。

吉林台公司智能控制系统展示界面如图 3-2-7 所示。

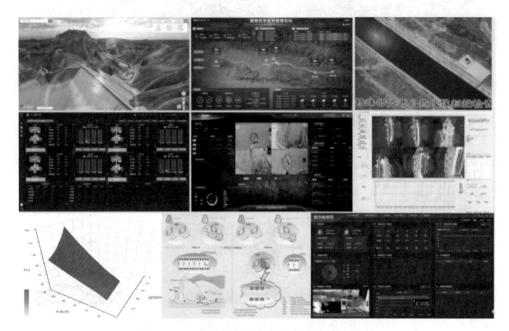

图 3-2-7　吉林台公司智能控制系统展示界面

（四）智慧管理层面

基于业务全覆盖的视角，通过云计算平台、大数据中心汇集生产全域数据和经营管理数据，从安全、设备、运行、物资、营销、党建、应急指挥等各个方面开展智能化应用建设，实现公司重要生产经营指标的全过程管控，建设一体化智慧管理平台，建立健全智慧决策指挥体系。

1. 构建数字治理体系

完成了华为云计算平台的建设工作，解决了硬件资源统筹管理问题。搭建大数据平台，完成公司相关业务数据以及生产、管理数据的全面采集、存储和应用，实现业务数据资源化。

2. 实现安全管理数字化、智能化

采用 UWB 人员定位、电子围栏以及基于 AI 智能识别算法的违章自动识别等技术手段，实现违章自动识别、登记、报警，同时与已有的违章标准库相关联，线上流程流转形成闭环管理，安全管理模式实现数字化、智能化管控。

3. 推进生产经营分析智慧化

汇集了财务、计划、营销、物资、采购、党建、行政等多方面数据，以国家能源集团 ERP 的业务流程为中心，采用大数据分析技术，实时分析经营管理中的各项指标，为各部门的业务管控提供有力的数据分析支撑，同时还可自动识别企业经营管理中存在的风险并进行分级预警。

4. 建设环境安全管控系统

在全公司范围装设门禁系统，重点区域安装对外主要出入口车辆控制装置、车底扫描系统、人脸识别系统、防爆检查装置，大坝和厂房周界安装围栏、防侵入和视频监控装置。安防监控中心配备专职保安进行24h画面监视和视频巡查，另外设置紧急报警装置，可以和卡点及厂房实现紧急联动。

吉林台公司智能决策管控中心如图3-2-8所示。

图3-2-8　吉林台公司智能决策管控中心

吉林台公司大数据中心如图3-2-9所示，吉林台公司云计算平台如图3-2-10所示。

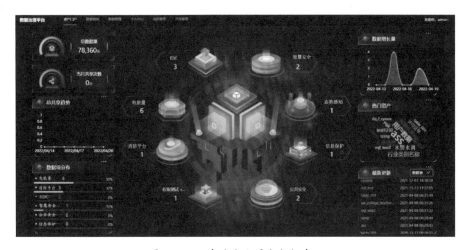

图3-2-9　吉林台公司大数据中心

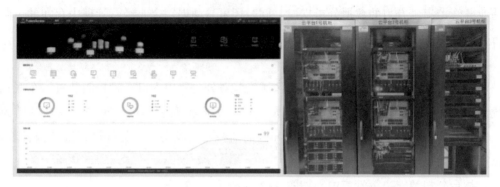

图 3-2-10　吉林台公司云计算平台

四、建设成效

（一）流域综合效益显著提升

流域梯级联合调度 AGC 功能、负荷经济调度控制（EDC）系统、融雪+降雨水文预报模型等智能化应用的研发和投运，为流域梯级调度方案的不断优化提供了科学的决策依据，实现了全流域水量利用率 100%，有效降低了发电成本，流域整体发电效益显著提升。公司应对电网调峰调频能力进一步提高，梯级联合调度运行稳定，调峰幅度大、范围广，已成为电网优先调用的流域机组，为公司抢占新疆电力市场份额奠定了坚实基础，智能发电系统运用以来累计增发电量 24.3 亿 kW·h。

（二）人力物力资源充分优化

优化整合各站生产信息资源，实现了梯级各电站生产信息的互通、共享，提高了对现场设备的实时监测和远程控制能力。通过智能安全管控平台远程可视化进行电站安全巡视，可以大幅节约安全检查差旅费和配备安全监管人员成本，每季度现场安全监管频次减少 2 次，减少专职安全员配置 4 人，举办线上培训 14 次，累计节约成本 123.54 万元。数字值班员、测量机器人、GNSS 监测设备、无人机巡检等先进技术和智能化设备的应用，逐步替代传统的人工监测方法，减少了重复、单一的工作，优化了业务流程，提高了人员自主分配和分析能力，大大节约了人力成本。系统运行至今，节约人工费、交通费、安全保证措施费等约 120 万元/年，减少工程安全运行评价相关费用 360 万元/年。

（三）安全保障能力大幅提高

多媒体安全智慧培训教室和安全培训平台，实现了多元化、无纸化和全员在线安全教育无障碍培训。安全管控平台实现风险与现场作业三维地图关联，推进安全生产保证体系和监督体系协作有序、高效运转。高风险作业智能视频监控、库坝安全监测可视化平台多举措确保风险可控在控，有效遏制各类生产安全事故发生。通过对现场设备开展智能自动控制、集中监控等技术改造，提高了机组自动化运行水平，深入开展数据分析与挖掘，实现设备故障诊断及健康管理，有效提高了设备可靠性。

五、成果产出

(一) 总体情况

吉林台公司智慧化应用成果丰硕，发明专利授权 4 项、受理 17 项，实用新型专利授权 16 项、受理 8 项。公司参与编制的国家能源集团企业标准《水电智能电站建设规范》《水电厂智能分散控制系统（iDCS）技术导则》、主持编制的《国电电力水电智慧企业建设规范》，为水电智慧企业建设提供了总体框架和技术保障，对智能电站建设具有重要指导意义。智慧调度、智慧检修、智能电站、智能监测等数字化、信息化、智慧化成果在流域各厂站广泛应用，相关建设成果获省部级科技奖励 1 项、行业级奖项 3 项、子分公司级奖项 14 项、自治区总工会优秀创新成果奖 31 项。

(二) 核心技术装备

(1) 一种梯级水电站 EDC 和闸门自动优化联动方法及系统；

(2) 一种安全监测数据的整体可视化分析方法；

(3) 基于智能群岛并行粒子群方法；

(4) 一种 MODIS 遥感积雪信息的处理方法和装置；

(5) 一种基于分频算法诊断下机架松动故障的方法及系统；

(6) 水电站风险控制策略的确定方法及其装置、处理器；

(7) 基于人员定位技术的水电站人员管控方法及系统；

(8) 共水力单元发电机组平行控制装置；

(9) 一种安全监测信息可视化平台结构；

(10) 一种外观变形自动化固定测站；

(11) 一种引水渠道动态水位预警组件。

(三) 成果鉴定

(1) "国家能源集团新疆吉林台水电开发有限公司智能安全管控平台研究与建设"，鉴定单位：中国安全生产协会，鉴定结论：整体技术达到国内领先水平，2022 年 12 月 30 日；

(2) "新疆伊犁河流域水利水电工程对土著保护鱼类影响评价及生态补偿工程技术研究"，鉴定单位：中科合创（北京）科技成果评价中心，鉴定结论：整体技术达到国际先进水平，2022 年 7 月 18 日；

(3) "混凝土面板堆石坝的安全监测健康诊断和预警机制研究"，鉴定单位：中国电力企业联合会，鉴定结论：整体技术达到国际先进领先水平，2022 年 7 月 1 日。

(四) 省部级等重要奖励

(1) 2023 年，新疆维吾尔自治区，"新疆伊犁河流域水利水电工程对土著保护鱼类影响评价及生态补偿工程技术研究"获 2022 年度新疆维吾尔自治区科学技术进步奖三等奖；

（2）2023 年，中国安全生产协会，"国家能源集团新疆吉林台公司智能安全管控平台研究与建设"获 2023 年中国安全生产协会第四届安全科技进步奖二等奖；

（3）2023 年，电力信息化专业协作委员会，"国家能源集团新疆吉林台水电开发有限公司安全智能管控平台研究与建设"获 2022 年电力企业信息技术应用创新成果三等奖；

（4）2020 年，北京测绘学会，"大型水电站工程表面变形监测自动化系统的建设及应用技术研究"获 2020 年测绘科技进步奖一等奖；

（5）2018 年，中国电力企业联合会，"AVC 系统改造"获 2018 年度电力职工技术创新奖三等奖。

（五）媒体宣传

（1）2023 年，新华网新华号，国能新疆吉林台公司风帆鼓荡破浪行；

（2）2023 年，新华网新华号，国能新疆吉林台公司智慧管控平台赋能安全管理；

（3）2023 年，今日头条，水电"巡检特工"。

吉林台公司水工建筑物无人机智能巡检系统固定基站如图 3-2-11 所示。

图 3-2-11 吉林台公司水工建筑物无人机智能巡检系统固定基站

六、电站建设经验和推广前景

吉林台公司智慧水电示范建设通过 6 年的开发建设，实现了水电资源的优势转化、人与自然和谐共生，担当着电力为民的使命，也擘画着智慧企业的美好未来。为了把能源技术的饭碗牢牢端在自己的手中，吉林台公司对集控中心计算机监控系统进行国产化升级改造，实现了全国首家中小流域集控中心计算机监控系统全国产化自主可控。联合调度充分发挥引水和坝式水电站的特点，扬长避短，优势互补，梯级联合调度 AGC 实现了 5 座水电站的"以水定电"，连续 6 年实现零弃水目标，从各自为营到协同联动催化了最优效益。智能电站通过智能控制、智能巡检、智能事故分析、运维工作智能辅助等，实现了电站智能化管理的适应性变革。设备诊断综合计算机监控系统、机组状态监测系统、主变油色谱在线监测系统、GIS 在线监测系统、辅机在线监测系统等系统的设备基础数据，开发建设了设备健康状态评价及检修决策系统，利用大数据分析和机器学习算法实现了设备故障预测、劣化预警、检修决策建议，提高了设备的可靠性。库坝监测应用水电站外观自动化监测、库坝风险分析预警、无人机巡视渠道等先进技术，提升了监测精度和可靠性。

吉林台公司将进一步深化 5G、国产芯片、深度学习等自主可控前沿技术应用，积极联合所在省区或国家部委及相关协会，开展水电 IDCS 首台套应用技术示范认证工作，积极参与国家能源集团及行业水电智能化领域标准制定，向"少人值守，智能自主"发展，兼顾新能源建设，让水光白+黑互补，发挥最大潜力，打造有品牌有知名度的水电智能标杆示范电站。

小　　结

　　水力发电作为可再生能源的重要组成部分,具有技术成熟、环境友好和可持续发展等优势,在能源供应的可靠性和可持续性方面发挥着重要作用。截至 2024 年 6 月底,国家能源集团水电总装机达 1976 万 kW,国能大渡河流域生产指挥中心(瀑布沟水电站)和国家能源集团新疆吉林台水电开发有限公司作为国家能源集团水电龙头企业,历经多年的探索和实践,智能巡检、设备状态监测分析、大坝安全监测健康诊断预警、水情气象预报、3D 数字厂房、电子围栏、流域经济调度控制等技术的深度应用,打造了水电智能分散控制系统 iDCS、流域梯级水电站群智慧调度、水情水象大模型预测、大坝智能监测、水电智慧工程等一批具有国际领先水平的技术研发应用成果,有力支撑了智慧发电企业示范建设。

　　在基础设施及智能装备方面,两家水电示范企业扎实推进基础设施、智能装备建设,开展基础设施智能化改造,练好智慧建设基本功,数字基石基础扎实完善。通过对电力生产设备、物联网设备、网络设备等基础设施进行升级完善和设备运行环境优化,为智能发电和智慧管理提供基础支撑,提升智能发电基础服务能力。完成了监控系统、网络设备、平台国产化改造,实现了自主安全可控。应用物联信息技术,实现设备状态、人员行为等的安全智能识别。创新巡检手段,开发智能巡检系统,实现电站全方位安全保障。建设可视化管控系统、3D 数字厂房,打造人机协同的云端电站。

　　在智能发电方面,通过应用先进的传感和网络技术,推进多样化、智能化感知终端建设,不断提升电站感知广度、深度。拓展了数据感知要素和信息监视手段,建设和完善流域水情测报系统、大坝安全自动化监测系统,开展设备监测数据智能化分析系统建设,实现了生产信息的全面感知、分析和预警,助力设备状态检修决策,有效提升运维检修智能化水平。构建了完善的短、中、长期径流预报技术体系,建设了流域中、长期水情精准预报及综合优化系统。研发投运了流域经济调度控制系统(EDC),提升了水电站控制性能、经济性能综合优化水平,实现梯级电站高效协同运行。建成事故决策支持系统,提高流域设备风险分析决策能力。

　　在智慧管理方面,基于业务全覆盖的视角,通过云计算平台、大数据中心汇集生产全域数据和经营管理数据,从安全、设备、运行、物资、营销、党建、应急指挥等各个方面开展智能化应用建设,实现公司重要生产经营指标的全过程管控。构建数字治理体系,充分发挥数据"底座"支撑作用。开发建设安全风险智能管控平台和环境安全管控系统，实现安全管理的信息化、智慧化，提高重点区域防护能力。开发应用了多系统智能联动功能，以提升现场应急协同处置能力。建立健全智慧决策指挥体系，构建专家知识库，开发了生产经营智能决策分析系统，推进生产经营决策智慧化，有效提升电站智慧化运营和管理水平。

在保障体系方面，两家示范企业均严格执行国家网络安全等级保护的有关要求，根据"安全分区、网络专用、横向隔离、纵向认证、综合防护"的总体原则，开展了安全监测装置部署、网络安全设备升级、定期等保测评、网络安全攻防演练等工作，在各系统中实现了信息化自动化一体、信息闭环等功能，不断提升信息安全等级，保障电站各级系统的安全。在生产控制大区，部署了电力监控系统网络安全监测装置，搭建网络安全管理平台，实现网络安全监视、安全告警和安全审计。完成生产控制大区网络安全设备升级，对生产实时控制区和非实时控制区部署的网络安全审计装置、入侵检测装置等设备开展了升级工作，进一步增强信息系统安全防护能力。建立了具备自动防御、检测、响应和预测功能的管理信息大区安全态势感知平台，通过安全管理规范、安全防护策略和安全防护设备三者的有机结合，辅助网络安全专业技术人员风险决策，有效防范病毒攻击，提升设备安全性和运维人员工作效率。

新能源首批示范电站建设案例

第四章

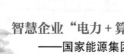

引　言

　　新能源智能发电示范建设是国家能源集团智能发电体系建设中重要的组成部分。近年来，在国家能源集团的统一领导下，各新能源企业在智能发电领域开展了大量创新实践探索工作，形成了一批具有推广应用价值的创新成果。2023 年 1 月至 2023 年 7 月，国家能源集团电力产业管理部牵头组织，抽调 10 余名集团内部专家，组成验评专家组对国华巴彦淖尔(乌拉特中旗)风电有限公司、国电电力宁夏新能源开发有限公司、安徽龙源风力发电有限公司、广西龙源风力发电有限公司、国电科技环保集团有限责任公司赤峰风电公司 5 家新能源场站生产现场开展了全面、客观的评分和定级工作。

　　国华投资在打造新型"集控生产模式"，实现企业经营管理全覆盖方面独具特色。通过集中监控、无人值守、区域化管理等模式创新实现人员效率大幅提升。通过数据智能分析、健康诊断、故障预警推动预防性检修，减少机组故障及维护成本。通过智能安防、智慧管理系统、智能穿戴设备等，有效覆盖基建、生产的全过程管理，提升安全水平。国电电力以智能发电平台为依托，以提升经济运行方式、优化设备检修模式、提高安全管控能力为目标，探索将工业控制领域的专有知识注入人工智能模型中，并将其与先进控制技术、数据挖掘技术等相集成，形成一套新型的智能发电体系，解决了新能源行业大规模集控监控的难点问题，填补了新能源智能发电技术空白。龙源电力提出了"新能源生产数字化平台"的智慧企业建设理论体系，将生产监控系统、生产管控系统、视频监控系统、在线振动监测系统、人车船定位系统、功率预测系统以大数据、云计算为底层架构，实现指标可配置、数据可钻取的互联互通"六位一体化"智能信息平台。国电科技环保集团有限责任公司赤峰风电公司发挥风电生产运营、建设制造、信息技术三大业务优势，开辟新能源智慧企业建设新径，以透明风场作为数字化核心基础，贯通两条主线，横向业务协同融合，纵向数据全景智能，构建了科环新能源智能生态体系。国家能源集团所属新能源发电企业通过引入大数据、物联网、机器学习等先进技术，支持生产管理模式的优化调整，做细做优生产管理工作，有效控制生产活动风险因素，高效利用存量资产，实现"保安全、保电量、强化运行，提高设备健康水平"的生产管理目标，为整个新能源行业的智慧企业建设指明了发展道路。

　　经实地调研、资料审查、座谈交流、评分定级，根据《国家能源集团电站智能化建设验收评级办法》，授予国华巴彦淖尔(乌拉特中旗)风电有限公司、国电电力宁夏新能源开发有限公司、安徽龙源风力发电有限公司3家新能源企业高级智能电站(五星)称号。授予广西龙源风力发电有限公司、国电科技环保集团有限责任公司赤峰风电公司2家新能源企业中级智能电站(四星)称号。

案例1 基于数模融合的新能源生产模式+
智慧风光电站

[国华巴彦淖尔(乌拉特中旗)风电有限公司]

所属子分公司: 国华能源投资有限公司

所在地市: 内蒙古自治区巴彦淖尔市

建设起始时间: 2016 年 10 月

电站智能化评级结果: 高级智能电站(五星)

摘要: 国华巴彦淖尔(乌拉特中旗)风电有限公司(简称蒙西公司)自成立以来便以前瞻性的目光实施战略部署,积极适应新能源大发展需求,面对人力资源减少、场站环境艰苦的现实,公司大力聚焦人才培养、技能提升的业务需求,自 2016 年启动智慧企业建设,开展"数据驱动、人机协同"的智慧企业发展战略,以"控险、降耗、提质、增效"为目标,开启"智慧大脑",智慧生产升级。以"人的行为管理、物的状态管理、数据的赋能管理"为方向,打造"集中监控、无人值班、少人值守、专业检修"的生产管理模式,实现了六个统一(人员统一指挥、物资统一调配、数据统一分析、设备统一监控、安全统一管理)、六个精准(状态精准检修、故障精准判断、人员精准定位、业务精准运营、物资精准采买、交易精准预测),基本建成规模效益领先、布局结构合理、经营管理规范、创新能力突出的一流新能源示范企业。

关键词: 数模融合;人机协同;少人值守;数据驱动;智慧场站

一、概述

国华巴彦淖尔(乌拉特中旗)风电有限公司成立于 2008 年 2 月,隶属于国家能源集团国华能源投资有限公司。蒙西公司总部基地位于内蒙古自治区巴彦淖尔市,是众多新能源企业中唯一在巴彦淖尔市建立总部基地和智慧化集控运营中心的新能源企业,是巴彦淖尔区域装机容量最大的新能源企业。蒙西公司负责蒙西六市(巴彦淖尔、鄂尔多斯、乌海、呼和浩特、包头、阿拉善)新能源产业的开发经营,涉及新能源建设及运维、加氢站运营、无人值守场站、专业化检修等领域。并网装机容量 124 万 kW,管理发电场站 14 座(其中风电场 5 座、光伏电站 9 座)。

面对人力资源减少、场站环境恶劣、人员设备较为分散的现实，蒙西公司以智慧企业建设为依托，从战略、文化、组织、业务、技术等方面规划了一条符合新能源发展的智慧管理体系。以"工作制度化、制度流程化、流程标准化、标准表单化、表单信息化"为目标，构建"生产管理应用多系统互联互通，生产业务部门多专业协同"的新生产管控模式。通过加强智慧企业建设解决生产管理、安全风险、资源调配等方面存在的问题，进而建设新能源智能集中控制平台，提高生产管理和运营水平。打造新型"集控生产模式"，实现企业经营管理全覆盖和"六统一"，即数据统一存储、设备统一监控、状态统一分析、安全统一管理、人员统一指挥、物资统一调配。通过集中监控、无人值守、区域化管理等模式创新实现人员效率大幅提升；通过数据智能分析、健康诊断、故障预警推动预防性检修，减少机组故障及维护成本；通过智能安防、智慧管理系统、智能穿戴设备等，有效覆盖基建、生产的全过程管理，提升安全水平。在新能源智能集中控制平台集约化管理下，蒙西公司生产运营开启了新篇章。

蒙西公司实景图如图 4-1-1 所示。

图 4-1-1　蒙西公司实景图

二、智能电站技术路线

（一）体系架构

蒙西公司高度重视网络安全工作，严格遵守网络安全法及国家能源局 36 号文，全面落实电力监控系统安全防护十六字方针和国家能源集团电力网络安全十不准相关要求。从公司层面建立了以公司党政一把手为主要负责人的网络安全领导机构，建立了物理环境、主机安全、网络安全、应用安全、管理保障五个层面的综合防护体系，为公司重要信息系统稳定运行提供全方位保护。

为全面实施企业创新驱动发展战略，加快构建富有特色、具有优势的区域创新体系，进一步强化企业技术创新主体地位，引导和支持企业增强技术创新能力和核心竞争力，增强企业高质量发展的技术支撑能力，加快关键核心技术研发和产业化，蒙西公司于2023年6月完成内蒙古自治区企业技术中心认定，包含试验中心、实操中心、创新工作室、仿真中心、VR体验中心在内的"五位一体"相互融合、相互促进的全职能型企业技术中心，负责制定企业创新规划、开展核心技术和产品研发、创造性运用知识产权、建立技术标准体系、凝聚培养创新人才，提高科技成果水平，推进技术创新全过程实施。

蒙西公司坚持将企业与国家发展紧密结合，以企业技术中心认定为起点，加大科技创新力度，在大功率氢能源机车配套加氢系统及加氢站、风光氢氨一体化技术、新能源电场、储能电池等方面坚持发展，努力创新，进一步推进新能源电场建设，深化智慧企业建设。在充分发挥自身优势的同时，广泛与国内科研院校开展合作，同重庆大学、内蒙古科技大学、沈阳工业大学等高校建立长期合作关系，以技术为纽带，以项目为载体，形成跨行业、跨地区、高层次的产学研联合研发体系。

（二）系统架构

蒙西公司通过建设智慧运营集控中心先进管控平台，在场站部署智能传感设备，结合管理模式的改变，最终实现公司所辖电站的智慧运营管理。系统架构主要分为：

（1）实现公司范围内电场生产数据按需采集、统一管理，实现数据的"采存管通"。进行通信链路改造、生产控制大区服务器国产化改造、系统优化，通过集成化、数字化、可视化等技术实现设备的远程监视控制。

（2）提供便捷、高效的数据分析及服务开发工具，横向专业融合、数据孤岛打破业务壁垒，纵向贯穿各个管理层级、沉淀管理经验和数据资产。

（3）实现新能源数据标准化、规范化管理，实现数据汇集、分析、发布，变数据为企业资产，支撑公司数字化转型、智能化转型。

（4）生产管理应用系统、故障预警系统、基于可视化展示等应用融合先进信息技术，助力场站"无人值班、少人值守、集中调度"智能、高效化运维模式的有效开展，降低运维成本，提升设备、电站运行效率。

（5）基于大数据平台的应用创新，以区域KPI指标为指引，统一管理区域新能源场站，同时挖掘新能源数据价值，扩展数据业务范围，与场站、集团形成三级架构。

（6）打通数据业务的纵向流通，实现业务统一展示、统一告警、协同指挥，提升整个区域电场管理效率。

（7）建设智慧风电/光伏电站系统，依托集中监控系统、大数据平台等，完善、部署生产管理系统、集中功率预测系统、设备健康管理系统等高级应用软件及所需的硬件、支撑软件等。

业务模式架构方面以数据驱动，线上线下融合，区域化运营，无人化值守为目标，通过线上和线下相结合的业务模式，实现电站"远程集中监控、区域共享服务、场站无人值守"，实现全面的计划管理，提高运营效率，降低运营成本。

智慧场站系统架构图如图 4-1-2 所示。

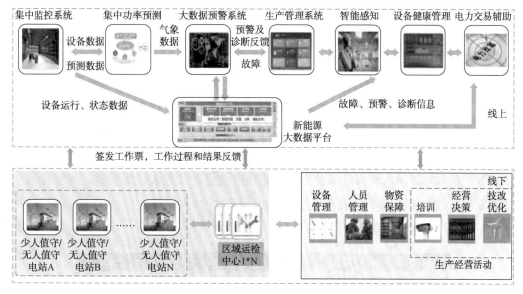

图 4-1-2　智慧场站系统架构图

（三）网络架构

根据国家能源局 36 号文《电力监控系统安全防护方案》，满足"安全分区、专网专用、横向隔离、纵向认证、综合防护"的整体要求。

新能源智能集中控制平台的硬件配置按照常规配置，配置服务器、工作站、交换机、路由器、防火墙、纵向加密、正反向隔离、磁盘阵列、GPS 时钟、打印机等硬件设备。每个场站至集控中心部署 3 条专线，其中生产控制大区部署 2 条电力专线，用于生产控制大区传输数据。信息管理大区部署 1 条运营商专线，用于视频监控、消防监控等数据传输需求。新能源网关（部署在场站数据采集服务器）与大数据平台将采集与汇集风机、光伏、升压站、储能设备、光资源环境监测、测风塔、工单、物资、流程、生产管理、视频监控、智能感知等风电场全维度可采集数据。实时数据采集功能由前置采集系统完成，前置采集系统根据协议和配置，连接数据源设备，进行实时采集数据。系统采集到设备数据之后，进行数据预处理，把原始采集数据、计算后的统计数据按照定义的信息模型，通过数据转发模块传输到中心端。同时，采集系统接受从中心端下发的控制命令，转发给场站端的各个设备。

（四）数据架构

基于跨业务、跨系统的数据融合方案，建设企业级数据中台，将数据标准体系建立、数据治理、数据聚合、数据共享、数据管理相结合，利用现代信息和先进通信技术等手段提升数据质量，全量接入场站数据，实现场站全息感知、信息高效处理；对数据接入、传输、存储、转发等环节进行标准化，对上层应用"统一设备"；基于"数据+业务"中台的构建方式，建立数据中心，对数据进行运营，将可复用的数据、服务快速共享；通过标准化的数据打通各系统之间的数据流，优化网络结构，为后续系统功能扩展以及新系统开发提供统一的平台和数据源，使智慧运营系统建设的综合效果最大化。

为减少各系统数据存储冗余问题、数据获取效率低的问题，有必要基于数据中台贯通各系统之间的数据流，将各系统的数据需求、数据源端和数据交换统筹规划及存储，并通过数据提供服务引擎向各应用系统提供数据获取及交换服务。基于集控系统建设经验，梳理各业务系统对外部的数据需求、数据源端和数据交换需求，打通数据中台与集控及报表、集中功率预测、电量辅助交易、智能感知等系统的数据接口。为统一数据入口、减少各系统数据重复计算问题和提升部分实时计算任务性能，引入大数据中台，将聚合的全域业务数据进行数据分域预处理和数据分层预处理(图4-1-3)。

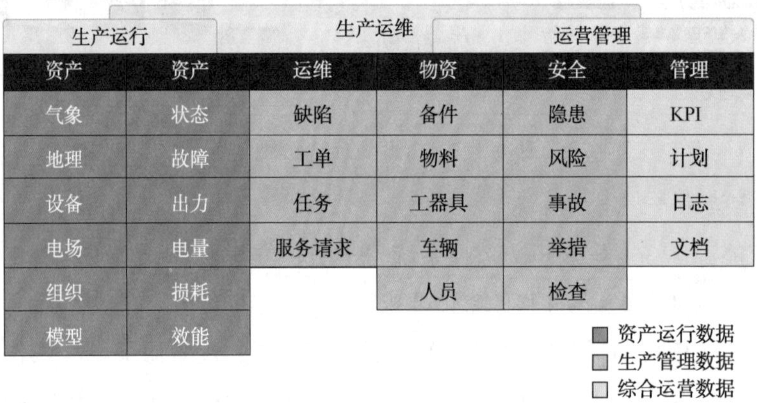

生产运行		生产运维		运营管理	
资产	资产	运维	物资	安全	管理
气象	状态	缺陷	备件	隐患	KPI
地理	故障	工单	物料	风险	计划
设备	出力	任务	工器具	事故	日志
电场	电量	服务请求	车辆	举措	文档
组织	损耗		人员	检查	
模型	效能				

■ 资产运行数据
■ 生产管理数据
□ 综合运营数据

图4-1-3 数据分域及数据分层

数据主体域分层情况如图4-1-4所示。

以数据为视角，数据要发挥实际价值，数据主题域的规划非常重要。通过业务域和数据域的匹配，形成具体数据主题。数据主题是数据治理的基础元素。将数据按照数据的业务属性进行分类及打标签，形成资产运行数据、生产管理数据和综合运营数据三大类一级主题域，资产、运行、运维、物资、安全和管理六类二级主题域，支持基于业务类别，高效完成数据查询和计算任务。

三、关键技术创新与建设

(一) 网络与信息安全

系统网络安全防护的总体原则为"安全分区、网络专用、横向隔离、纵向认证"。安全防护主要针对用于监视和控制电力生产及供应过程的、基于计算机及网络技术的业务系统及智能设备，以及作为基础支撑的通信及数据网络等。重点强化边界防护，同时加

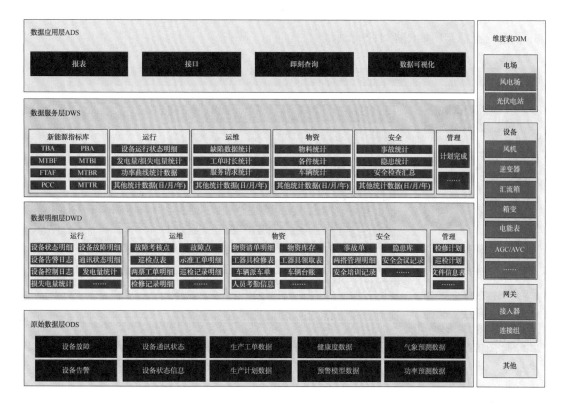

图 4-1-4　数据主体域分层情况

强内部的物理、网络、主机、应用和数据安全，加强安全管理制度、机构、人员、系统建设以及系统运维的管理，提高系统整体安全防护能力，保证电力监控系统及重要数据的安全。

智慧场站的网络安全防护是复杂的系统工程，其总体安全防护水平取决于系统中最薄弱点的安全水平。信息安全框架应由相关安全法规、政策和网络、安全基础设施构成。从安全管理体系(组织管理、人员管理、制度管理、资产管理、事件管理)和安全服务体系(安全漏洞扫描、设备安全巡检、设备安全配置优化、基础环境安全评估、安全事件审计、应急响应、安全情况综合分析)两个维度对安全需求、安全规划、安全设计、安全技术体系、安全建设、开发编码、部署发布、运行维护、防护、检测、响应、恢复，从而总体实现物理安全、网络安全、系统安全、应用安全、管理安全。

应用安全包括身份鉴别、访问控制、安全审计、剩余信息保护、通信完整性、通信保密性、抗抵赖、软件容错、资源控制和代码安全等几方面。数据安全包括数据完整性、数据保密性、数据备份和恢复等方面。主机安全的范围包括服务器、终端/工作站等的操作系统和数据库系统，具体包括身份鉴别、访问控制、安全审计、剩余信息保护、入侵防范、恶意代码防范和资源控制等几方面。网络安全包括结构安全、访问控制、安全审计、

边界完整性检查、入侵防范、恶意代码防范、网络设备防护和安全分区等内容。

信息安全框架图如图4-1-5所示。

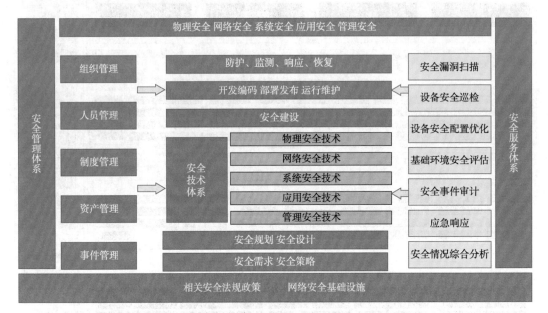

图4-1-5　信息安全框架图

（二）基础设施层面

蒙西公司在智慧企业建设中，在基础设施、智能巡检、智慧安防、三维仿真系统、智能穿戴设备、门禁系统、智能机器人、智能检测设备等方面实施部署。

1. 基础设施

集控中心与场站生产区采用电力专线保障安全。逐步完善各场站无线覆盖改造，其中川井风电场、乌兰风电场实现4G覆盖。集控中心建设标准化机房，完成了系统国产化改造，机房配置动环监测装置，配备七氟丙烷气体灭火装置等。

2. 智能巡检

蒙西公司部署智能巡检设备，以减轻人工劳作、提升巡检质量：所有输变电、风机、箱变均粘贴NFC点检标签；乌兰风电场配置红外测温轮巡系统；乌漫无人光伏电站配置视频点检系统；漠北无人光伏电站配置轨道机器人巡检系统（图4-1-6）。

3. 智慧安防

集控中心接入14个场站1300个摄像头、17台布控球、48台执法记录仪、30台行车记录仪、1097个消防测点、2套机房动环系统，全面保障安防监控。集控中心电力安防辅助平台（图4-1-7），可实现行为识别、周界入侵报警、消防报警、智能巡检、车辆管控、数字驾驶舱等功能。

图 4-1-6　轨道巡检机器人

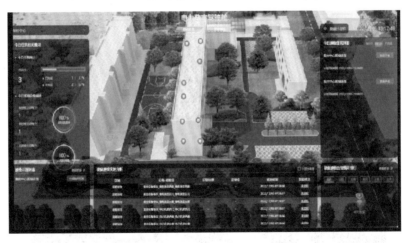

图 4-1-7　电力安防辅助平台

4. 三维仿真系统

三维仿真系统(图 4-1-8)包含变电站、风机、光伏三个子系统,仿真系统100%复制现场设备,可实现运行、潮流、故障、保护、操作等完整逻辑动作,可提供新能源全产业仿真培训。VR仿真培训系统,按照风机全比例建模,可实现风机逃生演练、生产事故体验、消防培训、急救培训等功能。

5. 智能穿戴设备

智能穿戴设备体系主要由智能安全帽、智能手环、执法记录仪、智能防坠器等设备构成(图 4-1-9)。智能安全帽具备双模定位、视频监测、语音对讲、一键求救、近电报警等

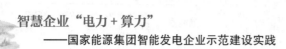

功能。电子围栏通过关联工单与工作票，利用 UWB 定位功能，走错间隔后警醒报警。智能手环具备定位、健康监测、远程管理、一键求救、安全区域划定等功能。智能防坠器具备防坠器状态监测、坠落预警、钢丝绳偏离监测等功能。

图 4-1-8　三维仿真系统

图 4-1-9　人员智能穿戴设备

6. 门禁系统

蒙西公司所有生产区域均实现智能锁具覆盖。智能锁具解决了锁具与钥匙管理困难的问题，实现了工作票、权限与锁具的关联，实现了生产现场区域闭锁智能化管理。主要使用智能锁具，通过管理系统与工单关联，实现权限统一管理。智能锁具系统如图 4-1-10所示。

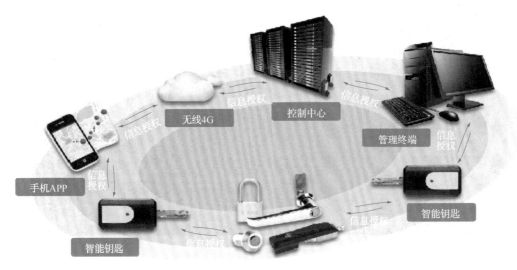

图 4-1-10　智能锁具系统

7. 智能机器人

无人机自动巡检系统，可实现风机、光伏、线路智能巡检。机器人与管控平台进行数据交互、AI 分析，拥有航迹规划、自主巡检、数据采集、热成像、缺陷识别、报告生成的完整应用。专业检修方面，叶片内部巡检机器人可深入叶片内部，进行高清画面巡视；3D 相控阵超声探伤仪、避雷导线断线测试仪、超级电容测试仪均能实现专业性测试，减少人工作业强度。无人机巡检如图 4-1-11 所示。

图 4-1-11　无人机巡检

8. 智能监测设备

在现场配置主变油色谱在线监测、高压套管局放监测、开关柜无线测温、SF_6 泄漏报警系统、风机振动监测、风机自动消防等系统，有效提升了设备保障水平。风机自动消防系统如图 4-1-12 所示。

图 4-1-12　风机自动消防系统

（三）生产控制层面

搭建完成了智能发电平台、大数据平台，包含预警系统、单机核算、辅助交易系统及BI 报表等智慧系统。

1. 智能发电平台

集控中心（图 4-1-13）围绕系统国产化改造，实现软硬件全部国产化。数据统一转换为标准模型，配备磁盘阵列进行数据存储。建设标准化机房，中心机房配置动环监测装置，接入集控平台进行统一管理。集控平台通过设备状态、告警规则、告警等级、控制逻辑的重新定义，实现智能监盘；通过"四遥"实现设备的全面控制；通过电力安防辅助平台全面提升安防管理水平。

图 4-1-13　蒙西公司集控中心

2. 大数据平台

预警系统通过数据挖掘建立预警诊断算法，推送预警工单，在故障前进行预防性检修。预警系统分为风机和光伏两个子系统，包含风机预警模型共 45 项，光伏预警模型共 11 项，覆盖了公司 3 种风机和 7 种逆变器，预警模型准确率大于 90%。单机核算将发电能力、故障次数、备件成本、维修成本自动关联，实现单台风机成本核算。筛选出能效低、健康水平差的风机并分析原因，通过专项技改及消缺提升设备健康水平。辅助交易系统进行高精度气象预测，分析市场交易政策、预测电价，提供交易辅助决策策略。系统包含信息发布、交易策略、现货交易复盘、交易信息采集等功能。BI 报表系统可自由进行报表搭建，直接访问业务数据，自动生成各类型分析报表，帮助使用人员科学决策。大数据故障预警系统如图 4-1-14 所示。

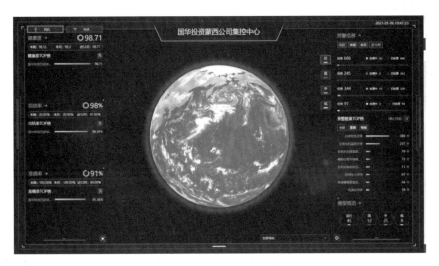

图 4-1-14　大数据故障预警系统

(四) 智慧管理层面

搭建完成了智慧管理平台，部署智慧生产管理系统、智慧党建行政系统。

1. 智慧生产管理系统

系统覆盖生产全流程管控，包含工单、违章、设备、记录、物资、外委、培训、考试、预警等管理功能，是安全生产标准化体系落地的有效载体。典型应用场景包括：

外委管理：模块集成了单位资质、人员信息、出入场、安全检查、刷脸考勤、十必须检查等全过程管控。

工单管理：通过工单串联工作全过程，包括派工、KKS 设备关联、锁具权限关联、工序卡推送、物资推荐、物资领用、物资出入库、核算信息关联等。

物资管理：系统支持集团物料编码体系，可实现二维码扫码管理。系统功能包含出入库、领用与退库、损坏与返修、库房盘点、安全库存提醒、信息核算与报表等。

智慧企业"电力＋算力"
——国家能源集团智能发电企业示范建设实践

培训考试：培训系统上传各类教材，学员自主学习，过程自动记录学时与积分。考试系统具备题库管理、考试计划、防作弊、自动判卷功能。

智慧运营管理平台如图 4-1-15 所示。

图 4-1-15　智慧运营管理平台

2. 智慧党建行政系统

该系统以国家能源集团统建系统为主，无纸化督办系统(图 4-1-16)为补充，完整地覆盖了行政管理过程，系统功能包含党建管理、人力资源管理、综合行政办公等各项管理应用。

图 4-1-16　无纸化督办系统

四、建设成效

蒙西公司在智慧企业建设过程中，整体成效显著。通过集中监控、无人值守电站建设，目前公司拥有无人值守光伏电站 6 座、无人值守风电场 2 座，无人值守场站占比53%，公司生产一线人员实现定额减员 54%。节约生产办公类建设费用占总投资的3.28%，节约基建费用 1304 万元。通过健康监测、故障预警、预防性检修提升设备可靠性，压降成本 1.78%。通过电力交易、两个细则考核等措施营收增加 2.73%。人均创收达到 632 万元/人，人均创效达到 341 万元/人，各项经济指标达到行业一流水平。

落实可持续发展要求。实现新能源高比例消纳，2022 年新能源利用率达到 95.3%，全年发电量 31 亿 kW·h，相当于减排二氧化碳 295 万 t。

积极发挥产业带动作用。智慧企业的建设带动行业创新资源积聚，能够以技术为突破口推动能源电力产业转型升级，促进电力行业进一步发展。推进能源供给侧结构性改革上的引领作用、能源服务新业态上的示范作用，在带动地方经济上发挥带头作用，在增强新的竞争力上发挥基础性作用。

五、成果产出

（一）总体情况

国华巴彦淖尔（乌拉特中旗）风电有限公司从 2016 以来坚持智慧企业建设，打造"集中监控、无人值班、少人值守、专业检修"的生产管理模式，以"控险、降耗、提质、增效"为目标，开启"智慧大脑"，智慧生产升级。多年来，公司以科技创新为抓手培养全员创新能力、创新思想和创新意识，加强成果转化，累计获省部级奖励 13 项，授权发明专利和实用新型专利 28 项、软件著作权 1 项，发表论文 124 篇，基本建成规模效益领先、布局结构合理、经营管理规范、创新能力突出的一流新能源示范企业。

（二）核心技术装备

（1）国华乌兰风电场 VR 仿真系统软件 v1.0；

（2）一种超级电容充电开关及防倒灌保护电路；

（3）具备变桨轴承废油回收与集中润滑功能的风电机组；

（4）一种用于风力发电机避雷线测试的监测系统；

（5）一种风力发电自动锁定叶轮锁；

（6）一种输变电检修用于攀爬电线杆可防松的安全带。

（三）成果鉴定

（1）"风电领域 VR 仿真安全培训教育系统"，鉴定单位：谷穗科技成果转化服务有限公司，鉴定结论：国内同类产品领先水平，2021 年 12 月 30 日；

（2）"基于大数据的设备健康管理系统"，鉴定单位：谷穗科技成果转化服务有限公司，鉴定结论：国内同类产品领先水平，2021年12月30日；

（3）"基于集控生产模式的智慧运营管理平台"，鉴定单位：谷穗科技成果转化服务有限公司，鉴定结论：国内同类产品领先水平，2021年12月30日。

（四）省部级等重要奖励

（1）2019年，中国电力建设企业协会，国华投资蒙西公司，"长期荷载下风电基础性能提升关键技术及应用"获2019年度电力建设科学技术进步奖二等奖；

（2）2022年，中国电力设备管理协会，国华投资蒙西公司，"风机叶片避雷线断线测量系统"获2022年度全国电力行业设备管理创新成果特等奖；

（3）2019年，中国电力企业联合会，国华投资蒙西公司乌兰风电场获2019年度电力行业风电运行指标对标5A级优胜风电场；

（4）2020年，中国电力设备管理协会，国华投资蒙西公司乌兰风电场获2020年度电力行业年度标杆风电场；

（5）2020年，中国电力企业联合会，国华投资蒙西公司乌兰风电场获2020年度电力行业风电运行指标对标5A级优胜风电场；

（6）2020年，中国电力企业联合会，国华投资蒙西公司获2020年度电力安全生产标准化一级企业。

（五）媒体宣传

（1）2022年，"学习强国"学习平台，国家能源集团五项目获2022年度中国电力优质工程(图4-1-17)；

图4-1-17　"学习强国"用图：磴口100MW光伏治沙储能竞价项目

（2）2022年，"学习强国"学习平台，我国首个重载铁路加氢科研示范站建成（图4-1-18）。

图4-1-18　"学习强国"用图：我国首个重载铁路加氢科研示范站建成

六、电站建设经验和推广前景

随着智慧企业建设工作开展和项目实施，将促使国华巴彦淖尔（乌拉特中旗）风电有限公司实现生产过程的数字化转型，实现全方位、立体化、一体化的智慧场站，从数据管理角度实现业务数据化、数据资产化、资产效益化的目标；从生产角度实现生产运行高度自动化、设备可靠性大幅度提升，安全风险提前预控、经营决策智能化等目标；在管理提升方面实现工作流程规范化、员工技术赋能化、经验知识传承化。

（一）推动了"集中管控"有效落地

通过智慧企业建设，推进了管理模式优化和体制机制变革，构建了扁平化管控模式，实现了统一集中管控，提升了企业规范管理水平与风险防控能力。按照智慧企业管控模型，完成两个中心（督办中心、集控中心）、三个平台（集控平台、无纸化信息平台、数据平台），全面推广项目"中心制"管理，打通了部门间信息交换壁垒，实现了上下无层级统一管理，推动数据跨专业、跨系统间的智能共享、自动关联、有效联动，提升了工程管控水平。蒙西公司将信息化、数字化技术与传统党建工作有机结合，实现党员教育管理、组织生活、思想汇报、党建考核网络化，在试点单位较好解决了党员分散广、组织生活集中开展难、监督考核不便的问题，提高了党建工作科学化水平。

（二）提高集团管控效能

公司充分运用大数据分析处理技术，建成了覆盖生产全过程的智慧运营管理平台，打造

"集中监控、无人值班、少人值守、专业检修"的生产管理模式，提升企业科学管理水平。

（三）提升企业技术创新

利用智慧企业中数据采集、建模平台、智能软件的应用，将数据获取能力、数据分析能力、诊断推理能力、预知预判能力赋予员工，形成以数据为核心生产要素的增长动力变革，从而获提升生产效能、减少事故发生、优化调控生产、引导业务决策的重要能力。

通过数据挖掘分析技术、知识图谱技术，在提高运行人员预知预判能力的同时，通过软件平台把优秀的运行经验积累传承下来，不仅为企业创造了精神财富，更是增强企业的知识管理、知识提炼和知识应用能力的重要举措。同时也是为后续更高阶的智慧生产加工和积累信息、沉淀知识经验。

案例 2　基于群控智慧的远程智能新能源电站

（国电电力宁夏新能源开发有限公司）

所属子分公司： 国电电力发展股份有限公司

所在地市： 宁夏回族自治区银川市

建设起始时间： 2019 年 11 月

电站智能化评级结果： 高级智能电站（五星）

摘要： 国电电力宁夏新能源开发有限公司（简称宁夏新能源公司）在国家能源集团"一个目标、三个作用、六个担当"整体战略布局的引领下，以国电电力智慧企业"1+4"总体规划为依据，以互联网、物联网建设为基础，以大数据、云计算、人工智能技术为手段，向着建设具有"自分析、自诊断、自管理、自趋优、自恢复、自学习、自提升"为特征的一流智慧企业目标持续迈进。公司以大数据平台、机器学习算法平台、统一报表平台、应用软件开发平台等技术框架为基础，开展了以"智能发电平台、智慧管理平台"两平台及"生产控制网、管理信息网、工业无线网"三网络的智慧企业建设工作，完成了智能经济运行、设备健康管理、智能安全管控等应用模块的开发，搭建起了"现场少人值守、无人值班、远程集中监控、设备状态检修"模式的生产管控体系并付诸实践，推动了生产管理变革。通过研发新能源智能发电平台，瞄准安全、清洁、高效、智能电站目标，不断提升经济运行水平、优化设备检修模式、提高本质安全管控能力，打造新型智慧新能源电站示范企业。

关键词： 智能发电；生产管控；群控智慧；示范引领

一、概述

宁夏新能源公司于 2014 年 8 月 5 日注册成立，由国电电力宁夏风电开发有限公司和宁夏国电阿特斯新能源开发有限公司合并组建。宁夏新能源公司是国电电力股份发展有限公司全资子公司，负责国电电力在宁夏境内风电、光伏等新能源项目的开发、建设和运营。目前，宁夏新能源公司并网装机容量 88.62 万 kW，在建光伏容量 20 万 kW，管理麻黄山、牛首山、青山、石板泉、香山 5 座风电场和平罗、大武口、宣和、马场湖、马家滩 5 座光伏电站以及 1 个分布式光伏电站，其中平罗光伏电站是原中国国电集团公司第一座光伏电站。

宁夏新能源公司于 2013 年开始尝试智能电站的技术研究工作，在 2013 年至 2016 年期间，开展了远程集控系统建设工作，实现了运行监视、生产报表、性能等级评估等常规功能，解决了集中监视、统一报表和性能分析等生产应用问题；在 2017 年至 2018 年期间，开展了电力专线建设和集控系统完善、提升工作，实现了集中监控、设备故障预测等功能，解决了远程集中控制、现场无人值班、可靠性维护等问题；2019 年至今，开展了智能发电平台建设工作，实现了智能控制、智能报警、设备健康管理、智能安全管控等功能，解决了运行检修水平低、安全管控能力弱等问题，形成了"无人运行、少人管理、集中监控、高效发电、状态维修"的新能源生产管控体系。

宁夏新能源公司集控中心如图 4-2-1 所示。

图 4-2-1 宁夏新能源公司集控中心

二、智能电站技术路线

(一) 体系架构

宁夏新能源公司智能电站建设，以智能发电平台为依托，以提升经济运行方式、优化设备检修模式、提高安全管控能力为目标，探索将工业控制领域的专有知识注入人工智能模型中，并将其与先进控制技术、数据挖掘技术等相集成，形成一套新型的智能发电体系，用以解决行业问题，弥补现实短板。

根据"两平台、三网络"的理论基础，从架构设计上实现平台与平台间的数据集中共享、互连互通，从业务设计上总体保持一致，通过接入设备实时数据、生产过程数据、气象预测数据，以及视频监控、门禁管理、报警检测、人员定位等边缘节点数据，实现运行、检修、安全数据集成与联动。平台基于国产安全操作系统，按照统一软件技术架构理念设计，采用业务组件化技术，满足平台在业务上的弹性扩展。平台适用于新能源行业通用综合业务，对各系统资源进行了整合和集中管理，实现统一部署、统一配置、统一管理和统一调度。

（二）系统架构

在安全保障及运维服务体系基础上，系统分为四个层次，每个层次承担不同责任，分别为基础层、平台传输层、业务层、交互层。基础层是平台基础部分，主要包含信息基础设施等硬件设备；平台传输层负责数据采集、传输、存储、分析计算等工作，主要包括大数据平台、算法平台、BIM/三维渲染平台和 BI 报表平台等；业务层包含智能集中控制系统、智能综合分析系统和智能安全管控系统；交互层深度融合智能 AI 技术，实现多感知交互，以语音、大屏、C/S 客户端、浏览器等多种方式展示。

（三）网络架构

网络架构符合电力二次安防要求，符合"安全分区、网络专用、横向隔离、纵向认证、综合防护"的方针。

按照国电电力智慧企业建设整体设计规划要求，平台分为生产控制大区和管理信息大区，集控中心生产控制大区与场站侧安全区采用电力专用通道进行数据交互，集控中心管理信息大区与场站侧办公区则采用运营商专用通道进行数据交互。

（四）数据架构

数据架构包含数据标准化、数据源、数据传输、数据存储、数据治理和数据应用等六部分内容。系统架构图如图 4-2-2 所示。

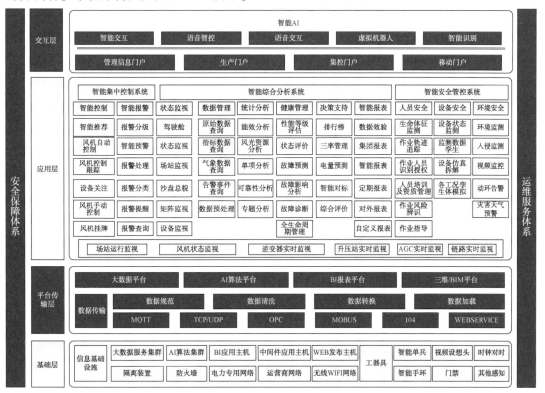

图 4-2-2　系统架构图

数据标准化包括数据建点标准化、指标数据标准化、数据单位标准化、数据采集标准化、数据传输标准化、数据存储标准化等标准化管理要求，并遵循统一模型和规则。

数据源包括生产实时数据：风机数据、光伏数据、升压站数据、AGC 数据、AVC 数据、电计量数据、测风塔数据、风功率数据等；生产过程数据：缺陷处理数据、维护数据、技改数据、设备档案数据、视频监视数据等；外部数据：气象数据、厂家技术手册等。

数据传输采用标准化标准数据传输模式，工业实时数据传输包括 Modbus、OPC、IEC-102、IEC-104、FTP 等常用电力行业标准规约的解析和处理能力。其他数据传输方式包括 MQTT、HTTP、TCP、UDP、CoAP ETL、批量数据导入工具等数据处理能力。

数据存储采用实时数据库和大数据平台的融合数据存储方式。实时数据服务采用响应速度快的内存数据库系统，以实现对气象数据、业务缓存数据、生产实时数据、人员定位数据等的快速处理。大数据平台服务具备根据冷热数据划分进行分类存储的综合管理能力，并具备对海量历史数据的存储和运算能力。

数据应用依照数据适配器通用 API 模式运行，实现数据源和数据集之间的数据交换，实现将标准协议信息转换为特定应用数据。

业务应用通过数据适配器获取特定业务数据，并以特定业务逻辑和智能交互平台为基础，实现对各个系统的发布和展示。

平台采用分布式部署，分别配置大数据服务器、实时数据库服务器、算法服务器、报警服务器、缓存服务器，通过核心交换机进行数据交互，满足大数据的实时交互吞吐。实时生产数据通过隔离装置、日志审计、入侵检测等安全设备后，传输到集控中心的数据接收转发服务器，数据经过解析后分别写入到生产控制大区和管理信息大区实现数据同步，应用以模块化形式进行部署，支撑整个平台稳定运行。场站摄像头视频数据应通过运营商通道由场站办公网接入到区域公司管理信息大区。气象数据应由网外接入，然后通过防火墙接入到管理信息大区内网。

数据架构图如图 4-2-3 所示。

三、关键技术创新与建设

宁夏新能源公司智能发电平台以智能经济运行、设备智慧检修、智能安全管控为核心，由智能发电控制系统、智能综合分析系统、智能安全管控系统等功能模块组成。

（一）智能发电控制系统

围绕"无人运行、少人管理"为目标，建立智能化运行管控体系，达到降低厂用电和损失电量，提升发电量的目的。具体做法是：通过"智能控制"和"智能报警"手段，以"智能集中控制"和"智能场站"等多种形式来实现。

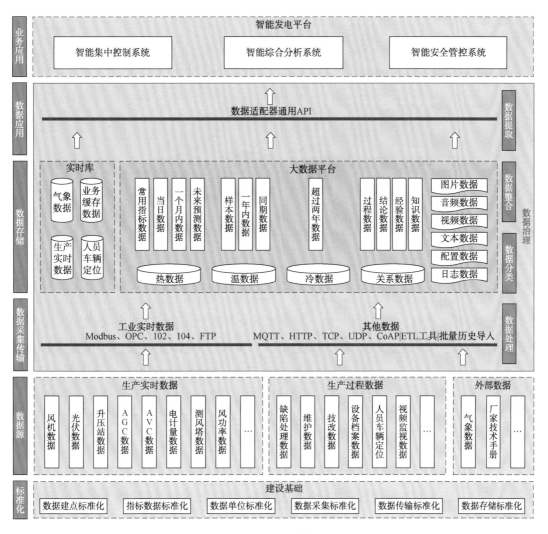

图 4-2-3　数据架构图

智能集中控制可区域化管理，实现多场站集中管控，借助"两平台、三网络"，建立完善的区域智能集中管控体系；针对不能通过电力专线接入集控中心的独立式场站，将智能化应用就地部署，与集中管控形成互补。

智能控制包括手动、推荐、智能控制三种模式，主要针对风电机组在小风段频繁对风，频繁切入和切出电网，造成风电机组设备自耗电增加、偏航部件的磨损等问题。智能控制运用大数据分析统计机位风速，结合风速预测，制定风电机组启停策略，然后对每台风电机组进行智能启停管理，减少风场发电量损耗和设备磨损；同时该模块可根据调度指令和风速预测，结合风电机组状态进行启停顺序优化，确保 AGC 压红线运行。利用智能启停控制技术，多方式授权识别(账号密码、指纹、人脸、声音)，实现最低成本运行，最佳时机并网。

智慧企业"电力＋算力"
——国家能源集团智能发电企业示范建设实践

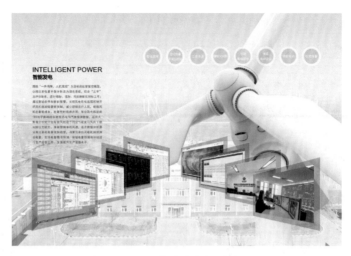

图 4-2-4　智能发电控制系统

智能控制应用了逻辑判定、标准偏差、专家知识、性能评价模型、长短时记忆神经网络模型等多种算法模型，采用 CS 架构，结合实际业务需要和运行人员的习惯等，在一个智能控制首页设置了问题区、推荐区、标注区、告警区、控制区、校验区、报警提示区等七大区，根据不同色调标注，展示不同关注点的风电机组情况，同时还设计了用户管理、权限校验、启停校验等安全策略，采用了视频、声纹、指纹等识别技术，有力地保障了操作的安全性。

针对风电机组及相关设备的报警，在保留原有事故及故障报警、缺陷、隐患、自定义报警、自定义预警等特色业务功能的前提下，利用数据的集群、分割、转换、分析、归纳等系统分析方法，实现在线的智能故障报警及预警，智能报警的实时报警与提前预警为智能控制提供了决策信息。

通过故障分析，将无用报警隐藏过滤，将有用警报通过报警光子牌等实现声光提示，并根据知识库提供故障知识，推荐运行人员进行复位或维护和维修建议。重在对未发生但可能发生的故障进行提前预判。根据故障预警结果的频次、时长等因素，系统给出启停机或检查维护的建议，使运维人员可以合理安排检查、维修，保障最应该关注的风电机组得到最优先、及时的检查或采取预防措施。

目前实现了报警可以任意配置，配置级别分为高、中高、中、中低、低，分类为风场、工程、线路、风电机组、电气等；并根据条件生成表达式，另有解析引擎对其解析，分析数据，满足条件即报警，平台可由业务人员进行关联配置，实现任意测点、任意函数进行组合，平台采用开放式结构，算法可不断添加。已建立了88个预警模型，采用大数据平台进行秒级计算，模型采用机器学习算法和专家知识建立，其中特征参数提取与阈值的调整，采用数据挖掘技术。在算法平台建立了"液压站劣化趋势分析模型"，利用了数据挖掘技术和机器学习算法，实现液压站劣化预警。

（二）智能综合分析系统

图 4-2-5　智能综合分析系统

1. 理论发电量平衡分析

风电机组理论发电量即风电机组应发电量，是风电机组性能检验的手段之一。智能综合分析系统中理论发电量是根据风电机组当地气候条件下、当前风速下拟合功率曲线计算出来。通过风电机组绩效，核定单台风电机组应发电量与实发电量之间的偏差率，对比单台风电机组特定时间内的发电量、各损失电量之间占比，对单风电机组做出性能优劣判断，同时检验场站风电机组检修管理能力。

2. 功率曲线拟合

风电机组受微观选址、主要部件批次不同或更换等影响，同型号的风电机组实际的功率曲线并不相同，通过功率曲线拟合的算法，针对单台风电机组拟合各自风电机组的功率曲线，与厂家提供保证功率曲线对比用以做曲线偏差率分析，找出影响风电机组出力的原因，及时消除，以达到增发电量的目的。

3. 单机管理

秉承"将每一台风电机组作为一个企业管理"的理念，建立单台风电机组管理体系，多角度分析风电机组出力、切入并网、切出和单机效能等，为智能化经济运行提供完整的数据指标支撑。

4. 智能对标管理

对标模块的整体设计目标，不仅仅是要对风场、电站、生产运行人员进行考核，还要结合理论发电量平衡分析法，指导生产运行管理，从各个角度对五项损失电量进行分析，生成结论性数据。针对各项损失电量从功能设计上进行约束，建立对标、分析及评价体

系，分析造成损失原因。对可控损失，通过指标的对比与评价，准确定位，使得风场管理者能够及时调整管理策略，制订合理运行准则和消缺机制，最终实现"降低损失电量"的目标。

5. 评价体系

建立风电机组性能评价模型，对风电机组性能进行评级和评分，用数据反映风电机组性能状况。性能等级评估目前以性能、可靠性和资源评价等 3 个方面为评价维度，真实反映风电机组性能状况，根据得到的风电机组状况进行性能评分和评级，评价以日、月、年三个维度进行，既能及时发现问题，又能对问题进行分析解决。

6. "三率"管控

"三率"即风电机组故障报警复位及时率、风电机组缺陷处理及时率、风电机组状态转换及时率。推行"三率"考核体系的目的是提升设备管理水平、提升场站效益。利用技术手段突破管理瓶颈，促使"人机双控"向"设备智能控制、人员辅助确认"转变，充分利用风资源、充分保证风电机组设备可利用率，抓住稍纵即逝的风资源来千方百计提高发电量。

7. 健康管理

依托大数据、深度学习等技术，构建基于智能体系结构的设备运行状态监测、在线性能等级评估，最终实现设备健康管理。

8. 专题分析

通过对风电机组运营情况经济性分析，对影响风电机组发电量的指标进行可靠性分析评价，分别对五项损失率(维护损失、故障损失、限电损失、性能损失、受累损失)、三率(复位及时率、状态转换率、消缺及时率)、MTBF、MTTR 和风能利用率进行综合分析，从而进一步找出损失电量原因，优化管理手段，最大减少电量损失，提高风能利用率，增强生产运营管理。

9. 智能报表

为公司本部和场站侧提供统一的报表服务，采用统一部署、统一管理、统一展现等方式，提供报表展现、数据分析和挖据服务，实现全方位、自动化、流程化和规范化的统一报表平台无缝化对接大数据平台，可拖拽形式，任意定制报表格式，让业务人员完成报表开发。

(三)智能安全管控系统

将风电场设备、生产运营过程与虚拟世界形成映射，建立数字孪生关系，实体孪生体的事件都映射到数字孪生体中，结合视频识别、电子围栏、红外对射和门禁等设备，可实现基于虚拟空间的智能安全预判和提醒功能，配合以智能单兵设备、巡检机器人、无人机等，实现在全天候条件下进行人员体征监测、轨迹跟踪、实时定位和作业安全防护，对人员安全、设备安全和环境安全给予全方位保障。

图 4-2-6　智能安全管控系统

1. 数字孪生

应用 BIM 建模进行数据可视化展示，将模型和数据进行融合，从而将风电场设备、生产运营过程与虚拟世界形成映射，建立数字孪生关系，也就是说数字孪生体和实体孪生体是完全相同的，任何实体孪生体的事件都应上传到数字孪生体中作为计算和记录，实体孪生体在这一操作过程中的损耗，如故障、预警等，都可以反映在数字孪生体的数据中，从而实现整个生产运营的全生命周期管控。通过数字孪生技术，与业务需求深度结合，系统兼具优秀的视觉效果与安全管控分析决策能力。

2. 安全防护

（1）视频监控。由可见光监控子系统、轨道机监控子系统、红外热成像监控子系统组成。可见光监控子系统负责对场站内升压站设备状态、运行环境、人员行为进行全天候的监控；轨道机监控子系统搭载白光云台或热成像双光谱云台，负责对升压站内主要电气设备进行工况监视、表面测温，满足现场设备巡检的要求；红外热成像监控子系统除了实现精确测温，还可实现温升报警、人员入侵、吸烟检测等功能，满足现场安全规范管理的要求。

（2）门禁可视对讲。采用人脸识别一体机，集人脸识别技术和现代安全管理措施为一体，大大提高无人场所的实时监控能力和出入权限的管理能力，给出入口带来了全新的管理模式，系统主要由人脸识别一体机、安全模块、灵性锁和门禁电源等组成，通过安装在站室门口，从而实现对出入口的控制。

（3）安全防范。主要由电子围栏、红外对射、红外双鉴等设备组成。各探测器通过报警线缆直接与动环监控报警主机连接，当发生报警时，报警信息能够及时上传给动环监控报警主机，并且能联动相关设备，如启动照明灯光、声光报警器等。

（4）智能巡检机器人。巡检机器人是智能巡检机器人系统的核心，担负着执行前端巡检与数据采集任务，携带有探沟、防撞、视频等多种传感器，以全自主或遥控方式，完成预先设定任务或特殊巡检任务，对升压站电力设备进行全方位巡检。

图 4-2-7　智能巡检

3. 智能分析

根据智能分析的对象不同，智能分析系统分为设备巡检分析子系统和行为环境分析子系统。

（1）设备巡检分析子系统。作为智能场站安全防护系统的重要组成部分，为辅助设备全面监控系统提供智能应用支撑，通过内置场站变电设备状态分析算法，采用深度学习技术，实现升压站的设备巡检与分析预警。

（2）行为环境分析子系统。作为智能场站安全防护系统的重要组成部分，为辅助设备全面监控系统提供智能应用支撑，通过内置人员行为和环境状态分析算法，采用深度学习技术，实现场站的安全巡检与分析预警。

4. 智能穿戴

（1）智能安全帽。作为电力设备的感知端和通信端，借助风场 Wi-Fi 全覆盖，实现了 GPS 定位、视频在线、语音通话、远程作业指导等功能，提升现场技术处理能力，是作业过程中安全管理的依据，为作业人员的安全管控提供保障。

（2）智能手环。具有自主研发知识产权，可采集如心率、血压等人员基本身体数据，支持对人员工作质量、健康状况实时分析，同时支持 GPS 人员定位，可与实景地图相结合，实时观察人员具体位置信息，还包含定时呼叫功能，降低作业过程中的安全隐患，保障户外人员作业安全，是对传统的人员安全管控的强有力补充。

四、建设成效

宁夏新能源公司在智能电站建设过程中，建设成果体现在经济效益、管理效益、社会效益、安全效益、生态效益等五个方面。在经济效益方面，通过智慧电站的建设，实现区域集中管控，减少运行人员 15 人，每年节约人员费用 225 万元；通过对机组的精准控制、及时控制，提升年发电量 0.5%，降低厂用电量 0.05%；通过运用故障预警、故障诊断及健康管理、设备全生命周期管理手段和方法，降低设备检修费用 10%，减少大部件维修次数 2~3 次/年。在管理效益方面，通过智能集中监控系统的研发和应用，让一人控千机、万机成为可能；通过优化检修模式，实现设备从计划检修向状态检修的转变。在社会效益方面，实现新能源企业生产现场的"少人管理、无人运行"，将员工从偏远、危险的生产一线解放出来，提升了员工的幸福感。探索并形成了一套新型的新能源企业管理模式，实现企业由规模扩张型向质量效益型的智慧化转变，在推进行业发展和进步方面，具有一定的指导意义。在安全效益方面，首次将数字孪生技术应用到新能源发电领域，实现物理结构与虚拟体的孪生镜像，实现了基于虚拟空间的智能安全预判和提醒。在生态效益方面，通过提高清洁能源的利用率，每年可节约标准煤 0.55 万 t，减排二氧化硫 0.045 万 t，减排二氧化碳 1.495 万 t，减排氮氧化物 0.0225 万 t。

五、成果产出

（一）总体情况

宁夏新能源公司在智慧企业建设过程中，多项技术成果达到国内领先水平，2023 年 1 月份通过国家能源集团智能示范电站验评，评为集团首批高级智能电站（五星）。

（二）核心技术装备

（1）基于朴素贝叶斯算法的风机机舱振动故障诊断系统及方法；

（2）一种风电机组液压站状态诊断装置；

（3）一种风机机舱振动故障诊断装置；

（4）风电机组液压站状态诊断系统及方法；

（5）一种基于 Hadoop 大数据平台的风电机组智能启停系统；

（6）一种基于 Hadoop 大数据平台的风电机组智能报警系统；

（7）一种基于机器学习算法平台的风电机组故障预警系统；

（8）一种基于机器学习算法平台的风电机组健康管理方法；

（9）一种应用于风电行业的智能图形化电子两票系统；

（10）一种新能源风力发电智能化巡检装置；

（11）基于双向长短期记忆神经网络的风电超短期功率预测方法；

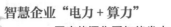

（12）一种考虑母线电压稳定性的单相光伏系统混合控制方法；

（13）一种用于风电场现场作业的语音识别操控的装置；

（14）基于多模型滚动式的风电短期功率预测方法及系统；

（15）一种风电场智能自组网通信装置；

（16）目标检测和语义分割的多任务目标检测模型；

（17）一种基于 Transformer 结构的物体多信息联合的边缘检测方法的实现；

（18）一种基于智能安全帽的实时视频技术。

（三）成果鉴定

"国家能源集团新能源智能发电平台"，鉴定单位：中国电力企业联合会，鉴定结论：整体技术达到国际领先水平，2021 年 8 月 5 日。

（四）省部级等重要奖励

（1）2021 年，中国电力技术市场协会，"风电机组智能化大数据分析应用系统"获 2021 年度电力科技成果金苹果奖一等奖；

（2）2021 年，中国电力设备管理协会，国电电力宁夏新能源开发有限公司获 2021 年电力行业年度示范智慧电厂；

（3）2022 年，国家能源集团，"新能源智能发电平台"获 2022 年度国家能源集团科技进步奖一等奖。

六、电站建设经验和推广前景

宁夏新能源公司在新能源智能电站建设方面开展了一系列理论和实践探索工作，在基础设施、智能工器具、大数据应用、算法研究等方面取得了一些经验和成果，尤其是在对自主可控新能源智能发电平台的研发和应用方面，建成了具有国际领先的新能源群控智能发电集控系统，并通过了中国电力企业联合会的技术鉴定。这些成果适用于新能源电站的智能化设计、建设和生产管理，具有一定的推广应用价值。在新能源智能电站建设方面，我们认为还要在以下几个方面持续发力：一是继续坚持问题导向原则，持续深化智能发电与实际生产的紧密结合程度，坚持按照"远程监控，现场无人值班、少人值守、运维一体"的生产管理模式推进智能场站建设，通过实施"互联网＋、5G＋"行动，大力推动数据、技术、流程、组织四要素互动创新和持续优化。要坚持前瞻性和先进性，在大数据分析、智能启停、智能诊断故障等的基础上高水平持续推进智慧企业建设。二是智慧企业建设要以人为本，促进公司更好发展，智慧电站目标是实现无人化、少人化；要坚持价值创造，突出效益导向，注重投入产出比，不搞花架子；要持续加强与科研院所、高校协同创新，提升自主创新能力。三是加强科技成果转化和知识产权保护，提高专利受理数量、提升专利授权进度，积极推广大数据、人工智能、区块链、物联网等技术在新能源领域的深度应用，提升公司智慧化水平。

案例 3　基于数据价值驱动的智慧新能源电站

（安徽龙源风力发电有限公司）

所属子分公司：龙源电力集团股份有限公司
所在地市：安徽省合肥市
建设起始时间：2018 年 1 月
电站智能化评级结果：高级智能电站（五星）

摘要：面对新能源发电行业存在的"痛点、难点"，安徽龙源风力发电有限公司（简称安徽能源）围绕安全生产管理"管什么、如何管"，全面启动智能风场建设，着力推动场站信息化、自动化、可视化、智能化管理。一是实现数字化，夯实智慧新能源基础；其次是智能化，在数字化基础上，开展各业务专题的智能化升级；三是全面智慧化，实现自学习、自优化、自诊断的信息物理深度融合。

关键词：价值驱动；数据驱动；智慧运营；智能电站

一、概述

安徽龙源新能源有限公司隶属于国家能源集团旗下的龙源电力集团股份有限公司，系安徽省从事新能源开发、建设和运营的大型中央企业，也是安徽省最早、最大的风电运营商，于 2011 年建成全国首个大型低风速示范风电场，填补了安徽省新能源发展的空白。

公司大力在风力发电、光伏发电、储能、智慧能源、碳汇资源排查与交易等领域应用布局，助力安徽省绿色能源产业持续健康发展。截至 2023 年 9 月，公司实现连续安全生产 4651 天，总装机容量 94.98 万 kW，运营管理水平保持区域可比企业领先地位。

公司先后获中国电力优质工程奖和国家优质工程银质奖，2018—2022 年连续五年获国家能源集团"安全环保一级单位"称号，2015—2022 年连续八年获龙源电力"综合先进单位"，2014—2020 年连续两届被安徽省文明委授予"安徽省文明单位"荣誉称号，获国家能源集团"社会主义是干出来的"岗位建功行动先进集体称号，先后获国家能源集团、龙源电力、合肥市"先进基层党组织"，获 2022 年度国家能源集团"安全生产标准化标杆企业"，2022 年度国家健康企业建设优秀案例。

2017 年以来，按照《龙源电力智能风电场建设方案》要求和龙源电力智能风电场建设方案总体规划，安徽龙源以龙湖风电场为试点，全面开始智能风电场建设探索。实施数据全量采集，对现场设备数据、人员行为数据、音视频数据、智能装备数据全面感知；以设备管理为核心，将设备监控、标准作业、技术监督、无线网络、人车船定位等各系统功能全面贯通，运检人员通过移动 APP 方便操作，实现设备高可靠、高效率、可调节、可预测；从业务需求出发，做好数据资产挖掘应用。部署风电和光伏设备预警模型，实现设备预判预警、预知维护，促进设备管理从被动检修向预知维护转变。

安徽龙源风力发电有限公司龙湖风电场实景图如图 4-3-1 所示。

图 4-3-1　安徽龙源风力发电有限公司龙湖风电场实景图

二、智能电站技术路线

(一) 体系架构

安徽龙源高度重视智能风电场建设工作，于 2018 年 3 月成立智能风电场建设领导小组，按照"坚持统筹规划，形成合力；坚持需求导向，试点建设；坚持安全高效，清洁低碳；坚持创新驱动，协同共进；持循序渐进，有序开展"的原则，全面推进公司智能风电场建设，利用数字化手段为安全生产赋能，引领业务创新和运营模式变革，助力公司转型升级和高质量可持续发展。

(二) 系统架构

安徽龙源作为国家能源集团风电智慧企业建设首批试点单位，在 2020 年通过总结智慧企业建设经验，配合龙源电子数字化转型规划提出的"新能源生产数字化平台"的智慧企业建设理论体系，将生产监控系统、生产管控系统、视频监控系统、在线振动监测系统、人车船定位系统、功率预测系统以大数据、云计算为底层架构，实现指标可配置、数据可钻取的互联互通"六位一体化"智能信息平台。引入大数据、物联网、机器学习等先进技术，支持生产管理模式的优化调整，做细做优生产管理工作，有效控制生产活动风险因素，高效利用存量资产，实现"保安全、保电量、强化运行，提高设备健康水平"的生产管理目标，为整个新能源行业的智慧企业建设指明了发展道路。作为主要参编单位，协助国家能源集团于2021年12月发布国内首套大型能源集团级智能电站建设规范。

生产数字化平台系统架构图如图4-3-2所示。

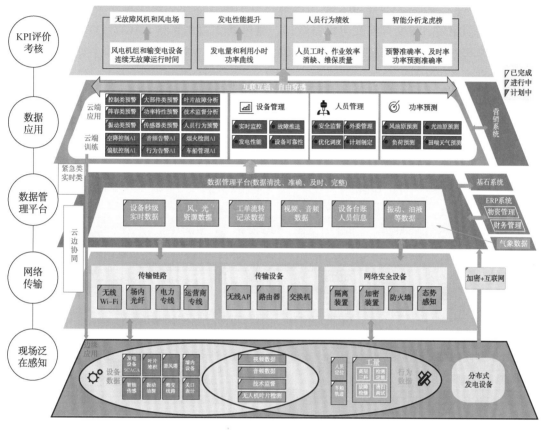

图 4-3-2　生产数字化平台系统架构图

（三）网络架构

安徽龙源按照网络安全等级保护要求，坚持"安全分区、网络专用、横向隔离、纵向认证、综合防护"的原则，构建网络安全防护体系。全面开展安全一区、二区及管理大区资产排查，安排专人对不规范信息系统用户口令进行整改并定期更换，全面扫描排查电脑和运行平台的网络安全隐患漏洞。完成公司5个自建系统上线前评估，整改加固设备及应用系统70余套，筑牢护网"防火墙"。在机房等重点区域安装人脸识别装置，加强人员准入管理，确保基础设施安全。部署网络主机及安全防护设备，实现与国家能源集团平台数据对接，优化数据采集源的广度和深度，提升生产公司安全防护及集团监测预警综合能力。同时执行国家能源集团相关网络安全与信息化要求，组建工业无线网，包含无线 Wi-Fi 及无线专网，整体部署及接入管理信息网，与生产控制网物理隔离。无线专网采用企业

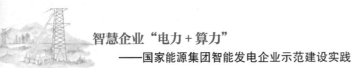

专用的无线通信网络，通过核心网对接入终端提供数据加密、入网认证、身份鉴权等安全功能。

（四）数据架构

安徽龙源整体数据架构使用龙源电力新能源数字化平台，实现数据接入汇聚、治理关联、共享服务的一站式数据应用。数据包括风电机组开关量、模拟量数据，主变、关口表、无功补偿设备、箱变等输变电设备数据，测风塔、功率预测、AGC/AVC等辅助系统数据，以及传动链振动检测传感器等智能装备数据。数据架构图如图4-3-3所示。

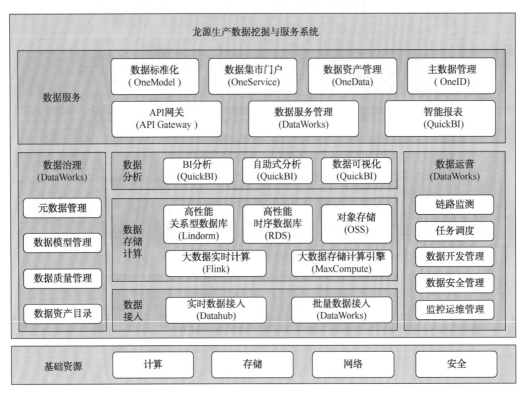

图4-3-3 数据架构图

以龙源电力新能源数字化平台作为支撑底座，主要实现统一应用管理：支持应用统一用户登录、管理、运行监测；支持第三方应用纳管；无缝支持龙源本部智能应用平台下发算法/应用运行。

1. 全要素数据汇聚

统一接入SCADA、视频监控、智能检测等风机生产数据、发电时序数据以及行为类数据；具备结构化数据、对象存储、时序数据库等多样化的数据存储能力，拥有整合业务层的告警数据管理、文件管理、业务数据管理功能；可支持业务系统快速追溯历史数据、搜索查询、数据聚合统计分析、时序数据分析等功能。

234

2. 统一设备管控

具备设备管理、设备监控、设备智能化调度三大功能模块；支持对接入的摄像头、传感器、巡检无人机等进行统一监测、调度等管理；支持灵活的智能化关联配置；支持云边端协调能力。

3. 统一 AI 分析引擎

基于接入的数据进行统一智能分析，支持根据算力情况、业务需求进行灵活调度；具备高性能、可扩展的推理框架；提供配套的模型场景化迭代与编排套件，通过可视化的方式进行多模态算法模型能力编排；支持前后处理的参数调整；支持多模态深度学习及多源数据分析。

三、关键技术创新与建设

（一）网络与信息安全

按照《电力监控系统安全防护规定》，公司在遵循安全分区的基础上，结合新能源企业的业务需要，将网络划分为生产控制网、管理信息网（含办公网、内部广域网及互联网）、工业无线网（含 Wi-Fi、无线专网）。生产控制网对应生产控制大区；管理信息网对应管理信息大区；工业无线网属于管理信息大区，考虑到无线接入灵活、安全性较为脆弱、易被窃听和被篡改等特点，需要采取更加严格的防护措施，特将工业无线网单独列出加强防护。

1. 生产控制网安全

生产控制网络按照国家网络安全等级保护要求，接入网络的终端应进行合法性检查，对网络数据进行详细记录并可溯源分析，网内主机终端需进行安全防护，充分考虑智能发电平台的业务多样性，细化安全单元，严控边界防护，整体提升生产控制网络主动防御能力。

2. 管理信息网安全

网络安全架构的核心交换、云平台的接入交换和存储设备应有冗余，满足接入终端实名要求，对终端访问进行详细记录并可溯源分析，充分考虑云平台、安全监测、安全运维的安全防护需要，整体提升管理信息网的网络安全主动防御能力。

3. 工业无线网网络安全

工业无线网包含无线 Wi-Fi 及无线专网，整体部署及接入管理信息网，与生产控制网物理隔离。无线专网采用企业专用的无线通信网络，通过核心网对接入终端、覆盖基站提供数据加密、入网认证、身份鉴权等安全功能。

（二）基础设施层面

完善基础设施及智能装备：一是搭建无线网络。在机组及变电站安装无线 AP、交换机，基于 50M 网络专线，IPv6 双栈技术，构建覆盖升压站和风电机组的无线网络和基于北斗+GPS 的人、车定位系统，为现场移动 APP 和智能化手段的应用提供保障。二是建设视频监控系统。在升压站、风电机组内新增 1200 余路视频设备，为作业人员配备工作记录仪和高风险作业移动球机，实现关键设备和主要作业场所的视频覆盖，人员远程可视化巡检、检修等功能。三是实施设备数据全量采集。扩充风电机组采集数据（从目前的 56 个扩展至 106 个模拟量和 2539 个开关量），采集接入主变、关口表、无功补偿设备、箱变等输变电设备数据和测风塔、功率预测、AGC/AVC 等辅助系统数据。四是配备智能装备。采购智能手环、无人机等设备，实现人员身体健康指标监测，设备安全操作防护，叶片、线路智能巡检。五是部署智能传感器。在公司所属风机安装 2960 个传动链振动监测仪、7台叶片声音采集仪、11 台塔基沉降设备，实现大部件健康状态的实时监测。

安徽龙源数字化转型基础设施与智能装备如图 4-3-4 所示。

图 4-3-4　安徽龙源数字化转型基础设施与智能装备

（三）生产控制层面

以强化设备治理，高效利用存量资产为侧重点，开发智能发电平台，确保"保安全、保电量、强化运行，提高设备健康水平"的生产管理目标。一是实现智能监控。基于风机SCADA 系统随时监测当前实时运行情况、风速与出力、设备异常，并可依据预先设定的参数自动启、停设备，实现风场运行状态透明化。配备能量管理平台，场站侧有功功率、无功功率、电压、频率可以根据调度要求、设备预警等自动做出调节，实现场站内各发电单元最优调配。二是实现智能预警。将设备设计运行机理与人工智能技术深度融合，设计开发故障诊断预警算法模型及大数据诊断预警平台，实现机组发电性能下降、传感器失效等早期诊断，通过引入外部传感器，实现大部件损伤早期预警，预警准确率超85%，实现减少非计划性停机损失和隐藏的发电性能不合格损失。基于设备固有属性等历史数据，利用智能算法模型，实现设备当前健康度评估，为日常工作的安排提供数据支撑。三是实现功率准确预测。以数值天气预报、新能源场站历史数据、地形地貌、设备运行状态等数据为输入建立预测模型，向电网调度机构报送日前预测（未来3~7天）和日内预测（未来4h）的功率预测数据。通过对风场风速及功率进行相应的预测，实现各周期内的发电量预测，提高风功率预测准确率，减少电网考核损失，为电力市场交易提供决策依据。四是实现设备大部件在线振动监测。依托传感器、多通道同步采样、边缘计算、双栈访问等技术，对风电机组传动链部件振动状态进行7×24h实时在线监测，实现所有机组振动数据的采集、传输、集中管理、预警及故障分析。五是实现升压站辅助巡检。开发智能辅助巡检系统，通过布置在站内6台人脸识别智能门禁，44台定点视频采集、识别装置，9台红外在线测温装置及其他环控检测设备，监测设备温度、室内温湿度、电缆井水位、识别刀闸、开关位置，读取表计示数等，实现升压站内设备可视化巡检、视频联动等功能。定时形成的设备巡检报告，代替了人工开展输变电巡视工作，同时对发现的设备异常缺陷自动告警，辅助实现风电场安全管控和智能巡检等主动防护。

（四）智慧管理层面

面向安全生产管理全流程，开发生产管控系统，实现设备档案、智能诊断、缺陷、检修记录、健康评估等的全生命周期管理；以"一中心、多节点"方式构建了开放式、集约型、云边化全栈智能算法平台，提升数据价值，为安全生产、运行和管理提供决策支撑。一是实现无纸化办公。建成生产管理、安全管理等板块，将日常记录、技术监督、综合计划、隐患排查等内容电子化，实现风电场安全生产管理流程信息化，消除公司与场站之间"信息孤岛"。二是规范作业流程。推广标准票卡包2万余张，将风险预控、安全措施、维护质量、检修工艺融入生产作业管控全过程，提高作业质量和效率。三是强化外委管理。建立数字化外包企业和人员档案，掌握信息共享、记录技术能力、管理水平和违章违纪等情况，通过优胜劣汰建立稳定服务队伍。四是搭建可视化看板。设立驾驶舱，获取每日现场作业摄像头、移动球机、工作记录仪视频信号，消除人员管理盲区，实现人员行为全程监管。五是开发智能报表。依托第三方帆软的html5报表及BI功能开发智能报表，实现公司设备运行数据可视化展示，便于运行人员能够更直观、清晰地分析数据，发现数据中的问题。六是建设算法平台。接入设备音视频及人员工作记录仪数据，基于图像识别、智能算法

模型等技术，动态捕捉人员作业过程中的不安全行为、设备正常运行过程中的不安全状态。

龙源电力生产管控系统如图 4-3-5 所示。

图 4-3-5　龙源电力生产管控系统

（五）工业互联网层面

完成互联网统一改造，工业无线网络由风机工业交换机、环网汇聚交换机、视频接入交换机、风机工业无线 AP、场站无线 AP 等设备，通过风电机组备用 4 芯光纤大规模应用 IPv4、IPv6 双栈技术，组建场站级千兆高速智能化工业Ⅲ区环网和工业无线网，由集团集中一体化管控，统一配置交换机 VLAN 及发射 2.4G、5G、Wi-Fi6 的工业 Wi-Fi 信号，承载视频监控、人车定位、工业无线、在线振动、执法记录仪等其他数字化系统流量，提供高速、稳定、安全的网络环境，为智慧电场提供基础网络保障。

安徽龙源工业互联网如图 4-3-6 所示。

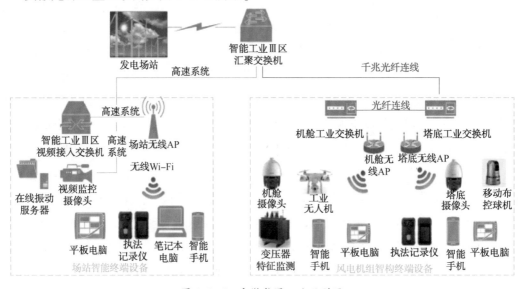

图 4-3-6　安徽龙源工业互联网

四、建设成效

安徽龙源率先完成风电智能化建设，对国内新能源场站智慧企业建设具有良好的借鉴性和推广价值。在生产控制及安全管理方面：①实现安全无死角监督检查。依托生产数字化平台开展远程安全检查，实现安全风险分级管控。②实现管理规范化、作业标准化。严把外包安全管理，上线 120 余项标准作业流程，编制 2 万余张标准票卡包，在线开展外委人员现场打卡、进场离场审批、档案资质登记等工作，将风险预控、安全措施、维护质量、检修工艺融入生产作业管控全过程。③优化运检模式、提升管控效率。优化绩效考核制度，以风能利用率、停机时长等关键指标为基础，建立专业技术组、区域维保中心、班组、个人的针对性考核方案，激发各级人员积极性。释放一线值班人员 20 余人，机组月均维护台数提高 24%，风机自主维护率达到 100%，风能利用率同期提高 1.0%。④借助数字化平台，2022 年安徽龙源分析梳理出现场 55 种风机频发故障，制定"一场一策"治理计划，累计治理 310 台机组。机组故障台次同比下降 25%，增发电量 250 余万 kW·h；35 kV 集电线路故障跳闸同比降低 52%，电量损失减少 150 万 kW·h。安徽龙源较好地完成了国家能源集团交办的智能示范电站建设任务，于 2023 年 1 月 7 日通过国家能源集团智能示范电站验评，验评结果为高级智能电站（五星）。

五、成果产出

（一）总体情况

安徽龙源持续开展智能发电研究，深化智能化成果应用，通过智能化建设有效降低生产运检成本，提升设备发电性能。自 2017 年起至 2022 年，龙湖风电场运检成本由 378 万降低至 345 万，节约成本 198 万余元，单机故障台次降低 64%，发电差异率降低 50%，机组可利用率提升 1.5%。通过生产数字化平台智能预警、智能分析及时发现会引起风电机组非停的缺陷和隐患，自 2017 年以来未发生一类二类障碍；龙湖风电场获中国电力技术市场协会颁发 2020 及 2021 年度百日无故障风电场称号；积极开展智能发电成果应用推广，风电智能化应用成果获人民日报报道，并入选工信部工业互联网平台创新领航应用案例。

安徽龙源数字化运营监控中心如图 4-3-7 所示。

（二）核心技术装备

（1）IPv6 单栈技术；

（2）基于视频 AI 智能识别安全管控技术；

（3）基于人脸识别、热成像、AI 算法等技术的升压站智能辅助系统；

（4）全量设备预警及故障诊断技术。

图 4-3-7　安徽龙源数字化运营监控中心

（三）成果鉴定

"基于人工智能深度学习的风电功率预测技术研究与应用""风电健康评估与预警"，鉴定单位：中国电力企业联合会，鉴定结论：整体技术达到国际领先水平，2021 年。

（四）省部级等重要奖励

（1）2012 年，中国电力建设企业协会，"风电场防雷与接地工程的研究与实践"获 2012 年度中国电力建设科学技术进步奖二等奖；

（2）2012 年，中国电力建设企业协会，"无人遥感技术在风电场设计中的应用研究"获 2012 年度中国电力建设科学技术进步奖三等奖；

（3）2012 年，中国电力建设企业协会，"低风速风机研发与低风速风场建设"获 2012 年度中国电力建设科学技术进步奖三等奖；

（4）2012 年，中国电力建设企业协会，"在风电勘测中应用无人机航测提高工作效率"QC 成果获 2012 年度中国电力建设质量管理成果一等奖。

（五）媒体宣传

（1）2018 年，中国风电产业 50 强，龙湖风电场获十佳优秀风电场；

（2）2020 年，科技日报，智能化建设让风电场更"风光"；

（3）2020 年，中国电力报，安徽龙湖风电场：智能风电场精彩样板；

（4）2020 年，中国能源报，安徽龙源龙湖智慧风电场，智能巡检机器人正在作业；

（6）2021 年，中国电力报，龙源安徽公司智能化助推无故障风电场建设。

六、电站建设经验和推广前景

安徽龙源依托智能化建设，已逐步实现"无人值班、少人值守"的目标，有效降低生产、运营成本，提高设备效能、提升管理水平。一是提升安全管理能力。依托生产管控、监控系统，报表统计自动完成、故障和预警自动触发工单、措施手续在线推送流转，实现"管理全面上线，流程无缝对接，数据互通和业务互联"，规范了流程、提升了效率，为生产运营提供全方位全过程信息化支撑。二是降低生产运维成本。应用设备状态监测及智能预警技术，建立100多个设备故障预警模型，实现提前捕捉设备故障征兆，变"被动"为"主动"、变"告警"为"预警"，防止故障扩大化，降低检修成本，预警准确率超85%。三是提高设备可靠性。基于大数据平台海量数据，对标分析发现故障最多的风电场、性能最差的机组与部件，定位短板，开展对风偏差、变桨、变频故障等专项治理，降低非计划停机时间。2022年公司100天、200天连续无故障运行机组占比分别达到98%、81%，龙湖风电场被中国电力企业联合会授予"2021年百日无故障风电场"称号。

　　安徽龙源将继续以党的二十大精神为统领，努力践行"社会主义是干出来的"伟大号召，贯彻落实国家能源集团"41663"总体工作方针，以"建设具有全球竞争力的世界一流新能源公司"为目标，通过数字化平台应用，不断提升设备治理水平、夯实安全生产基础、压降成本费用，推动经营和管理双提升。

案例4 "端-边-云"一体的新型智慧新能源电站

(广西龙源风力发电有限公司)

所属子分公司：广西龙源风力发电有限公司
所在地市：广西壮族自治区南宁市
建设起始时间：2016年1月
电站智能化评级结果：中级智能电站(四星)

摘要：广西龙源风力发电有限公司(简称广西龙源)以信息化、数字化、智能化技术提升新能源企业的价值创造力和全要素生产力，打造核心竞争力，依据国家能源集团智慧企业建设、龙源电力集团股份有限公司智能风电场建设导则，在经历第一阶段的应用平台开发、二阶段的两化融合建设等一系列努力后，探索建成了独具广西龙源特色的"少人、无人值守"新能源智慧场站。围绕"省级监控、市县运检、预知维护"的管理目标，按照高效实用、云边协同、业务闭环、自主可控的设计原则，形成了企业内部标准数据管理体系、标准生产运维管理体系、智能化应用体系、安全防护体系等"端-边-云"一体化的架构。

关键词：智慧场站；少人值守；自主可控；端-边-云一体化

一、概述

广西龙源系龙源电力集团股份有限公司全资子公司，现有员工116人，下设7个职能部门和2个中心，在运装机容量为56.635万kW，包含9座集中式场站和3座分布式场站，在建项目3个，在建容量61万kW。公司项目分布在南宁、钦州、玉林、柳州等地区，2023年底公司风电装机容量69.63万kW、光伏装机容量38.8万kW，总装机容量将超过100万kW。

广西龙源智慧企业建设于2016年开始，分三个阶段逐步推进，项目整体投资近3000万元。项目主要包含基础设施建设、智能装备应用建设、智能发电平台应用、数字化及智慧生产管理平台应用、安全保障体系建设和创新成果应用等内容，各阶段建设内容如下。

第一阶段建设内容：部署无线网络、人车船定位系统、视频数据采集系统、生产设备数据采集系统、风功率预测系统、风电机组在线振动监测系统等，实现数据全量采集并接入龙源电力生产数字化平台，实现安全管理规范化、设备管理标准化、台账记录电子化。

第二阶段建设内容：开展智慧化场站建设，通过在风机侧、升压站电气设备部署智能监测设备，实现"集中监控、少人无人值守、预知维护"的管理目标。

龙源电力新能源生产数字化平台如图 4-4-1 所示。

图 4-4-1　龙源电力新能源生产数字化平台

广西龙源智慧风电场三维数字孪生实景图如图 4-4-2 所示。

图 4-4-2　广西龙源智慧风电场三维数字孪生实景图

二、智能电站技术路线

(一) 体系架构

为落实国家能源集团"一个目标、三个作用、六个担当"发展战略及龙源电力数字化转型规划、运检模式改革的规划目标，广西龙源进行了智慧企业技术体系建设，按照高效实用、可扩展性、云边协同、分级应用、永临结合、业务闭环、自主可控的设计原则，构建了公司内部标准数据管理体系、标准生产运维管理体系、智能化应用体系、安全防护体系，技术体系整体采用"端-边-云"的设计架构，在大屏系统、大数据服务能力、人工智能服务能力、边缘计算服务能力、网络设备等基础能力的基础上，依托端侧的各类采集装置如摄像头、机器人、无人机、单兵设备、传感器、采集器、定位仪等智能装置，保障了全量数据采集，同时在边端部署电站级边缘计算、存储和分析节点，完成各子系统、业务系统和辅助系统与云端管控平台接入、集成和融合。最终依托龙源电力新能源生产数字化平台等，实现云边协同的集中设备监控管理、生产运维管理、人员管理、经营指标管理等。

广西龙源智慧场站技术体系架构图如图4-4-3所示。

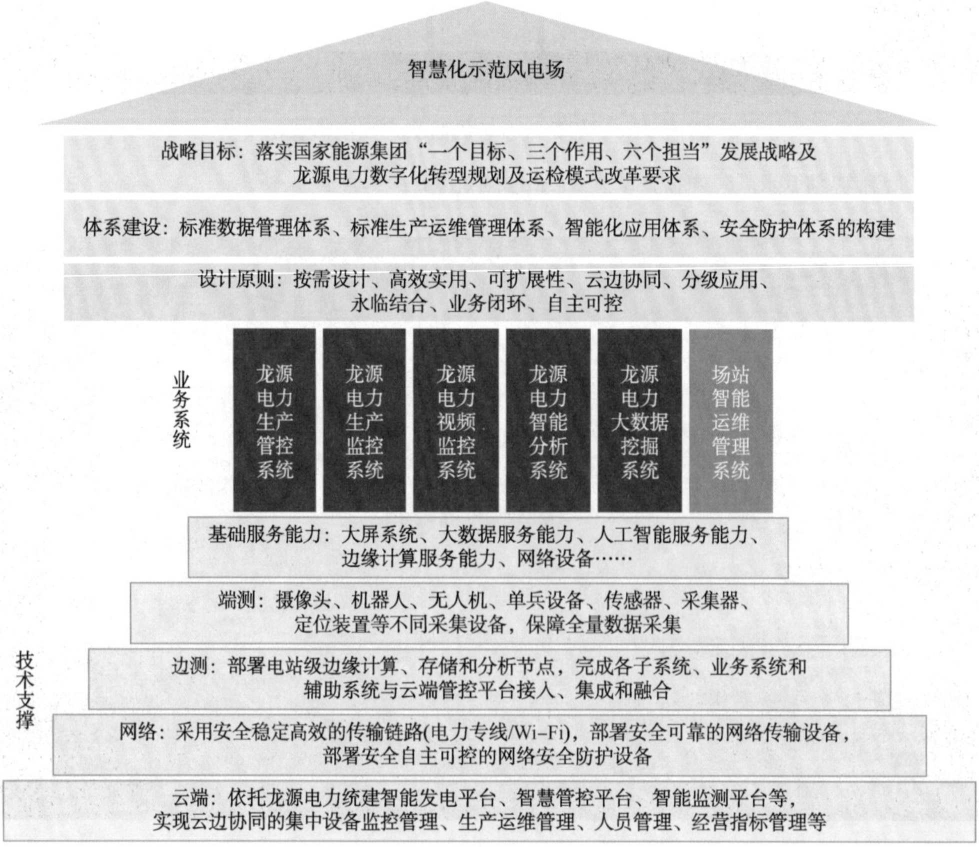

图 4-4-3　广西龙源智慧场站技术体系架构图

（二）系统架构

新能源传统的生产运营管理体系多以烟囱式、粗放型的数字化生产业务系统建设方式为主，该建设方式使得各个数字化生产业务系统之间的数据难以融合，系统之间的功能相对独立。为了避免各类系统模块"烟囱式"发展，通过将前端各种设备采集的数据及边端分析数据，统一接入到云端数字化平台进行纳管，利用部署在云管平台之上的算法平台与业务应用进行数据融合、模块之间的互联互通，打破系统之间的壁垒。

本方案的技术架构自底向上由四部分组成，包括：数据采集层、网络传输层、边端应用层以及云端数字化层，依托生产运行和实时数据，结合泛在感知、数据分析挖掘、先进的智能控制等技术与新能源产业相融合，构建数据、知识和决策的智能化加工体系，实现对设备的高效运行控制。为实现发电设备故障分析诊断、故障预警、智能安防等的协同工作模式提供技术保证，使发电设备能够不断适应环境与需求变化，满足安全、高效、灵活运行的要求。

广西龙源智慧场站建设系统架构图如图 4-4-4 所示。

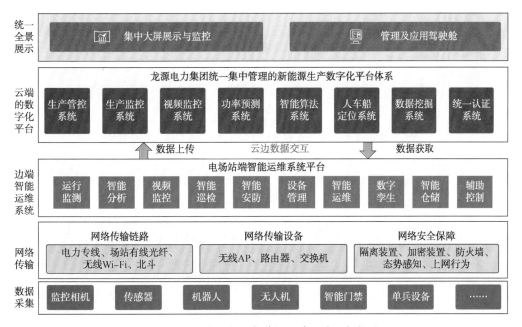

图 4-4-4　广西龙源智慧场站建设系统架构图

（三）网络架构

广西龙源严格执行国家能源集团相关网络安全与信息化要求，建设过程中完成国家能源集团互联网统一改造与 IPv6 改造，依据广西龙源智慧企业建设体系架构，建立两套相互独立的高速数据网络。"生产辅助网"，承载在线监测、叶片气动声音数据监测、叶片螺栓预紧力监测辅助数据等低流量、高实时的数据通信；"管理辅助网"，承载视频等高流量、弱实时的数据通信。实时生产数据通过原有的风电机组 SCADA 系统转发到管理区。

(四) 数据架构

为了数据的有效应用，需要对各类设备运行数据、生产运营数据、管理类关系数据、视频、音频和文本等汇聚内外部、各业务板块结构化、非结构化、半结构化的数据进行高速存储、查询、处理。

架构方面，建立数据中台，实现对生产、运行、经营等各类数据、信息、视频等的采集汇聚，同时可对接其他外部平台，实现内部的数据共享以及外部数据接入。

数据标准方面，实时关注行业数据标准化工作要求，保障与行业数据编码规范的对接。通信协议归一化，所有子系统接入协议采用"IEC104 规约"或"MODBUSRTU/TCP 协议"。

智慧场站数据架构图如图 4-4-5 所示。

图 4-4-5 智慧场站数据架构图

三、关键技术创新与建设

(一) 网络与信息安全

随着信息技术的发展与电厂数智化转型的需求不断深化，网络与信息安全的重要性也逐年增加。广西龙源不断完善网络与信息安全防御体系，通过部署及融合网络中的安全设备、网络设备、应用系统、操作系统等安全要素数据，通过网络安全态势感知平台以直观的图形化方式将当前网络安全态势实时呈现，实现整体安全分析及检测，并提供集网络安全信息监测、资产统计和告警处置建议等功能，具备日志范化检索和安全事件交互分析，可及时发现并快速分析关联事件和异常事件，在保障正常安全生产的前提下，完成现场信息化设备的集中监测。

广西龙源网络安全应用如图 4-4-6 所示。

网络安全隔离设备　　　　加密认证设备　　　　网络安全监测设备　　　网络审计与分析设备

图 4-4-6　广西龙源网络安全应用

（二）基础设施层面

在基础设施及智能装备应用创新层面。基于新能源场站实际需求，智慧化示范场站已实现无线网络全覆盖，包含风电机组区域（机舱、塔底、箱变）和升压站区域（输变电、办公区域、生活区域），所有网络设备均支持 IPV6 技术，满足现场多路视频图像回传、集群调度、移动办公、多点多方式语音交互、一键求助远程会诊等业务需求的网络带宽。

依托超声波传感器、多通道同步采样、边缘计算、大数据分析算法、双栈访问等技术，对风机叶片气动噪声和螺栓状态 24h 在线实时监测。依托在线振动传感器、多通道同步采样、边缘计算、大数据分析计算、双栈访问等技术，对风机传动链部件振动状态 24h 实时监测。

依托超声波传感器、地电波传感器、高频脉冲电流传感器（HFCT）、线圈电流传感器、加速度传感器，实现对开关柜区域的局放在线智能监测。利用铁芯夹件电流传感器、UHF 局放传感器、AE 局放传感器，实现对主变区域设备状态监测。利用 UHF 局放传感器、SF6 气体状态传感器、AE 局放传感器，实现对 GIS 区域设备的状态监测。

依托多样化的智能视频采集设备、高性能视频存储及转发设备、国际领先的视频及图片压缩技术和双栈访问等技术，实现对风电场区、风电机组、升压站各区域、周边环境、检修作业过程、施工现场、设备状态监控全覆盖，并全天候 24h 在线实时监控，实现视频信号的高效采集、快速传输、实时调阅和集中纳管。

依托智能巡检无人机设备，结合广西地区新能源场站特殊地理位置和天气环境，实现风电机组、输电线路通道(树障、竹障算法首次应用)、光伏场区设备的精细化巡检，提高巡检效率，保障生产设备运行安全，满足"无人值守、少人值守"的要求。

依托挂轨移动巡检相机开展继电保护室、开关室等的巡视，替代人力常规巡检，提高巡检效率，降低人力运维成本，满足远程控制和场站"无人值守、少人值守"的要求。机器人巡检内容主要包含：开关室内环境、设备状态、压板、开关、指示灯、表计的智能监测识别和异常告警。

依托视频监控摄像头设备的全覆盖，在满足日常监控的前提条件下，充分利旧设备，最大化发挥设备价值。利用人工智能图像识别算法，实现每个设备区域的无人化智能巡视，有效提升巡检效率，降低运维人力成本，满足场站"少人无人值守"的要求。

依托场站运维车辆和检修人员配备智能穿戴设备，实现人员及车辆在线定位、路线导航、轨迹追踪与对比、电子围栏、人员健康监测、超速异常告警、数据统计、紧急求救与搜救等功能。

依托智能门禁设备，与龙源电力生产管控系统的两票数据、消防系统进行联动，实现重点管控区域的人员准入身份及权限智能识别，防止误入间隔。

依托智能道闸设备、车辆感应传感器和图像识别算法，实现电站场区出入口无人化的智能管控。

基于物联网技术，对场站内空调、灯光、消防设备进行线路改造，实现设备的集中统一管理、远程监测与控制，保障设备运行安全稳定，并实现节能减排的要求。

基础设施与智能装备如图 4-4-7 所示。

（三）平台建设层面

建设了智慧管控平台，以大数据中心、算法平台、应用软件开发平台为建设重点，推进人工智能、大数据在公司生产、经营和管理等各个方面的全方位应用。依托计算机视觉处理技术、人工智能算法、边缘计算能力、深度学习技术，实现图像算法场景化的深度应用。通过无人机倾斜摄影和 BIM 精细化建模技术，依托三维模型，集成设备运行和生产管理数据，联动智能化监测设备，实现新能源场站三维可视化的数字孪生，实现新能源电站可视化监测、设备仿真培训和对外展示宣传。

实现全量数据采集，统一数据标准；设备、系统、保护机制自动化率达 100%；发电系统具备三级远程自动控制和人工控制能力；具备发电设备最优出力智能分配能力；具备发电设备在线智能监测、诊断、预测和预警能力；具备基于大数据的功率预测和智能分析能力；具备对标分析、长周期运行评价和效能分析能力；

1.网络安全保障类	2.智能传感类	3.视频监控类	4.智能装备类	5.基础设施类
1.1 无线AP	2.1 叶片气动噪声监测传感器	3.1 双光谱热成像云台相机	4.1 巡检无人机	5.1 GPU服务器
1.2 网络交换机	2.2 风电机组振动传感器	3.2 表计识别微距摄像头	4.2 巡检机器人	5.2 数字孪生电子沙盘
1.3 防火墙	2.3 螺栓声音监测传感器	3.3 高清云台摄像机	4.3 清扫机器人	5.3 智慧监控大屏
1.4 加密装置	2.5 高压开关局放监测传感器	3.4 AR全景机器人	4.4 智能接地电阻测试装置	5.4 精密空调
1.5 隔离装置	2.6 主变局放监测传感设备	3.5 红外相机(带扬声器)	4.5 手持热成像仪	5.5 智能照明
1.6 网络安全态势感知	2.7 GIS在线监测传感设备	3.6 工作记录仪	4.6 智能手表	5.6 智能消防
1.7 防病毒防入侵服务器	2.8 积灰传感器	3.7 全局全彩相机(防腐蚀性)	4.7 智能门禁	
1.8 堡垒机		3.8 移动红外布控球机	4.8 智能道闸	
1.9 UPS不间断电源		3.9 防火监测重载云台		
1.10 网络与信息安全		3.10 网络硬盘录像机		

图 4-4-7　基础设施与智能装备

四、建设成效

广西龙源依托龙源电力新能源生产数字化平台深入推进新能源企业智能建设，实现了安全、人员、检修、运行、物资、设备管理的智能化、标准化、规范化。联合中国科学技术大学先进技术研究院、类脑智能技术及应用国家工程实验室成立"新能源电站智能技术联合研发实验室"，针对新能源智能设备、新技术、技术难点、业务痛点进行开发、研究应用，实现科技创新、提升设备安全可靠性，降低运维成本，提高发电效率。

建设生态构建如图 4-4-8 所示。

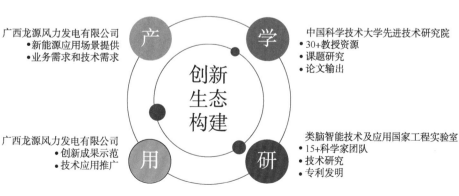

图 4-4-8　建设生态构建

五、成果产出

（一）总体情况

在广西龙源智慧企业建设过程中，智能电站的自主化率程度达到90%，服务器、各控制系统、基础操作系统、在线监测系统等智能发电相关系统均实现国产自主可控。智能电站的实施与应用，对企业的生产、经营、管理、安全效益带来较大提升。2022年综合厂用电率较2017年至2021年平均值降低0.3%，企业应配置生产人员110人，实际配置57人，降幅48%。通过智慧创新示范项目建设，广西龙源申请发明专利6项，发表核心期刊论文6篇，授权软件著作权1项，参与企业标准编制1项。

（二）核心技术装备

（1）基于数字孪生的可视化监测、设备仿真培训和对外展示；

（2）基于声音传感器监测的风电机组智能化在线监测装置；

（3）基于振动传感器监测的风电机组智能化在线监测装置；

（4）基于视频及图片压缩技术和双栈访问的智能视频监测采集装置；

（5）风电机组、输电线路通道、场区设备的精细化巡检无人机；

（6）配电室智能巡检机器人；

（7）人车状态智能监测的智能穿戴设备；

（8）基于图像识别技术的重点区域智能门禁；

（9）场站灯光和消防设备的智能物联采集装置。

六、电站建设经验和推广前景

广西龙源风力发电有限公司智慧新能源电站是以"一流应用、两大系统、三级管理"为目标的统一集成。其中，"一流应用"指定位、诊断、预警等智能化应用功能；"两大系统"指龙源电力新能源生产数字化平台生产监控系统和生产管理系统，具备运行、检修、安全管理等功能；"三级管理"指"本部-省级-新能源场站"三级管理体系。

"少人、无人值守"的智慧新能源场站需要引入云计算、大数据、物联网、移动互联网、人工智能等先进技术，围绕新能源生产，创新技术驱动，进一步提升生产效率，推动新能源场站的数字化、自动化、可视化、智能化管理，实现场站"无人值班、少人值守"的目标。以设备自动控制、主动安全防护、数据全面感知为基础，实现生产管理核心业务智能化；构建生产过程数字化镜像，实现自动巡检、智能监盘、经济性分析等功能，实现设备最优方式运行；在数字化、自动化基础上，实现设备信息的自检、自举和自评估，设备状态实时监控预警，满足预防性检修要求；构建人员、设备、作业、环境等要素主动、联动的安全防护体系。基于智能装备和智能传感测控等手段，实现设备状态全方位数字化镜像。

广西龙源风力发电有限公司将继续以党的二十大精神为统领，努力践行"社会主义是干出来的"伟大号召，深入贯彻落实国家能源集团"41663"总体工作方针，坚定不移做强做优做大，为全面建成以火电、新能源、热力"三驾马车"为核心的一体化新型综合智慧能源企业而努力奋斗。

案例5 数字化透明智慧风光示范电站

（国电科技环保集团有限责任公司赤峰风电公司）

所属子分公司：国家能源集团科技环保有限公司

所在地市：赤峰

建设起始时间：2019年5月

电站智能化评级结果：中级智能电站（四星）

摘要：深入贯彻落实国家能源集团"一个目标、三个作用、六个担当"总体战略，在集团公司统一规划和科环集团指导下，在认真践行集团公司"智慧企业"理念的基础上，主动探索适应科环集团新能源发电产业的智能化、智慧化建设路径。以科环集团"1235"智慧工程为重点开辟新能源智慧企业建设新路径，以透明风场作为数字化核心基础，贯通两条主线，横向业务协同融合，纵向数据全景智能，发挥科环集团风电生产运营、建设制造、信息技术三大业务优势，共同构建一个科环新能源智能生态体系，打造"五个一流"的目标，即"一流的设备全面感知、一流的风机智能运行、一流的风场区域集控、一流的安全生产管控、一流的营销智慧决策"，建设具有示范意义的国内一流风电场和具有"自分析、自诊断、自管理、自趋优、自恢复、自学习、自提升"为特征的智慧新能源企业。

关键词：透明风场；智能巡检；生态体系；风光互补；智慧场站

一、概述

大于营风光电场是科环集团旗下第一家新能源企业，是科环集团旗下新能源设备的试验电场，是风、光互补型风电场，利用风光一体的优势，在投产以来保持良好效益，风机装机容量为100MW，光伏装机容量为20MW，管理水平与经济效益处于全国优秀水平。

智能发电建设思路以科环集团"1235"智慧工程，即"一个核心，两条主线，三位一体生态共建，五个一落地示范"为重点开辟新能源智慧企业建设新路径，以透明风场作为数字化核心基础，贯通两条主线，横向业务协同融合，纵向数据全景智能，发挥科环集团风电生产运营、建设制造、信息技术三大业务优势，共同构建一个科环新能源智能生态体系，打造"五个一流"的目标，即"一流的设备全面感知、一流的风机智能运行、一流的风场区域集控、一流的安全生产管控、一流的营销智慧决策"，建设具有示范意义的国内一流风电场。

科环集团"1235"智慧工程示意图如图4-5-1所示。

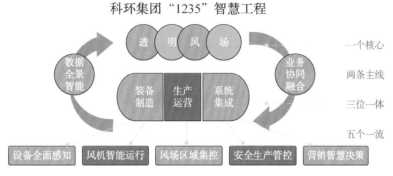

图4-5-1 科环集团"1235"智慧工程示意图

关键技术特征体现为充分利用云计算、大数据、物联网、移动互联网等先进技术，在信息获取中实现泛在感知与智能融合，在运营过程中实现可预测、可控制及全流程优化，实现智能电场在"无人干预，少人值守"环境下的安全经济运行。远期实现智能化卓越，即智能化高级阶段，关键技术特征体现为自学习、自寻优、自适应，其表象为采用先进的智能化技术，在进行自我寻优与进化的基础上，能够自动根据内外部环境、设备、市场等影响因素的变化，优化控制策略、方法、参数和管理模式，实现节能、经济、环保的最优化运行，以及企业经济效益与社会效益最大化。

大于营风光电场航拍图如图4-5-2所示。

图4-5-2 大于营风光电场航拍图

赤峰风电公司智慧管理平台，构建纵向公司、场站、设备三层体系，建设内容包含智能安全、智能设备、智能生产、智慧管理、智慧经营、微观数字选址6个一级主题，96项二级功能，覆盖风电全业务场景，满足风电多级生产运营需求。在国家能源集团统一规划和科环集团指导下，在认真践行国家能源集团"智慧企业"理念的基础上，主动探索适应科环集团新能源发电产业的智能化、智慧化建设路径，把智慧企业建设作为新能源企业提质

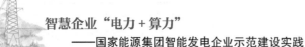

增效、创新发展、竞争力提升的重要抓手，用智慧企业建设推动科环集团新能源发电及相关产业提质升级和健康可持续发展。

二、智能电站技术路线

（一）体系架构

科环集团积极贯彻落实国家能源集团的发展战略，落实国家能源集团"积极推动信息技术与能源工业深度融合，加快智能化应用，建设智慧企业"要求，依托自身在新能源领域全产业链的优势，谋定先动打造新能源智慧企业示范项目。在科环集团技术管理部（智能办）的领导下开展智慧企业建设工作，按照统一部署，成立科环智慧风电工作领导小组指导开展业务工作，由智能业务办公室组织所属科环新能源、赤峰风电、智深公司、龙源电气等专业公司开展新能源智慧企业建设工作。赤峰公司作为实施主体成立智慧风电工作领导小组，负责梳理智慧风电具体需求，制订科学的规划，提出智慧风电建设总体要求；设备组主要围绕智慧风电设备方面开展工作，具体承担智能风机、智慧风场等相关内容；系统组主要围绕网络信息化方面开展工作，具体承担智慧集控、物理信息技术应用等相关内容。

以赤峰风电大于营、妙香山风电场为试点示范项目，全面开展科环新能源智慧企业建设工作，主动探索适应科环集团新能源发电产业的智能化、智慧化建设路径，把智慧企业建设作为新能源企业提质增效、创新发展、竞争力提升的重要抓手，用智慧企业建设推动科环集团新能源发电及相关产业提质升级和健康可持续发展。

在新能源蓬勃发展的浪潮中，风力发电成为可以有效减缓气候变化、提高能源安全、促进低碳经济增长的理想方案。在过去的二十年时间里，我国风电行业得到高速发展。近年来信息技术、工业技术、管理技术、AI 智能技术、物联网技术、互联网技术得到高速发展，将以上技术深度融合实现设备"智能感知、智能控制、智能协同"，在自动控制的基础上，深度挖掘数据之间的关系，将生产数据和管理数据深度融合，让电力生产具备"设备智能巡检、故障精准排查、系统协同联动、故障自动处理"功能，使生产系统构建具备自感知、自学习、自适应、自寻优、自诊断等能力的全新电力生产组织形态与管理模式，建成"本质安全、智慧运营、无人值班、少人值守"的透明风场。不断提升企业价值创造能力，提升全要素生产率，打造科环集团新能源发电和装备制造业竞争优势，建设国内一流的新能源智慧企业示范基地。

（二）系统架构

引入先进的各类传感技术、图像视频识别技术、可穿戴感知技术、物联网技术、生物特征识别技术等，全面提升风场感知能力，及时获更全面、有效数据。通过全量采集风场生产运行数据和业务管理数据，构建以数据管理为核心的全新生产组织形态与管理运行模式，实现区域集中模式下的多风场远程监控与智慧化生产管理。提供三个层次业务应用：智慧企业、智慧风场、设备感知，全面覆盖风电业务场景，共形成六大业务板块应用。实现远程集中控制、业务协同互联、风险预控防范、生产指挥调度、优化分析决策。

系统架构图如图4-5-3所示。

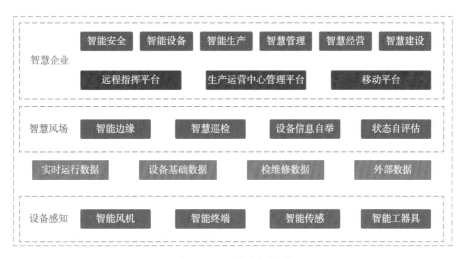

图4-5-3 系统架构图

赤峰风电公司智能平台建设按照生产控制大区（Ⅰ、Ⅱ区）和管理信息区，纵向建设遵循基础设施层、平台层、应用层和交互层的统一架构，建立智能发电平台和智慧管理平台，构建管控一体化系统。基础设施层为平台层和应用层提供基础和支撑，主要包含网络和工业控制设备。网络为生产控制网；工业控制设备为完成设备监视与控制功能的各类设备或系统，风机、光伏控制系统，变电站设备建设和操作系统。平台层将各个分散风电场场站、光伏场站的生产信息全集成为基础，通过电力专线网络送入集控一体化系统，并搭建智能控制、智能监控、智能报警、智能分析的智能发电中心。其中智能数据进行存储、抽样、清洗，并提供数据分析服务；智能控制为控制侧智能应用提供控制基础；开放的应用开发环境为第三方应用功能开发提供相关服务。交互层通过智能发电中心，对生产监、控功能进行整合，通过操作员站、工程师站完成数据监视、指令下达、逻辑画面组态下装等功能，实现人机监控交互。智能发电平台的应用层包含"智能控制""智能报警""智能分析""OMS调度数据网""AGC""AVC""储能调度"等业务应用。

智能平台分区图如图4-5-4所示。

（三）网络架构

工控系统的应用系统部署在非控制区和管理信息大区。非控制区主要包括电能量计量系统、风功率预测系统、继电保护信息系统、故障录波系统、同步相量测量装置、电能质量监测装置、风机振动状态监测系统、测风塔系统等。管理信息大区主要包括视频监控系

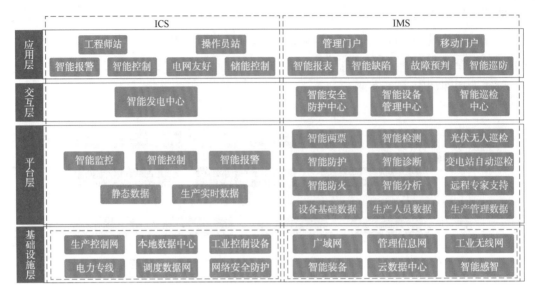

图 4-5-4　智能平台分区图

统、生产管理移动应用系统、视频会议系统、电网 OMS 系统等。

在生产控制大区(控制区和非控制区)与管理信息大区之间必须部署经国家指定部门检测认证的电力专用单向安全隔离装置,隔离强度应当接近或达到物理隔离。电力调度数据网是与生产控制大区相连接的专用网络,承载风电远程实时控制、非实时管理等业务,应当划分为逻辑隔离的实时子网和非实时子网,分别连接区域集控或风电场的控制区和非控制区。风电信息系统三级架构中区域集控、风电场生产控制大区之间的通信应使用专用网络。风电场控制区与集控控制区的通信经过纵向加密认证,部署经过国家指定部门检测认证的电力专用纵向加密认证装置,实现双向身份认证、数据加密和访问控制。

工控系统方面,风电场工控系统的控制区主要包括风电机组数据采集与监视控制系统、升压站综合自动化系统、五防系统、自动功率控制系统、自动电压控制系统等。风电机组控制站包括:塔座主控制器机柜、机舱控制站机柜、变桨距系统、变流器系统、现场触摸屏站、以太网交换机、现场总线通信网络、UPS 电源、紧急停机后备系统等。

风电场全部机组通过光纤环网连接在一起,网络多数采用虚拟局域网技术,将处在同一光纤网络中的全部机组划分为多个虚拟的通信组,当病毒或网络风暴出现时,通信组间不会受到影响。控制系统与风电机组间的数据传输采用机组控制器(PLC)的专有通信协议,协议具有实时性和加密性。

风电场控制区与非控制区之间采用具有访问控制功能的网络设备、安全可靠的硬件防火墙或者相当功能的设施实现逻辑隔离。关键主机设备、网络设备或关键部件都应进行冗余配置,尤其是对生产控制大区的设备,采用热备方式。

数据上传:风场生产大区产生的业务数据(主要包括实时数据,功率预测、振动等半结构化数据)由数据采集器进行采集,上传至区域集控生产区,通过正向隔离网闸将数据传至管理区。风场管理大区产生的业务数据(主要包括对接已建系统数据、智能工器具产生的各类数据等)由数据采集器进行采集,将数据传至管理区。在管理区,进行数据汇聚,并转发至集团数据中心。

数据下控:在区域集控生产区接收控制指令,经由风场生产区采集设备下发至 scada 系统或者电气设备,执行下控指令。

(四)数据架构

通过远程集中监控系统,将风电公司下属各场站的生产监视、智能设备控制功能迁移整合到智慧管理系统,实现新能源电站"智慧运行"的生产运维模式。管理系统配置两套至少 50 万标签点的商业实时数据库,用以接入本期规划建设的多个风电项目的实施及 3~5 年历史缓存数据存储和分析利用,并且可满足未来风电场数据接入的扩展能力,配置一套关系数据库,用于结果数据的存储。数据架构图如图 4-5-5 所示。

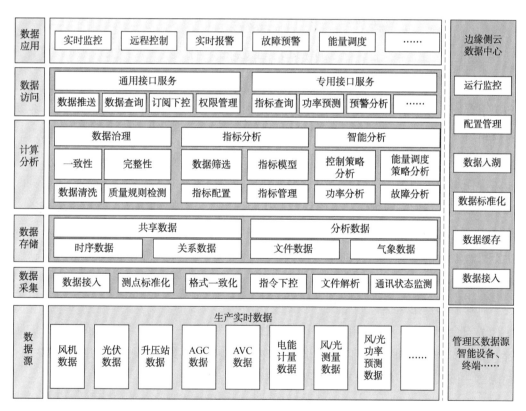

图 4-5-5 数据架构图

每个风电场按每 50MW 容量配置一套数据采集系统,该系统支持 10 万点全量采集和本地缓存功能,用以接入该风场实时及 6 个月历史缓存数据存储。为了提高系统性能,历史数据具备自动循环存储机制。对于收集到的数据,会对其进行初步的处理,如确认测点品质(判断底层通信状态)、超限判断(与量程比对)等。同时,根据数据来源、数据类型、数据用处(监控或历史)等信息,对数据进行打包处理。数据采集图如图4-5-6所示。

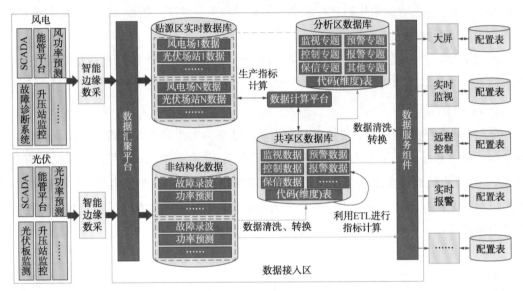

图4-5-6　数据采集图

在数据包进入发送队列之前,会给数据包添加时间标签,用于上层系统对数据包的核对和历史存储。以上的所有工作都是每秒周期进行的,所以时间标签也精确到秒。数据包准备就绪后,就进入发送队列,也称为通信缓存区,等待数据发送。数据远程传送,对于新能源监控系统来说,控制数据和监视数据的通信量对比非常悬殊,但是从数据重要性角度来讲,控制指令的优先级最高,为了避免大量的监视数据对控制指令的阻塞,要对网络中的各种数据进行优先级划分,以确保控制指令(遥调、遥控)的通信。监控系统与各生产子系统进行实时的数据通信,并将数据存入数据库。这些数据不仅是远程监控的基础,也是生产管理系统的基础,是企业生产管理、经营决策、效益分析等高级功能的基础数据来源。

系统还满足以下要求:

(1)安全与独立:根据"电力监控系统安全防护"的相关规定,与生产直接相关的监控系统,属于安全Ⅰ区和安全Ⅱ区,与生产管理等其他信息系统之间,要通过隔离网关进行单向隔离。该系统在逻辑功能和物理网络上都要保持独立。

(2)实时性和可靠性:通信线路租用调度数据网络等专线,通过消息中间件技术实现场站与生产运营管理系统之间可靠的网络通信,为实时监控提供可靠的信息通道,同时将实时数据转发给生产管理系统,实现生产管理等高级功能。

(3)断点续传。在正常条件下,远程通信网络畅通、带宽足够,每个通信周期都会将新生成的数据包全部发送。但是,一旦网络出现异常,就会出现通信数据包阻塞堆积的问题(满足24h突发性断网试验，数据能自动恢复)。测控单元具备数据缓存功能，对这些没有及时发出的数据不会丢弃，而是放入缓存区，等待通信恢复后再进行发送。在网络通信恢复后，缓存数据的传输优先级也低于正常的监控数据，会在监控数据传输结束后的网络空闲时间进行数据传输。

(4)数据格式标准化。各个不同厂商的风机通信协议不同、数据编码不一致，因此，实时数据采集系统应当在满足上述采集数据及传输频率的前提下，将不同厂商的数据全部转化成符合供货商要求的统一格式与编码，形成标准化的格式，进行统一存储。

(5)采集系统高可靠。风场和运营管理系统之间要求高质量数据和指令传输，两端数据传输设备和软件模块要求高可用结构，即可实现双链路、双设备发送和接收，任何一条链路故障、设备故障、软件模块故障，系统会自动在秒级切换到另一条通道，数据不丢失且实时画面不中断、实时控制不中断，从基础层保障系统整体稳定可靠。

三、关键技术创新与建设

(一)网络与信息安全

电力监控系统安全防护工作落实国家信息安全等级保护制度，按照国家信息安全等级保护的有关要求，坚持"安全分区、网络专用、横向隔离、纵向认证"的原则，保障电力监控系统的安全。

风电场风电工控系统，主要用于采集、控制、监控风电机组各部件的稳定运行，确保发电环节的正常运转，从而向电网输送稳定的电力能源。

风力发电对于地理环境和区域位置的要求相对比较高，同时风力发电自身带有一定的自动属性，因此安全保证尤其重要。风电信息系统总体架构应分为三级：集团公司、区域集控、基层风电场。其中基层风电场，按照上述国家能源局《电力监控系统安全防护规定》，风电场工控系统按照业务系统的重要性和对生产系统的影响程度，划分为生产控制大区和管理信息大区，根据数据、业务的实时性差异及是否直接参与生产控制，将生产控制大区划分为控制区(安全区Ⅰ)及非控制区(安全区Ⅱ)，重点保护生产控制以及直接影响电力生产(风力发电机组运行)的系统。

网络与信息安全图如图4-5-7所示。

(二)关键技术创新

1. 首次提出建设透明风场

将信息技术、计算机技术、数据通信技术、传感器技术、电子控制技术、自动控制技术、人工智能技术、互联网等技术综合、有效地运用于风电场，实现风电场数据、安全状态、运行状态、设备状态、环境状态、安全状态等信息深度透明，从而实现风电场可见、可知、可控。透明风场体系图如图4-5-8所示。

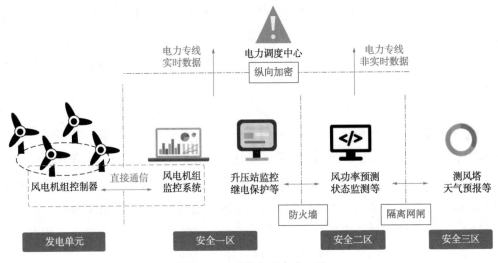

图 4-5-7　网络与信息安全图

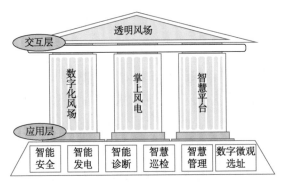

图 4-5-8　透明风场体系图

　　智慧企业平台贯通两条主线，即横向：打破壁垒，数据共享，纵向：贯彻到底，数据透明。横向打通设备与设备、系统与系统、场站与场站之间的壁垒，实现数据共享、共生，统一监视与控制。纵向实现集团公司、风电公司、风场、设备数据互通，实现集团公司命令、智慧贯穿到底，实现数据透明。透明风场主线示意图如图 4-5-9 所示。

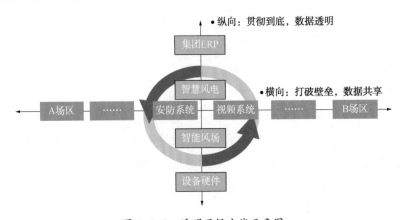

图 4-5-9　透明风场主线示意图

充分利用系统集成、虚拟现实、通信、监测、控制和诊断技术，覆盖风场建设、运营、管理全业务场景，实现可靠而准确的数字化信息交换、跨平台的资源实时共享，实现风场管控真正意义上的信息化、智能化，最大限度地实现风场的安全、经济、高效、环保、智能运营。

2. 创造性提出四个中心

随着智慧企业、智能风场的推进，赤峰风电公司将走向"一体化、精细化、智慧化"的管理模式，智能建设将带动体制变革，随着风电场的增加，赤峰风电公司将成立"智能发电中心""智能设备管理中心""智能巡检中心""智能安全保障中心"四个中心。

（1）智能发电中心，负责日常运行工作、调度联系、生产调度、调整有功、无功等工作。深度挖掘数据之间的关系，查找生产中的管理漏洞，为提高设备可利用率提供依据。通过电力专线，高速、稳定、安全、可靠地将风电场 20 多万点生产数据全量采集，实现生产监控、经营指标分析、作业环境远程监视、场群集中监控的智能发电中心。实现对零散数据进行整合，进行统一分析，实现透明风场的数据透明。风电场运营模式由运、检一体化向以检修为主的转变，实现设备精准维护，每个风电场每年可节省运行人力资源成本 80 余万元。

（2）智能设备管理中心，负责定期及较大检修、技改等工作。通过设备故障预测系统和检修计划，对设备开展定期检修及维护，开展预防性检修维护，保证设备可利用率。智能设备管理中心打造了智能变电站系统与智能风机系统。通过智能缺陷管理系统打通壁垒，实现透明风场的设备管理透明。通过布置升压站户外视频和红外监测系统、电子间轨道机器人巡检系统、开关柜局放监测系统、声表面波系统、主变在线油色谱监测系统、电磁振荡系统、铁芯接地系统打造了智能变电站系统。

通过布置风机轴系振动监测系统、叶片振动监测系统、机舱视频及红外监测系统、齿轮油油液在线监测系统打造了智能风机系统。通过故障库模型，实现故障智能预测，实现对设备全生命周期的管理。

（3）智能巡检中心，负责定期对风电场开展巡回检查工作。通过配备无人机、红外成像设备、线路登高人员，开展高精度、高质量巡回检查，为提高设备可利用率提供依据。以可视化远程专家支持系统、光伏区无人机巡检系统、轨道机器人巡检系统为核心，打造智能巡检中心，实现设备实时在线、精准监控。光伏区无人机巡检系统，六旋转翼无人机搭载红外成像摄像设备，在空中拍摄地面光伏板的表面温度情况，经过 AI 分析后对光伏板实时状态做出准确判断，引导人员进行处理，极大提高工作效率。轨道机器人巡检系统可实现可见光、红外线、局放、声音、气味等多重状态感知，通过导轨路线覆盖继电保护室、蓄电室、光伏室所有电子间 600 多个巡检点，机器人在巡检点记录数据，形成巡检记录，实现室内设备无人巡检。可视化远程专家支持系统，实现解放双手、人员定位、双向语音对讲、单向视频传输，可以向远程中心或指定终端实施共享语音和视频信号而不影响双手正常操作。

（4）智能安全保障中心，对所属风电场开展定期、专项安全检查工作，对安全目标落实、安全管理工作进行督促。通过智能识别设备、视频设备加强对现场和外包人员管理，通过信息化、智能化手段掌握现场安全情况。光伏火灾监测系统，能够做到对场区的24h智能防火安全监控。智能两票系统通过与智能安防门禁系统、智能安全工器具柜系统、接地线智能管控系统、智能压板、电子围栏、二维码等联动，实现安全防护一体化管理；两票发出后，同时门禁系统会根据操作票的操作顺序进行逐个开门，防止跳项操作的情况发生。安全工器具、一体化五防系统、电子围栏与两票联动，实现智能化防止误操作，实现透明风场的安全透明。通过AI技术摄像头及AI算法、人脸识别自动判断人的不安全行为、脱岗、安全隐患等，增强对外委队伍的管理能力，积极落实集团公司"十个必须"要求，加强对人员管理，实现透明风场的视觉透明。

3. 两票系统与硬件设施的智能联动

"两票"的重要性，毋庸置疑，是电力安全生产的重要保障，以此降低误操作概率，保障人身与设备安全，素有"电力系统生命票"之称。为了保证"凭票工作、凭票操作"，为强化"两票"管理，杜绝无票作业。

围绕工作票、操作票业务流程执行过程，应用物联网技术将视频系统、安防系统、智能五防系统、智能压板、电子围栏、二维码等技术应用到两票管理功能中，进一步发挥移动终端作用，实现智能两票，建立较为全面的安全防护体系，有效防止误操作、杜绝工作超期或未及时封票现象，实现无纸化作业，提高两票执行效率。赤峰风电公司经过多年摸索，结合目前科技手段，打造了两票系统与硬件设施的联动功能，智能两票系统通过与智能安防门禁系统、智能安全工器具柜系统、接地线智能管控系统、AR眼镜、智能摄像头、智能压板、电子围栏、二维码等联动，实现安全防护一体化管理；将智能安防门禁设备与智能两票系统形成联动，两票发出后，相关人员会自动得到相关区域门禁授权开门，同时门禁系统会根据操作票的操作顺序进行逐个开门，防止跳项操作的情况发生。安全工器具、一体化五防系统、电子围栏与两票联动，防止非授权人员进入工作现场、解锁设备防误装置，实现了对非许可工作人员进入现场和工作人员误入间隔等行为的管理，保证人员安全，加强对外委队伍和人员的管控，实现智能化防止误操作。智能两票系统示意图如图4-5-10所示。

图4-5-10　智能两票系统示意图

4. 智能两票的硬件设施

（1）人脸识别门禁动态授权。操作票现场作业过程中，与人脸识别门禁系统联动，在关键区域加装人脸识别装置，当操作票执行到该区域时，可调用人脸识别装置进行身份认证，确认人员信息方可进入下一步操作，防止误操作或顶替他人操作。加强对安全生产的管理，在重要区域执行操作票，需要进行授权，否则无法进入该区域。在进行操作预演时，展示操作上遇到的门禁列表。操作票开始执行时，自动授权相关门禁权限，操作票作业完毕时，门禁权限自动收回。两票人脸识别联动示意图如图4-5-11所示。

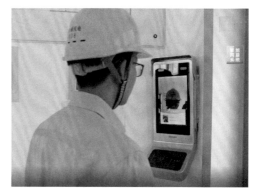

图4-5-11 两票人脸识别联动示意图

（2）视频系统联动。利用现有的视频监控资源，结合电子围栏、人员定位、报警联动等功能，实现两票操作的全方位可视化管理。电子围栏将形成自动报警区，借助人员定位和视频监控技术，对两票的工作负责人和工作班成员长时间离开电子围栏区域进行报警提醒，对非工作成员的闯入，不但对闯入人员，同时对工作负责人和值班成员等进行报警提醒，防止非工作人员误入设备间造成误操作。自动记录非该工作票工作人员停留时间。

划定虚拟电子围栏，检修作业时，控制检修范围，非授权人员不得进入检修工作区域；防止检修人员误入其他间隔。控制区域大于营变电所(220kV系统、主变、35kV系统配电系统、所用变、备用变、SVG装置等)。周界防护采用热成像摄像机进行全天候周界防范，要求24h均设置布防任务。人员定位基于蓝牙信标的风电作业区域安全管控系统、智能单兵装置，通过在电子围栏内加配蓝牙信标，实现作业过程的现场作业点安全管控，通过技术手段有效防控作业人员误走设备间隔、擅自扩大作业区域以及外来人员闯入带电区域等安全隐患。使用蓝牙信标与智能单兵结合方式实现人员定位，并对其所处的位置信息、运动轨迹信息进行判别、记录，在定位基础上实现轨迹追踪、区域报警、摄像头联动等。应能够对人员进行识别记录，实时识别和监控虚拟间隔附近及内部人员分布、位置、划定活动区域。电子围栏示意图如图4-5-12所示。

（3）智能工器具管理柜。智能工器具系统配套传感器、采集器、控制器等辅助硬件设施，通过对工器具及应急器材身份的唯一标识及信息登记，实现安全工器具全生命周期的电子化、规范化管理；采用无线传感技术，对工器具入/出库、时间等信息实现完整记录；工器具过检验期或超生命周期，自动提醒；工器具与设备操作相关联，与两票等业务模块信息共享，防止误用工器具造成安全事故，出入库信息记录及管理与两票业务关联。能够通过WEB界面在线监测和查询。

智慧企业"电力+算力"
——国家能源集团智能发电企业示范建设实践

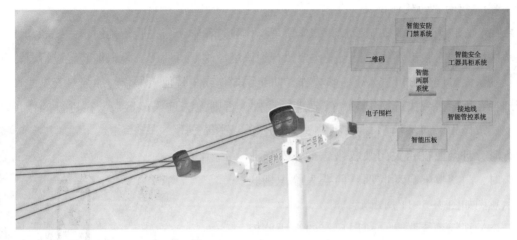

图 4-5-12　电子围栏示意图

在安全工器具上装设电子标签和传感器，结合三维定位及视频监控技术，实现对安全工器具使用情况的在线监测、遗留现场智能定位查找。安全工器具与两票关联，生成操作票、工作票时自动授权安全工器具领用权限，可打开安全工器具存储柜电子锁，可支持作业过程智能安全管控。采用三维可视化、人员定位、门禁联动等先进技术，具备作业全过程实时监控功能，实现作业各类违章即时预警。通过手持终端智能化设置，对危险源、防范措施进行提示。智能安全工具柜如图 4-5-13 所示。

图 4-5-13　智能安全工具柜

（4）智能压板系统。智能压板系统具备压板状态监视、逻辑判断、报警、防误功能，包含压板状态监测服务器、压板状态传感器、采集器等相关设备。目前赤峰风电公司能够实时监视变压器测控柜等 15 个电气柜保护压板状态。

（5）智能地线。智能地线系统具备接地线权限管理、接地线定位、配对、身份识别功能，包含智能地线柜 4 面、管理主机、智能地线头 7 个、地线桩(主要用于主变)15 个、地线头充电装置等设备。地线管理器柜，采用 RFID 物联网技术对临时地线进行唯一身份标识，通过 GPRS 移动互联网技术进行挂接、拆除等数据的传输，实现对其状态和位置的实时在线监测，对其操作的规范化和强制闭锁管控。能够有效防止接地线使用过程中的误挂、漏挂、误拆、漏拆等问题，能够实时查询地线头的电量、电压、信号强度等数据，做到地线规范管理、按章使用、有记录可查询。接地线控制系统示意图如图 4-5-14 所示。

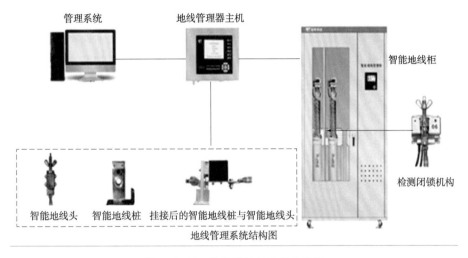

图 4-5-14　接地线控制系统示意图

四、建设成效

赤峰风电公司风电场运营模式由运、检一体化向以检修为主的转变，实现设备精准维护，每个风电场每年节省运行人力资源成本 80 万元。实现生产实时远程监控，线上完成安全管理、生产管理、办公管理等各流程环节处理，提高工作效率。

大于营光伏电站地处林区、草原，是防火重点区域，为了能够做到对场区的 24h 防火安全监控，在大于营风光电场 D12、S05 号风机处安装智能防火云台。火灾自动报警系统可以通过实时监测和预警，及时发现火情，减少火灾发生的可能性。一旦发生火灾，也可以在第一时间发出报警，迅速启动灭火措施，最大程度地减少火灾对自然资源和生态环境的破坏，为草原、林区防火做出社会贡献。

智能电站的实施与应用，使得效益大幅度提高，2018 年效益为 6538 万元，2022 年效益为 6798 万元，通过智能电站实时提高效益 260 万元；智能电站的实施与应用，使得成本显著下降，2018 年成本为 7190 万元，2022 年成本为 6260 万元，通过智能电站实时降低成本 930 万元。赤峰风电公司利润与智能电站建设前相比增长提升显著，提升比例达 3.97%，控制良好，综合厂用电率比智能电站建设前历年均值 2.74%降低了 0.3%。

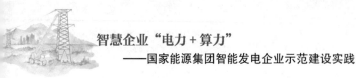

五、电站建设经验和推广前景

赤峰风电公司深度融合信息技术、工业技术、管理技术、AI智能技术、物联网技术、互联网技术，实现设备"智能感知、智能控制、智能协同"，深度挖掘数据之间的关系，将生产数据和管理数据深度融合，让电力生产具备"设备智能巡检、故障精准排查、系统协同联动、故障自动处理"功能，使生产系统构建了具备自感知、自学习、自适应、自寻优、自诊断等能力的全新电力生产组织形态与管理模式，建成了"本质安全、智慧运营、无人值班、少人值守"的透明风场。不断提升企业价值创造能力，提升全要素生产率，打造科环集团新能源发电和装备制造业竞争优势，建设国内一流的新能源智慧企业示范基地。

以赤峰项目作为智慧风场建设参考，科环新能源望奎风电项目在建设期间，完成变电所、风机网络全覆盖，电子围栏、电子压板、安防系统、智能摄像头等设备的安装，预留巡检机器人的路线。望奎项目智慧风场将在赤峰项目的基础上升级，以生产精益过程的信息化、数字化、自动化为基础，依靠智能传感与执行、智能控制与优化、智能管理与决策等技术，充分借鉴赤峰智慧企业示范单位成功经验在望奎项目进行了推广应用。

小　结

近年来，在全球"碳中和、碳达峰"的目标之下，全球可再生能源消费、装机高速增长。全球能源向绿色低碳转型不可逆转，新能源已然成为各国竞相角逐、争相投入的重大领域，是新一轮能源技术革命和产业革命的主战场。其中风能和太阳能高举可再生能源发展大旗，齐头并进，风电与光伏可谓新能源界的"双子星"。截至 2024 年 6 月底，国家能源集团新能源装机并网规模突破 1 亿千瓦，其中风电总装机 6227.8 万千瓦，保持世界第一；光伏规模 4213 万千瓦，实现跨越式增长。

国家能源集团作为国内新能源发电的头部企业，自 2018 年就开启了智能智慧试点示范建设工作，其中作为国家能源集团首批 18 家智慧企业建设示范单位的 5 家新能源企业结合企业的实际管理需求、前沿技术的发展、业界的科技创新等方面，相继开展了智慧企业建设探索之路。经过几年来的实践探索，形成了一批具有自身特点的智慧创新成果，也推动了企业自身的发展。

基础设施及智能装备方面，开展了大量实践应用。一是完善了网络设施。建设电力专线保障网络安全，4G、Wi-Fi 实现无线覆盖，满足智能化应用需要。二是增加了智能监测装置。配置巡检机器人，建设覆盖生产设备及区域的摄像头，实现无死角安全监控。三是配备智能穿戴设备。应用智能安全帽、智能手环、智能防坠器等智能穿戴设备，保障人员安全。

智能发电方面，开展了大量研究性、探索性的工作。一是建设新能源智能集中控制平台，增进生产管理和运营水平。通过集中监控、无人值守、区域化管理等模式创新实现人员效率大幅提升；二是通过数据智能分析、健康诊断、故障预警推动预防性检修，减少机组故障及维护成本。三是开展经济运行分析，利用理论电量平衡分析法，实时开展电量分析，找出损失电量及原因，指导经济运行工作。

智慧管理方面，搭建了集团化生产管理系统应用。一是严格遵循国家能源集团"新能源—区域—集控"的工作部署，开展区域新能源发电机组的集中控制、调度和管理。以"无人值班、少人值守、集中监控、智慧运维"为管理模式，实现新能源区域检修、安全运行、统筹管理、降本增效。通过"生产数据采集上传与下达、高速海量存储、全景展示、一键下控、智能告警"等关键技术，实现了数据链路的采集、存储、计算、分析、展示等功能，

完成了设备到场站、到中心侧的集中监控。二是提出的"新能源生产数字化平台"的智慧企业建设理论体系，将生产监控系统、生产管控系统、视频监控系统、在线振动监测系统、人车船定位系统、功率预测系统以大数据、云计算为底层架构，实现指标可配置、数据可调取的互联互通"六位一体化"智能信息平台。三是面向安全生产管理全流程，开发生产管控系统，实现设备档案、智能诊断、缺陷、检修记录、健康评估等的全生命周期管理；以"一中心、多节点"方式构建了开放式、集约型、云边化全栈智能算法平台，提升数据价值，为安全生产、运行和管理提供决策支撑。四是实现功率准确预测。以数值天气预报、新能源场站历史数据、地形地貌、设备运行状态等数据为输入建立预测模型，实现各周期内的发电量预测，提高风功率预测准确率，减少电网考核损失，为电力市场交易提供决策依据。

保障体系方面，在组织机构、网络与信息安全等方面为智慧企业建设提供了全方位的保障。一是建立了科技与智慧企业管理组织机构。将智慧企业建设和科技创新工作结合起来，为示范建设提供了组织、管理保障。二是夯实了网络安全基础。将网信安全纳入智慧企业建设全过程，严格遵照电力网络安全十二字方针，从硬件、软件和管理方面推行网信安全标准化建设，提升了网信安全管理水平。三是大力开展科技创新。在智慧企业建设过程中，先行先试、大胆创新，形成了一批具有自主知识产权的成果、专利，为国家能源集团创新发展提供了大量实践案例。

总结与展望

第五章

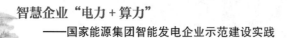

能源是人类文明进步的重要物质基础和动力，当今世界，新一轮科技革命和产业变革深入发展，全球气候治理呈现新局面，新能源和信息技术紧密融合，生产生活方式加快转向低碳化、智能化，能源体系和发展模式正在进入非化石能源主导的崭新阶段。随着技术的发展、科技的进步，电力行业的发展目标要求我们进一步聚焦新一代信息技术和能源产业融合发展，推动煤炭、油气、电厂、电网等传统行业与数字化智能化技术深度融合，开展各种能源厂站和区域智慧能源系统集成试点示范，引领能源产业转型升级。

在国家能源集团首批18家智慧发电企业示范建设过程中，各建设单位严格遵循《国家能源集团火电智能电站建设规范》《国家能源集团水电智能电站建设规范》《国家能源集团新能源智能电站建设规范》以及《国家能源集团电站智能化建设验收评级办法》要求，聚焦基础设施及智能装备、智能发电平台、智慧管理平台、保障体系、成果与效益5个维度。在建设过程中多措并举，取得了丰硕的成果与荣誉。一是科技创新成果成绩显著。18家示范电站累计发表论文745篇，其中核心65篇，获省部级及以上荣誉22项，其中汉川电厂"燃煤锅炉智能燃料燃烧技术与工程应用"获2021年湖北省技术发明奖一等奖，东胜热电"智能发电运行控制系统研发及其应用"获2020年中国电力科学技术进步奖一等奖。通过智慧企业建设，推动国能智深iDCS智能发电工控系统、国能信控IMS智慧管理系统在多个示范电厂推广应用，逐步发展成为具有核心竞争力和行业知名度的战略新兴工业软件产品。二是首台套试点亮点突出。智慧企业建设共获首台套试点9项，包括布连电厂iDCS国产化关键技术首台套应用、工控系统边缘计算芯片首台套应用，东胜热电火电智能DCS、国内首个5G+智慧火电厂应用示范、28纳米物联网智能边缘计算芯片、长距离热网管道内部智能巡检机器人、柔性导轨式激光盘煤巡护智能机器人，泰州电厂无人值守螺旋卸船机，台山电厂百万千瓦机组国产DCS等。三是降本增效效果突显。机组可靠性得到增强，泰州电厂四台机组实现全年"零非停"，二期机组连续两年"零非停"，机组获全国可靠性标杆机组。减员增效水平提升，府谷电厂一期机组，较标准定员压降生产人员33%，国华投资蒙西公司通过集中监控、无人值守电站建设，较标准定员压降生产人员54%。四是新闻宣传影响力大。被省部级及以上级别媒体共宣传53次，其中人民日报3次，中央电视台2次，国资委网站24次，"学习强国"平台9次。出版了《人工智能火电厂和智慧企业》《人工智能电站典型技术应用——国家能源集团智能电站案例集》《5G+智能电站——国家能源集团5G技术应用案例集》等著作，为电力行业数字化转型提供了国家能源集团智慧与经验。

下阶段，将继续深化数据驱动和模型驱动，加快信息技术与电力产业的融合发展，推动电力产业数字化智能化升级，打造更多的智能化标杆厂站，培育壮大国家能源集团电力产业的数字经济。一是要强化数字化三维协同设计。应用国产BIM、GIS、智能施工管控、数字化移交等技术，打造数字孪生电站、智慧工地、危大施工模拟、地下隐蔽工程3D建模、4D 工期管控、5D 造价管控等应用。二是综合应用先进测量、控制策略、大数据、云计算、物联网、人工智能等技术。从智能检测、可视化监测、控制优化、智能运维、智能安防、智慧运营等多方面进行突破与示范，建设具备灵活高效、少人值守、无人巡检、精细检修、智慧决策等特征的智能示范电厂，全面提升电站规划设计、制造建造、运行管理、检修维护、经营决策等全产业链智能化水平。三是提高生产现场安全管控水平。通过智能视频、北斗及 UWB 人员定位、5G 电力物联网、边缘计算芯片、智能反违章、智能物联穿戴等技术，实现生产区域的全方位状态监测、缺陷及违章智能报警，提升人员、设备的安全防护水平。四是提高网络安全防护水平。打造网络安全监测预警系统，完善网络安全纵深防御体系，提升网络安全应急响应和恢复能力。五是提高国家能源集团对电站的管控能力。通过统建电力生产运营管控系统、新能源一区域一集控、省公司一体化管控平台、云上水电、云上储能等集团级管控系统，实现国家能源集团对电厂的实时监视、统一管控和资源共享。

坚持目标导向，全面构建大型智慧能源集团，国家能源集团将进一步完善智慧发电示范企业建设体系，通过提升基础设施及智能装备、智能发电平台、智慧管理平台的技术装备水平以及保障体系的措施，提高发电智能化和管理智慧化水平，实现电厂安全、高效、清洁、低碳、灵活运行。基于智慧电厂1.0的建设实践和成果，提出基于"三黑"理念的智慧电厂2.0建设路径，探索"黑灯工厂、黑灯车间、黑屏运行"等生产作业无人化示范，将一线员工从繁重的体力劳动和艰苦的工作环境中解放出来。对于火电"黑灯工厂"建设，在打造火电泛在物联发电 iDCS2.0 和中高级智能火电站基础上，通过更高水平数字化智能化建设，更智能的闭环控制技术应用，实现黑屏操作、无人运行、少人值守，打造火电"黑屏运行"iDCS3.0 和卓越级智能火电站。对于水电、新能源"黑灯工厂"建设，分别开展流域和区域集中集控、监控及管控，实现集中集控、现场无人化生产、少人化运维。

下一步，国家能源集团积极探索大型能源集团智能电站与智慧企业的建设路径，在推进电站智能化升级方面持续发力，统筹推进智慧发电示范企业建设。加快推进"三黑"示范项目建设，在宿迁、京燃等电厂开展"黑灯工厂"整体试点，在泉州、汉川、聊城等电厂开展黑灯燃料岛、黑灯环保岛、黑灯化学岛试点，在锦界、宁海、灵武等电厂开展黑灯仓储试点，打造汉川等电厂透明锅炉与智慧锅炉岛试点项目。推动火电 iDCS2.0 试点，在聊城、河曲、北仑、上海庙等电厂试点"基于泛在感知 DCS 的无人巡检系统研究与应用"，开展 DCS 工控一区基于视觉智能识别报警的首台套示范。推进定州、宿迁、博兴、聊城、河曲等电厂 iDCS3.0 试点，打造"168h 无人点鼠标"概念的火电黑屏智能发电示范工程。全面深化 5G 全业务、全流程应用，持续推进设备状态检修与智慧运维，推动电站工控系统国产化，逐步实现火电大集控，在环保岛智能控制和智慧运维等方向深耕细作。推动新能源一区域一集控深化建设，加快开展水电流域集控与梯级水电站智慧调度建设，创新构

建源网荷储与多能互补一体化控制及调度系统。通过规划指导、示范建设、制定标准、验收评级等一系列措施,高效稳步推进集团发电智慧企业建设工作,实现减人、增安、提效、降本。通过提升基础设施及智能装备、智能发电平台、智慧管理平台的技术水平,加快火电、水电、新能源等发电企业数字化设计和智能化改造,提升智能化生产力水平。采取有力的保障措施,实现发电智能化和管理智慧化升级,全力推动电力行业数字化智能化转型发展,实现全面建设世界一流清洁低碳能源科技领军企业的目标。